药妆品与美容实践

Cosmeceuticals and Cosmetic Practice

原著者 Patricia K. Farris
主 译 冯 峥 陈 阳
译 者 （以姓氏笔画为序）
丁香妤 王 睿 王文娟 冯 峥
冯宇洲 朱文巍 杨 怡 宋洪彬
陈 阳 陈 瑛 郝 甜 解 方

河南科学技术出版社
·郑州·

内容提要

本书共三篇。第一篇详细介绍了美容操作平台，药妆品的发展和评估，增加药妆品渗透模式，纳米药妆品，皮肤屏障功能，保湿配方等；第二篇详细介绍了药妆品的重要成分，包括各种维生素、植物提取物、生物活性多肽、生长因子、干细胞、海洋生物药妆品、绿茶精华、燕麦和大豆药妆品、离子与生物电技术等；第三篇详细讲解了药妆品的剂型、功效、及实践应用等，包括寻常型痤疮、皮肤美白、去脂肪团、预防瘢痕、防晒品及药妆品的未来。本书可供皮肤科医师、化妆品经营者、美容从业者及大众阅读参考。

图书在版编目（CIP）数据

药妆品与美容实践/（美）帕特里夏·K. 法里斯（Patricia K. Farris）编著；冯峥，陈阳译. —郑州：河南科学技术出版社，2020. 10

ISBN 978-7-5725-0127-2

Ⅰ. ①药… Ⅱ. ①帕… ②冯… ③陈… Ⅲ. ①药物—化妆品 Ⅳ. ①TQ658

中国版本图书馆 CIP 数据核字（2020）第 158946 号

出版发行： 河南科学技术出版社
北京名医世纪文化传媒有限公司
地址：北京市丰台区万丰路 316 号万开基地 B 座 1-115 邮编：100161
电话：010-63863186 010-63863168
策划编辑： 焦万田
文字编辑： 郭春喜
责任审读： 周晓洲
责任校对： 龚利霞
封面设计： 中通世奥
版式设计： 崔刚工作室
责任印制： 陈震财
印　　刷： 河南瑞之光印刷股份有限公司
经　　销： 全国新华书店、医学书店、网店
开　　本： 787 mm×1092 mm 1/16 **印张：** 14.25 **字数：** 350 千字
版　　次： 2020 年 10 月第 1 版 2020 年 10 月第 1 次印刷
定　　价： 158.00 元

著者名录

Diane S. Berson MD, FAAD
Associate Clinical Professor Dermatology
Weill Medical College of Cornell University
New York-Presbyterian Hospital;
Private Practice
New York, NY, USA

Donald L. Bissett PhD
Retiree from The Procter & Gamble Company
Cincinnati, OH, USA

Elizabeth Bruning BS, LLB
Johnson & Johnson Consumer Companies, Inc.
Skillman, NJ, USA

Mark V. Dahl MD
Professor Emeritus
Department of Dermatology
Mayo Clinic;
Makucell, Inc.
Scottsdale, AZ, USA

Jennifer David DO, MBA
Dermatology Clinical Research Fellow
Society Hill Dermatology
Philadelphia, PA, USA

Doris Day MD, FAAD, MA
Clinical Associate Professor, Dermatology
New York University Medical Center
New York, NY, USA

Zoe Diana Draelos MD
Consulting Professor
Department of Dermatology
Duke University School of Medicine
Durham, NC, USA

Jason Emer MD
Department of Dermatology
Icahn School of Medicine at Mount Sinai
New York, NY, USA

Sung-Hwan Eom
Marine Bioprocess Research Center
Pukyong National University
Busan, Republic of Korea

Sabrina G. Fabi MD, FAAD, FAACS
Volunteer Assistant Clinical Professor
University of San Diego, California
Goldman, Butterwick, Fitzpatrick, Groff & Fabi
Cosmetic Laser Dermatology
San Diego, CA, USA

Timothy Falla PhD
VP Research & Development
Rodan & Fields, LLC
San Francisco, CA, USA

Patricia K. Farris MD
Clinical Associate Professor
Tulane University School of Medicine
New Orleans, LA, USA;
Private practice
Old Metairie Dermatology
Metairie, Louisiana, USA

Kathy Fields MD
Adjunct Clinical Assistant Professor
Stanford University
Stanford, CA, USA

Dee Anna Glaser MD
Professor and Vice-Chairman
Department of Dermatology
Professor of Internal Medicine & Otolaryngology
Saint Louis University School of Medicine
St Louis, MO, USA

Barbara A. Green RPh, MS
Vice President of Global Clinical & Regulatory Affairs
NeoStrata Company, Inc.
Princeton, NJ, USA

Tomohiro Hakozaki PhD
The Procter & Gamble Company
Cincinnati, OH, USA

Candrice R. Heath MD
Department of Dermatology
St Luke's-Roosevelt Hospital Center
New York, NY, USA

Camile L. Hexsel MD
Dermatologist, Investigator
Brazilian Center for Studies in Dermatology
Porto Alegre, RS, Brazil;
The Methodist Hospital
Houston, TX, USA

Doris Hexsel MD
Instructor, Department of Dermatology
Pontifícia Universidade Católica do Rio Grande do Sul (PUC-RS);
Principal Investigator
Brazilian Center for Studies in Dermatology
Porto Alegre, RS, Brazil

Neil Houston
Research Coordinator
Clinical Unit for Research Trials and Outcomes in Skin (CURTIS)
Massachusetts General Hospital
Boston, MA, USA

Leah Jacob MD
Department of Dermatology
Tulane University School of Medicine
New Orleans, LA, USA

Mary B. Johnson MS
The Procter & Gamble Company
Cincinnati, OH, USA

Se-Kwon Kim PhD
Marine Bioprocess Research Center
Pukyong National University;
Marine Biochemistry Laboratory
Department of Chemistry
Pukyong National University
Busan, Republic of Korea

Alexa Boer Kimball MD, MPH
Senior Vice President, Practice Improvement, Mass General Physicians Organization;
Vice Chair, Department of Dermatology
Massachusetts General Hospital;
Director, Clinical Unit for Research Trials and Outcomes in Skin (CURTIS)
Massachusetts General Hospital;
Associate Professor
Harvard Medical School
Boston, MA, USA

Alexandra Kowcz
VP, US R&D
Beiersdorf Inc.
Wilton, CT, USA

Mary Lupo MD
Clinical Professor of Dermatology
Tulane University School of Medicine;
Private Practice
Lupo Center for Aesthetic and General Dermatology
New Orleans, LA, USA

Ellen Marmur MD
Icahn School of Medicine at Mount Sinai
New York, NY, USA

Adam R. Mattox DO
Department of Dermatology
Saint Louis University School of Medicine
St Louis, MO, USA

Chris Mazur BS
Senior Researcher
McDaniel Institute of Anti-Aging Research/Laser & Cosmetic Center
Virginia Beach, VA, USA

David H. McDaniel MD, FAAD
Director
McDaniel Institute of Anti-Aging Research/Laser & Cosmetic Center
Virginia Beach, VA;
Assistant Professor, Clinical Dermatology
Eastern Virginia Medical School;
Adjunct Assistant Professor, Department of Biological Sciences
Old Dominion University
Norfolk, VA;
Co-Director, Hampton University Skin of Color Research Institute
Hampton University
Hampton, VA, USA

Suzanne Micciantuono DO
Dermatology Resident
Wellington Regional Medical Center
Boca Raton, FL, USA

Adnan Nasir MD, PhD
Department of Dermatology
University of North Carolina at Chapel Hill
Chapel Hill, NC, USA

Katherine Nolan BA
Icahn School of Medicine at Mount Sinai
New York, NY, USA

John E. Oblong PhD
The Procter & Gamble Company
Cincinnati, OH, USA

Marianne N. O'Donoghue MD
Associate Professor of Dermatology
Rush University Medical Center
Chicago, IL, USA

Rosemarie Osborne PhD
The Procter & Gamble Company
Cincinnati, OH, USA

Wolfgang Pape PhD
Beiersdorf AG
Hamburg, Germany

Marta I. Rendon MD
Medical Director
The Rendon Center for Dermatology and Aesthetic Medicine;
Associated Clinical Professor
University of Miami
Boca Raton, FL, USA

Darrell S. Rigel MD
Clinical Professor
Department of Dermatology
New York University School of Medicine
New York, NY, USA

Katie Rodan MD
Adjunct Clinical Assistant Professor
Stanford University
Stanford, CA, USA

Nicole E. Rogers MD, FAAD
Assistant Clinical Professor
Tulane University School of Medicine
New Orleans, LA;
Private Practice
Metaire, LA, USA

Dana L. Sachs MD
Associate Professor
Department of Dermatology
University of Michigan Medical Center
Ann Arbor, MI, USA

Guenther Schneider PhD
Principal Scientist
Beiersdorf AG
Hamburg, Germany

Christina Steel PhD
Senior Researcher
McDaniel Institute of Anti-Aging Research/ Laser & Cosmetic Center
Virginia Beach;
Department of Biological Sciences
Old Dominion University
Norfolk, VA, USA

Ying Sun PhD
Johnson & Johnson Consumer Companies, Inc.
Skillman, NJ, USA

Hema Sundaram MD, FAAD
Medical Director
Sundaram Dermatology Cosmetic & Laser Surgery
Rockville, MD, and Fairfax, VA, USA

Susan Taylor MD
Society Hill Dermatology, Philadelphia;
Associate Clinical Professor of Dermatology
Associate Faculty of the School of Medicine
University of Pennsylvania
Philadelphia, PA, USA

Samantha Tucker-Samaras PhD
Johnson & Johnson Consumer Companies, Inc.
Skillman, NJ, USA

Yvette Vazquez MS, PA-C
Physician Assistant
Wellington Regional Medical Center
Boca Raton, FL, USA

John J. Voorhees MD, FRCP
Duncan and Ella Poth Distinguished Professor and Chair
Department of Dermatology
University of Michigan Medical Center
Ann Arbor, MI, USA

Heidi A. Waldorf MD
Director, Laser & Cosmetic Dermatology
Mount Sinai Medical Center;
Associate Clinical Director
Icahn School of Medicine at Mount Sinai
New York, NY;
Waldorf Dermatology & Laser Associates, PC
Nanuet, NY, USA

Teresa M. Weber PhD
Director, Clinical & Scientific Affairs
Beiersdorf Inc.
Wilton, CT, USA

Susan H. Weinkle MD
Affiliate Clinical Professor of Dermatology
University of South Florida
Tampa, FL;
Private Practice
Bradenton, FL, USA

Joshua A. Zeichner MD
Assistant Professor
Mount Sinai Medical Center
New York, NY, USA

前　言

在美国，“药妆品”这个词现在已经家喻户晓，在期刊图书中和网络帖子中被广泛应用，甚至在字典里也有明确定义。药妆品是皮肤护理产品中的一种新品种，它是化妆品和药品的混合体。药妆品这一术语并没有得到食品和药物管理局的认可，目前还没有为这类产品设立具体的标准。如今，我们用“药妆品”这个词来泛指从防晒霜到处方类维生素 A 及几乎所有介于两者之间的产品。事实上，由于对皮肤生理功能的有益作用，即使是简单的保湿霜也可以被称为药妆品。然而，在大多数情况下，我们保留使用“药妆品”一词来指含有对皮肤有额外好处的活性成分的增强型保湿剂。

“药妆品”的出现代表了局部皮肤护理最重要的创新之一。作为化妆品和药品的混合体，这些产品提供的治疗效果远远超过简单的化妆品，并受到消费者的高度追捧。“药妆品”容易买到，价格合理，并且有大量的市场营销，已成为个人护理市场增长最快的部分之一。消费者转向使用“药妆品”来治疗皮肤老化和各种皮肤问题，如痤疮、黄褐斑和玫瑰痤疮。“药妆品”作为药物的替代品，经常在寻求专业帮助之前尝试试用。临床医师也同样重视“药妆品”的治疗效果。“药妆品”与治疗皮肤疾病的药物一起使用，可以提高治疗效果。

鉴于这种需求，化妆品和制药公司专注于增长“药妆品”市场也就不足为奇了。大多数大型化妆品公司都在开发“药妆品”方面投入了大量资金，许多制药公司现在也加入了这一行列。通过基础科学研究，这些公司正在努力确定改善皮肤健康和外观的潜在目标，并开发可作为干预措施的新的活性成分。他们建立了创新的输送系统，使活性物质更有效、更有针对性地输送到皮肤。他们的努力是值得赞扬的，因为他们对开发更有效的皮肤护理产品和对皮肤老化、保湿及疾病的发病机制的基本认识做出了重大贡献。

越来越多的患者向医师咨询产品选择方面的建议。他们被营销炒作搞得晕头晕脑，常常产生不切实际的期望和一定程度上的消费困惑。他们正在寻找个性化的皮肤护理方案，想知道什么有效，什么无效。美容医师在对“药妆品”了解方面面临着巨大的挑战。关于这方面的资源很少，而且开发这些产品的公司进行的科学研究并不总是很容易获得。此外，由于近乎每天都有新产品和新成分上市，使我们很难跟上这个快速发展的市场节奏。

本书提供了来自世界各地的临床医师、研究人员和以行业为基础的化妆品化学家的专业知识。本书分为三篇。第一篇让你深入了解药妆品是如何开发、测试的，以及这些科学驱动的护肤品是如何推向市场的。同时还将讨论输送系统和渗透增强器方面的创新。第二篇涵盖了许多关键的“药妆品”成分，包括维生素抗氧化剂、植物药、生长因子、多肽和基于海洋的成分。

对一些最新的抗衰老策略包括干细胞调节化合物、糖基化抑制剂和基于离子的抗衰老皮肤护理也进行了讨论。在第三篇中，对于在临床实践中如何使用“药妆品”，作为该领域领导者的临床医师将会提供他们独特的个人见解。综述了支持使用“药妆品”治疗痤疮、玫瑰痤疮、色素沉着、脱发和妊娠纹等常见疾病的研究，同时，介绍了使用“药妆品”来加强在办公环境中进行的美容过程，如化学换肤和激光治疗。

我们希望能够为您提供一种资源，使您能够更容易地就产品选择向您的患者提供建议，并为您提供将“药妆品”纳入临床实践所需的信息。

我要向我的撰稿人致以最深切的谢意，他们是局部皮肤护理领域的顶尖专家，没有他们，这本教科书就不可能问世。我赞扬他们的专业精神，以及他们将科学应用于“药妆品”的不懈追求。最后，我要感谢雷切尔·格林和杰弗瑞·B. 亨利，感谢他们为准备这本书所做的一切努力和帮助。

Patricia K. Farris

目 录

第一篇

Part Ⅰ

药妆品的开发、配方及评估

Development, Formulation and Evaluation of Cosmeceuticals

第1章　药妆品与临床实践

Patricia K. Farris
美国杜兰大学医学院

定义和监管事宜

“药妆品”这个词是由 Albert Kligman，M. D. 于1993年定义的，指的是化妆品和药品的混合护肤产品。这一术语在医学文献和大众媒体中根深蒂固，也常常被消费者们所使用。这种隐含的医学特性被认为是人们对“科学”和化妆品拥有药物样性质的期望。如今，“药妆品”通常被用来指含有活性成分的护肤产品，这些成分对改善皮肤的外观和促进皮肤的健康是有益的。

“药妆品”一词并不是一个法律术语，也没有被美国食品和药品管理局（FDA）所承认。联邦食品、药品和化妆品法（FD&C 法案）将产品按其预期用途分类为美容产品或药品。美容产品则被定义为“用来搽、倒、撒或喷的物品，它往往被直接或以其他方式应用于人体或其任何部分，用于清洁、美化、提升吸引力或改变外观。”美容产品包含有保湿霜、指甲油、口红、眼部和面部化妆品、洗发水、染发剂和牙膏等种类。这与一种被定义为“用于诊断、治疗、缓解、预防或治疗疾病”的药物形成了鲜明的对比，包括那些用于“影响人体或其他动物身体结构或功能”的药物。尽管 FD&C 法案不承认“药妆品”这个词，但它承认，如果产品有两个用途，那么该产品既可以是美容产品，也可以是药物。例如，一种去屑洗发水可以用于清洁头发和治疗头皮屑，那么它既是一种美容产品同时也是一种药物。同样的，用于滋润皮肤和保护皮肤免受阳光照射的保湿防晒霜也会被认为是美容产品和药物的两用产品。

具有讽刺意味的是，尽管当今市场上的大多数药妆品都含有用于治疗、减轻或改善皮肤状况的活性成分，但它们都被认定为是美容产品。

一些精心运作的营销和广告活动避开了任何类型的药物声明和有限的测试，以防止这些美容产品被认定为药物。那些开发和销售药妆品的公司往往把自己研发的产品归到美容产品那一类，因为美容产品不需要严格的预先审批程序，而且也不需要新药注册申请（NDA）。这样，这些公司能够以远低于药品研发的成本来开发和测试药妆品，并能以消费者负担得起的价格迅速进入市场。最近有报告显示，食品和药品管理局（FDA）正在考虑对护肤药妆品实施更严格的监管，但具体细节尚未确定。

药妆品市场

在经济不景气的背景下，药妆品依然在美容市场中保持着强大的影响力。这主要是因为婴儿潮时期出生的人现在已经50～60岁了，他们对健康和美容产品表现出了持续的兴趣。在过去的几年中抗衰老产品一直表现最好，收益保持持续的高增长。2012年，药妆品的全球销售额增长了7.4%，达到94亿美元。在美国的药妆品销售依然强劲的同时，中国和巴西等药妆品新兴市场的发展也正在对全球销售产生重大影响。为了满足这一需求，原料和终端产品制造商为了能在市场站住自己的脚跟，都在集中精力开发创新技术。其中，许多最新的原料都是科学与自然的融合产物，尤其是从植物和海洋资源中提取出的活性物质最为常见。

许多消费者现在都认为药妆品可以有效地治疗各种皮肤状况。在消费者眼中，由于这些产品有科学为基础的营销和一些名人和医师的代言，这些产品看起来貌似非常可靠。同时，药妆品相比药品也很容易买到，价格也更合理，所以一些消费者用买药妆品的方式来代替去医院看病开药。由于以上各种原因，我们也就不会因为患者来看病之前都尝试用药妆品自我治疗而感到惊讶了。市场中，治疗皮肤老化、玫瑰痤疮、湿疹、瘢痕和脂肪团的药妆品随处可见。一些高端百货商店尝试营造一种医院医疗的气氛来推销他们的产品，我们常常可以见到穿着白大褂的销售人员正在推销他们研制的药妆品。由此可见，药物和巨大市场之间的模糊感正是这类产品的一大特点。最后我要讲的是，一些皮肤科医师和整形外科医师也有自己的药妆品生产推销链。这种生产销售链在许多百货商店、大众零售店、电视广告和家庭购物频道中都能看到。这些生产销售链已经被许多消费者所接受，因为他们觉得医师推销的药妆品更加有科学依据。而这种销售的成功也使医师成为塑造药妆品市场的主要参与者。

药妆品在美容中的实际应用

职业美容医师在扩大药妆品使用方面也发挥了一定的作用。现在我们也常常使用药妆品进行治疗，同时药妆品也会被用于改善患者预后情况等。抗衰老药妆品是医师最常推荐的一种药妆品，这类药妆品在一些全面皮肤恢复治疗中不可或缺。例如，一些含有维生素C、烟酰胺、视黄醇、多肽、生长因子和植物性成分的保湿霜和血清，都被用于这类治疗中。此外，接受激光表面处理和化学剥脱等美容手术的患者，医师可能会给他们开一些药妆品来“启动”皮肤生长进程，促进愈合，减少并发症。

药妆品也被推荐给患有痤疮、玫瑰痤疮、湿疹和其他皮肤疾病的患者，与处方药结合使用。例如，含有抗炎植物成分的保湿霜可以与治疗玫瑰痤疮的处方药一起使用。含有大豆成分的药妆品可以与氢醌联合，以提供额外的皮肤美白功效。这种治疗模式的转变使药妆品在医学实践范围内得以使用。因此，了解药妆品背后的科学原理对医师们来讲十分重要。患者往往会在消费者广告、博客和互联网网站等信息来源获取大量不可靠的商业信息。所以他们会求助于医师来获取可靠的建议，以明确哪些产品可以选择使用，哪些产品是物有所值的。因此，我们有责任审查科学数据和临床研究，引导患者远离那些没有经过充分检验的，或不会给患者带来益处的产品。这个过程可能十分困难，因为药妆品往往没有设计完善的临床试验来进行实验研究。因此，医师仍然面临着如何评估新产品并保持对快速变化的药妆品市场的时刻了解的挑战。

基于科学的皮肤护理方案

为患者设计个性化的皮肤护理方案是需要时间和技巧的。医师必须全面评估患者的皮肤类型,评估光损伤的程度,并考虑到任何已经存在的皮肤状况,以设计出适当的治疗方案。

另外,考虑患者是否有油性、干性或敏感的皮肤,或者是否有任何既存的皮肤状况(如脂溢性皮炎、湿疹、痤疮和玫瑰痤疮)也相当重要。同时,患者的生活方式,如爱好、体育活动和职业习惯等因素也会对患者的皮肤护理起一定的作用。一般来讲,最基本的维持皮肤健康和美容的护理方案包括洁面乳、保湿霜和防晒霜。当然,这其中也可以包括爽肤水、收敛剂和眼霜,虽然大多数情况下我们未必会使用到它们。一般来说,患者美容方案应该包括保护皮肤的日间产品及修复损伤的夜间产品。

而像皮肤清洁剂这种去除皮肤上的污垢、残妆、皮脂和污染物的药妆品在早晨和晚间都应该用到。目前市面上有各种各样的皮肤清洁剂,因此医师可以更加容易把适合的产品推荐给不同种类的患者。温和的清洁产品包括合成洗涤(也被称为合成无脂清洁剂)。这类产品的 pH 值更接近于皮肤(pH5.5～7.0),所以在清洁皮肤的同时对皮肤几乎没有刺激性。合成洗涤和无脂清洁剂适用于大部分皮肤类型,尤其对那些皮肤干燥或皮肤敏感的患者特别有帮助。对于那些患有湿疹、玫瑰痤疮和光老化等疾病,屏障功能受到损害的患者,温和的清洗剂显得更加重要。

收敛剂和爽肤水常被用于去除清洁剂清洗后残留在皮肤上的油脂。最初,这些产品被设计用来去除肥皂残留物,但如今它们主要被那些经常使用洁面霜或油性皮肤的患者使用。而对于那些皮肤干燥敏感的人或屏障功能受损的患者,应避免使用收敛剂和爽肤水。对于这些患者而言,收敛剂和爽肤水可能会加剧皮肤干燥,从而导致皮肤有灼烧感和刺痛感。

保湿霜在基本皮肤护理方案中的地位比较重要,因为它们在保湿皮肤和维持屏障功能方面至关重要。适当的保湿可以减轻皮肤干燥的症状,如皮肤瘙痒,同时改善皮肤的外观。保湿霜对于患有玫瑰痤疮和湿疹的患者尤其重要,因为这类患者的屏障功能已经受损了。油性皮肤和痤疮的患者也应经常使用保湿霜,因为许多用于治疗痤疮的药物都有引起皮肤明显干燥的不良反应。

光保护是皮肤护理方案的最后一个重要部分。含有防晒成分的保湿霜适合日常使用,也能在化妆时使用。虽然很多保湿霜都能很好地保护皮肤不受 UVA 和 UVB 的损伤,但它们并不是户外活动的最佳选择。在户外运动爱好者中,通常更喜欢用凝胶或喷雾这类防水性的防晒霜。因此,防晒霜应该根据个人的皮肤类型和个人喜好来进行选择。

办公室调剂

医师配发的药妆品在绝大多数的美容场所中都有出售。根据克莱恩公司提供的市场调查,2011 年,与在水疗中心和美发沙龙销售的 4.25 亿美元相比,医师的药妆品配发产生了 3.029 亿美元的销售额。医疗保健和保险公司经常拒绝为处方的局部用药提供保险,使办公室配药成为为患者提供的一项增值服务。作为办公室配药的延伸服务,许多医师提供产品在线购买服务来让患者的治疗更加有持续性和便利。办公室配药的药妆品往往比大众市场上的药妆品含有更高浓度的活性成分，这意味着这些药妆品可能对患者的治疗更加有益，但也有潜在的更大问题。因此，这时就需要护士和美容师帮助患者正确地使用产品，并提供关于如何治疗药妆品引起的并发症的信息。

虽然大多数患者认为办公室的配药是一种增值服务，但配药医师必须非常谨慎，先保护患者的利益，再考虑获得的经济利益。当医师过度宣传产品，给患者施加不必要的购买产品的压力时，往往会发生一些伦理方面的冲突。所以对于医师来说，只配发经过临床试验的科学有效的产品，并合理定价非常重要。医师也要熟悉患者在别处有可能选择购买的其他零售替代品。私人标签在配发药妆品的医师当中越来越受欢迎，所以我们应该注意确保这些产品不会被误传为医师的私人开发或发明。

有效性和安全性

消费者们总是会寻找安全有效的产品。他们更喜欢不含香料、低过敏、无防腐剂、天然和绿色的产品。他们想要的不是经过动物实验的产品，而是那些已经进行过人体临床试验的产品。为了应对这一需求，许多领先的化妆品公司正在进行比以往更全面、更广泛的临床试验，然而其中许多研究都没有达到严格的科学标准。最近，几家主要的消费公司已经对药妆品和领先的处方产品进行了测试。在这些研究中，实现与处方产品的平等，对受过良好教育的消费者来说是个好兆头，并有助于形成强有力的营销主张。

尽管药妆品在使用过程中很少出现安全问题，但一些消费者仍对药妆品的安全性感到担忧。关于纳米颗粒的安全性，潜在的致敏剂和致癌物质等问题迫使许多人去寻求天然和有机的产品。天然药妆品指的是药妆品中含有天然成分，但这些成分未必是有机的，例如，芦荟、维生素 C、大豆和燕麦，都是一些药妆品中天然成分的来源。如果要让一款护肤产品被称为有机产品，它必须符合美国农业部 2005 年制定的新标准。有机护肤产品必须含有至少 95%的有机成分，也就意味着它们必须从种植有机农业中的收获物中获得药物成分的。有机作物必须在没有杀虫剂、激素和化学产品的情况下生长，并且不能是转基因作物。同时它们还必须避免在有机产品加工过程中受到任何污染。但是不得不说，没有科学证据证实有机护肤产品就比传统产品更安全或更有益于治疗。

在产品安全方面，消费者可以参考很多信息。化妆品和香水协会(CTFA)，现在被称为个人护理产品委员会，就是产品安全的可靠来源。化妆品成分评估(CIR)是个人护理产品委员会的一个附属机构，它会根据现有的研究和数据来评估产品所含成分，并确定它们的安全性。这两个机构网站上的内容为医师和消费者们提供了十分宝贵的信息资源。

小结

药妆品现在是美容医学的一个重要组成部分。医师及其他相关工作人员必须掌握药妆品的相关知识，以便为患者们提供正确的产品选择方向和最佳的使用建议。这一独特的产品类别使患者能有机会接触到含有有益活性成分的美容产品，来改善他们的皮肤的外观，治疗皮肤病。作为医师，我们需要时刻保持警惕，以确保我们推荐或销售的产品经过充分的测试，以保证产品的安全性和有效性。

延伸阅读

Baumann L. Organic skin care. *Skin Allergy News* January 2007; 24-25.

Brandt FS, Cazzaniga A, Hann M. Cosmeceuticals: Current trends and market analysis. *Sem Cut Med Surg* 2011; **30**: 141-143.

Bruce S. Cosmeceuticals for the attenuation of extrinsic and intrinsic photoaging. *J Drugs Dermatol* 2008; 7 (2 suppl.): s 17-22.

Farris PK. Office dispensing: A responsible approach. *Sem Cut Med Surg* 2000; **19**: 195-200.

Frank NJ, Matts PJ, Ertel KD. Maintenance of healthy skin: Cleansing, moisturization and ultraviolet protection. *Journ Cosm Derm* 2007; **6**: 7-11.

Ho ET, Trookman NS, Sperber BR, et al. A randomized, double-blind, controlled comparative trial of the anti-aging properties of non-prescription tri-retinol 1.1% vs. prescription tretinoin 0.025%. *Journ Drug Derm* 2012; **11**: 64-69.

Kligman AM. Why cosmeceuticals? *Cosmet Toiletries* 1993; **108**: 37-38.

Rokhsar CK, Lee S, Fitzpatrick RE. Review of photorejuvenation: devices, cosmeceuticals, or both? *Dermatol Surg* 2005; **31**; 1166-1178.

Sadick N. Cosmeceuticals: their role in dermatology practice. *Jour Drug Derm* 2003; **2**: 529-537.

U. S. Food and Drug Administration online reference of Federal Food Drug and Cosmetic Act available at: www.fda.gov.

（译者：冯宇洲　审阅：冯　峥）

第 2 章　工作台到美容柜台:药妆品的发展

Alexandra Kowcz[1],Guenther Schneider[2],Wolfgang Pape[2],
and Teresa M. Weber[1]

[1]美国拜尔斯道夫公司

[2]德国拜尔斯道夫公司

引言

药妆品的发展史是十分复杂的。为了能研发出使消费者接受的安全、有效的产品,许多学科的知识和技术都涉及了。从开始的创意生成到最终市场推出,药妆品在发展过程中经历了许多阶段。这些步骤的详细内容请见图 2-1。

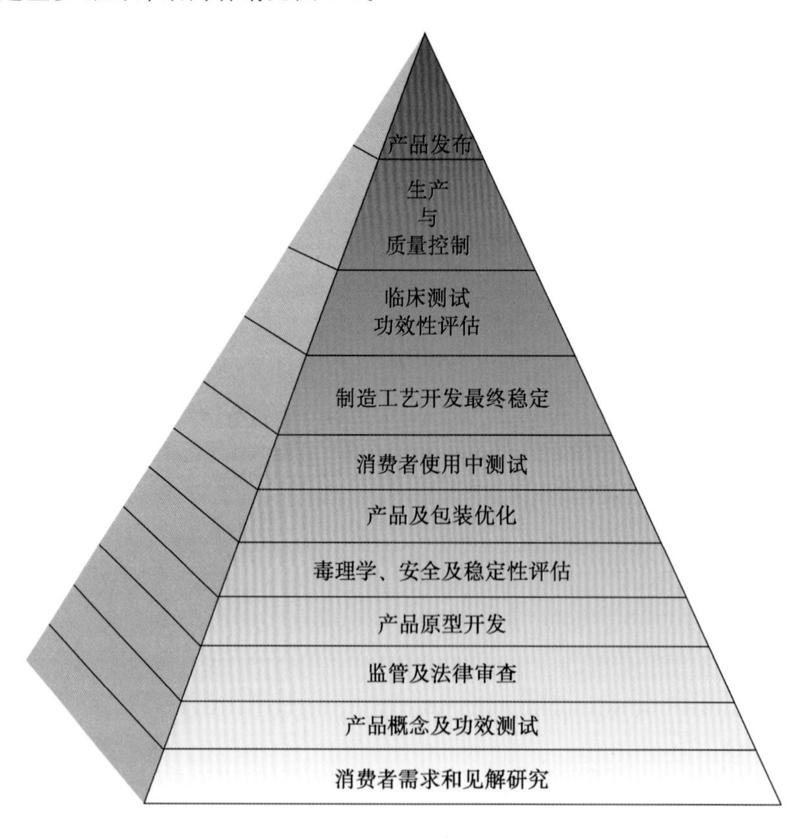

图 2-1　产品发布流程的概念

最开始的步骤是消费者意向调查和市场研究。这项研究对于理解消费者的需求和消费者行为的驱动力至关重要,远远超出了消费者自己能够表达的能力。市场分析揭示了消费者们对新产品的潜在需求,围绕这一想法的基础提出一些概念,开发出需求概要。产品开发团队会将这些发现转化为精确的皮肤学、化学和物理术语,并通过它们评估潜在的产品成分和产品形式来为新产品创建模型。

他们还会将产品模型的重要特性与最受欢迎的消费品概念进行比较,并针对产品适应性进行优化。要将最终的配方带入完全适销对路的产品中,需要一系列的稳定性、皮肤兼容性,以及声明的验证测试和最终配方的制造。

开发过程的基础

深厚的皮肤知识:药妆品发展的先决条件

药妆品的发展是基于对皮肤的深入了解而进行的,它涉及生物学、化学、力学,以及如何治疗各种皮肤问题等知识。消费者的看法也是药妆品发展的一大助力,因为他们涵盖了各种各样的因素。一般我们都从皮肤类型的分类入手,常见的有干性、油性、中性,或干性油性混合。而一些复杂的机制会影响人们的皮肤类型,如性别、年龄、激素状况和种族背景。皮肤会随着时间的推移而变化,比如大部分老年人都会有非常干燥的皮肤状况。同样,人体激素的变化也需要考虑在内,尤其是女性在生命中不同的时期,如绝经期因素。种族背景也同样重要,因为不同的皮肤光类型对紫外线有不同的敏感度,因此导致不同程度的晒伤、晒黑或光老化,从而间接地影响药品活性成分的功效。另外,气候(温度、湿度、季节变化)、食物和生活方式也会对皮肤有深远的长期的影响。

从消费者意向调查到产品创意

消费者意向的变化带来了新的产品创意,防晒产品的发展就是一个很好的例子。最初,防晒产品主要的形式是乳液和面霜。由于客户们对防晒品的 SPF 值和产品配方的防晒性有很高的要求,因此产品都被设计得黏糊糊、油腻腻的,人们使用起来很不舒服。所以,防晒品制造行业所面临的挑战就是研发出既具有良好保护性能,又能令人开心使用的防晒产品。消费者普遍认为,低黏度防晒乳液使用起来比高黏度产品更舒适。这种消费者意向为产品研发找到了新的方向——喷涂乳液。尽管产品的紫外线滤光能力仍然是一样的,但必须开发出全新的产品配方并定制全新的包装。目前,这些可喷涂的防晒产品已经被发明出来,外观优雅,深受许多消费者的喜爱。这一例子正凸显了将消费者的见解转化为美观和有效的产品技术的重要性。

监管与法律

开发产品时,必须考虑许多监管方面的因素,包括产品组成、产品类别(预期用途)、功效、产品标签,以及制造。美国食品和药品管理局(FDA)对化妆品、药品[Rx 和 OTC(柜台)]、医疗器械和食品的安全性、有效性和质量有管辖权。美国联邦贸易委员会(FTC)则负责监管广告和市场营销,时刻监督它们的商业行为来保护消费者免受欺诈和欺骗。

因此,在美国销售的化妆品和药品必须符合食品、药品和化妆品(FDC)法案和第 21 条联邦法规的规定。其中，颜色添加剂是根据 FDC 法案 1960 年的颜色添加剂修正案规定的，添加颜色添加剂必须得到 FDA 的批准。

产品的类别（如美容产品还是药物）则是由功效或预期用途并在某些情况下以产品的组成来定义的。FDC 法案将化妆品定义为：用于摩擦、倒出、洒上或喷入或以其他方式应用于人体或任何部位的物品，其用于清洁、美化、提高吸引力或改变外观及拟作为任何此类物品组成部分使用的物品。这一术语不包括肥皂。FDC 法案将有药物特性的美容产品定义为"用于诊断、治疗或预防人类疾病的物品及用于影响人类身体结构或功能的物品"。

OTC 药物对皮肤有结构和（或）功能上的影响。FDA 认为，消费者有能力判断他们自身的需求，并且可以在没有医师指导的情况下安全地进行自我治疗。同时，FDA 出版了一些专著，规定了许多非处方药物类别（如皮肤保护剂、防晒霜、痤疮、外用镇痛药等）的生产和销售的规则和要求。这些文件规定了药物的有效成分和它们所含成分的百分比、产品标签要求（简介、警示、适应证）和承认的功效。与药物相关的监管要求比美容品更加全面。

1938 年，FDC 法案正式确立了一种基于结构和功能效果来区分美容产品和药物的方法。从那时起，人们已经对皮肤生理学和外用配方的效果的认识有了更进一步的理解。Albert Kligman 博士最早提出"药妆品"这个术语，来定义一些可能对皮肤结构和皮肤功能产生影响的美容产品。然而，FDA 不承认"药妆品"，并继续根据 1938 年的定义文件进行监管。

FDA 具有十分强大的权威：他们可以对虚假、欺骗性或误导性功效的标签、欺骗性包装、掺假和错误品牌的产品及产品安全和质量问题采取行动；他们可以因为产品的安全性问题要求公司召回药品和美容产品；他们可以对进口产品实施禁运，而且他们有权进行定期审计，以监督美国法规的执行情况。

美国联邦贸易委员（FTC）会对产品的广告进行监管，包括产品在网站上的声明，以及在各种赞助媒体渠道中包含的发言人及其言论。这一监管机构也会监测不公平的竞争方法和影响消费者的欺骗行为，并向违反者征收罚款。

专利和商标

专利保护是美国宪法中提到的一项基本权利，它作为一种战略工具对商业成功的影响至关重要。在美国，专利是由美国专利商标局（USPTO）授予的，它可以使发明者的专利权在 20 年内受到保护。专利是公司知识产权（IP）的重要组成部分，它可以被许可或出售，并以此来增加公司的整体价值。

专利在产品开发过程中扮演着不可或缺的角色。在推进开发过程之前，开发者需要仔细考虑产品的专利问题。进行全面的专利搜索以评估开发产品的专利状况对于防止专利侵权诉讼来说至关重要。因此，获得产品的"市场权"和"经营自由"是产品制造商的主要目标。

商标是唯一一种用于标识产品或服务的标志、符号或特定指标。注册商标由 USPTO 批准和发行并由符号®表示。TM 符号则代表正在等待批准的申请商标，这意味着这些商标还没有得到批准和注册。

配方化学的科学:产品原型开发

活性成分和局部配方

许多美容产品制造商都拥有许多研究项目,致力于识别、测试和选择能带来广泛的皮肤益处的有效成分。仔细选择活性成分的过程对整个产品的设计来说至关重要。为了充分利用这些活性成分的功效,需要建立一个合适的配方。配方中的活性成分和非活性成分是紧密相关的,所以适当的配方基础和选择正确的活性成分一样重要。这是一个复杂的平衡过程,因为许多活性成分很难融合到预期的基本配方中。它们不仅必须在规定的保质期内保持稳定,而且一旦涂在皮肤上,就需要根据它们的功能,很容易地从配方基质中释放出来,使其停留在皮肤表面或渗透到皮肤中。深入了解人体皮肤屏障是理解药物活性物质的理化特性如何影响经皮吸收的基础。

活性物质的生物利用率和功效可以通过现代的输送系统,如微胶囊化或溶解性技术来进行优化。例如,脂质体、环糊精、固体脂质纳米颗粒和微/纳米乳状液。

如果配方的成分不合适的话,一些活性成分也有可能会刺激皮肤。不良反应会导致皮肤不适感(如发红或烧灼感),这些应该尽可能地被减少。

一个全面制订的策略包括应用跨学科团队的集体知识来利用已证实的方法、已建立的专门知识及最先进的技术。分析活性物质对皮肤是否有益可以从技术层面的SWOT(强度、弱点、机会、威胁)这四点出发。这种著名的商业分析工具可以帮助人们识别出产品的有利和不利的因素,以指导创建优秀的产品。例如,一种氧敏感的活性物质可以在原始形态(强度)中表现出很好的使用效果,但同时也会由于氧气(弱点)而迅速退化。抗氧化剂和不含氧气的包装方法可以用来缓解这种弱点。

一种药妆品的成功与否取决于改善皮肤状况的能力,也取决于消费者的依从性。吸引人的美学或精致的纹理会影响消费者对产品的感知并促进再使用率,这是药品达到预期效果的一个重要因素。因此,最终产品的特性,如颜色、质地、外观、气味、黏度和使用体感等因素,都对最终产品的质量和消费者的接受程度非常重要。

非活性成分和产品形式

外用药配方中的非活性成分具有多方面的功能,如影响产品的感官特性,影响产品的基本护肤特性,以及影响产品活性成分的传送。这些非活性成分可以以不同的方式组合在一起,以形成不同的制剂,如水凝胶、无水油、粉末、气溶胶、泡沫、悬浮液和其他胶体系统。对于药妆品来说,最重要的胶状系统是两种主要类型的乳状液。水包油乳液(o/w):油滴在水中精细地分散(水决定主要特性);油包水乳液(w/o):其中水滴在油中精细地分散(油决定主要的特性)。

如果胶状系统不稳定的话,热动力学不稳定乳状液的不相容物质(如油和水)会在储存期间开始分离。然而,当将一种乳化剂加入到胶状系统中时,尽管液滴仍然分散,我们仍可以得到稳定的乳状液。一般来说,非离子或阴离子乳化剂是首选的稳定剂。然而,某些乳液系统可能非常复杂(如超分子凝胶结构或多相系统)。

除了乳化剂,不同种类的聚合物也可以被用作稳定剂或增稠剂。例如,黄原胶(一种由微生物发酵产生的高分子量多糖）和在不同水平上交叉连接的聚丙烯酸。

另一种不同的可用成分是脂类。代表性的有：固体、半固态和液态碳氢化合物、天然油和蜡、脂肪酸酯、部分氢化或改性三酰甘油、脂肪酸或脂肪醇衍生物和硅酮。脂质不仅是脂类活性物质的重要溶解剂，而且对产品应用期间和使用后的皮肤感官有直接的影响。脂类化合物的最佳组合对于制作具有诱人感官特性的配方至关重要。

另外，还用一些重要的药用化妆品添加剂：防腐剂能防止微生物腐蚀产品；抗氧化剂能稳定产品中容易氧化的成分；某些金属离子的螯合物能捕获某些金属离子，以阻止金属离子的亲氧化作用，防止变色；有机酸和碱能调节产品的 pH 值；芳香剂为产品提供了一种令人愉悦的香味；添加色素可以增强产品的美感。

毒理学、安全性和稳定性评估

在大多数国家，对新制成品的安全评估是一项基本要求，而且往往必须以法律目的记录在案。也就是说，开发者必须根据要求向某些监管实体提供产品信息包。

在美国，食品和药物管理局强制实施食品、药品、化妆品法案（FDC 法案），要求化妆品制造商必须在产品上市前证实原料和产品的安全性[21CFR 740.10 (a)]。在欧盟，欧盟化妆品指令则规定了化妆品的安全规则。

毒理学评估

一般来讲，对药妆品的安全性评估都从对每一成分的毒理学特征分析开始，评估过程包含判断药物在正常和可预见的使用条件下是否会对人体皮肤产生风险。需要仔细考虑使用群体的年龄、暴露情况和使用条件，特别是如果在产品使用期间或使用后不能排除吸入或口服暴露时。

最重要的还是确定药品中的关键成分是否可能被系统吸收。生物利用度的机制会受到成分的理化特性及其在皮肤中代谢过程的影响，以确立外用产品使用与可能的系统负担之间的关系。因此，评估者需要评估皮肤吸收产品成分的可靠数据和它们对系统造成的负担状况及毒理学概况，以此来计算产品使用的安全范围。这些组合数据可以用来预估新产品使用的安全性。

在许多国家，专家小组会审查并确定药妆品成分，如紫外线过滤剂、防腐剂、色剂及众多的其他成分的安全性。这些成分的风险评估情况会由美国的化妆品成分审查委员会和欧盟化妆品科学委员会等组织公布。这些文件及制造商的内部测试数据和专业知识都源自于原料和新开发产品的安全评估和风险描述。

成品安全性

除了毒理学评估外，在进行皮肤耐受和相容性测试之前应进行初步的安全测试（志愿者小组评估）。在欧洲，是否应该进行动物实验已经成为公众讨论多年的话题，而在法律上动物实验是禁止的。因此，全世界都在努力进行开发研究，出现并发展出让全世界认可和接受的替代测试方法（非动物体外测试法），这种方法如今也正在使用。这些方法大大提高了识别药物成分潜在危险的能力，也可以确定不易引起皮肤不良反应的药物成分浓度。因此，我们可以对完整健康的皮肤对于特定成分的耐受性进行初步判断,并最终通过对志愿者的适当测试来确认效果。

皮肤耐受力和兼容性测试

在评估单个外用和重复外用的皮肤耐受力情况之后,我们再对志愿者进行测试。出于这个目的,我们经常会使用标准化的人体斑贴试验。简单地说,这种测试就是使用特定剂量的产品涂抹在一个闭塞或半闭塞的贴片上,然后将贴片贴在志愿者背部。在一定时间后,将药物贴片移除,皮肤斑贴部位进行客观刺激反应的临床分级(如红斑、丘疹、脓疱、疱疹、渗出等),之后在同一部位补片。最常用的方案是用来评估药物累积接触刺激导致过敏反应的可能性,变应性致敏及对光毒性反应或阳光诱发的过敏反应的可能性。它们的不同在于斑贴试验的使用频次和数量,以及是否将 UV 暴露加入到方案中。这些斑贴试验和可控的耐受性测试的改进方法也经常被用来评估其他指标,如药物对于一般人群或特定人群的温和性可接受性的相关指标测试。

微生物学

许多产品都会有有害微生物的生长的问题,因此必须对产品充分保护来确保产品保质期内的质量,并同时保证药品在消费者使用期间不会被污染。保护系统的有效性通常或通过一些微生物测试来进行验证。在产品测试标本中进行试验微生物(细菌、真菌和酵母)接种,然后定期测定标本中的活菌计数,有明确定义的"通过和失败"标准来判定。

稳定性

产品的化学和物理稳定性测试是开发过程中不可缺少的一部分。这些测试的目的是为了确保产品在正常或可预见的条件下使用和储存时达到预期的质量标准,并同时保持产品的功能和美观。常用的物理和化学稳定性的试验条件是长期储存在可控的室温下,包括长达几个月的高温和低温应力测试、冻融循环测试和光照测试。在最终包装材料中也进行了测试以确保产品/包装的兼容性。

随着时间的推移,许多产品稳定指示参数都会被监测,如黏度、颜色、气味、质地、pH 值、颗粒大小和导电性,以及任何活性成分的分析数据,以此来预测产品的保质期。

产品和包装优化

最后的药妆品配方将会受到各种测试,包括对药品关键成分的分析测试、稳定性测试和微生物挑战测试。一旦产品配方通过了这些测试,包装设计、包装工程和产品开发团队就会确定最合适产品的包装材料(玻璃、塑料、金属)和容器/封闭系统。产品/包装测试是为了确保产品包装不仅能配伍使用,而且还能保护产品免受不利因素的影响,并提供功能、成本参数和特定的包装营销索赔。包装测试将按照标准化程序进行,结果将证实初级包装和标签的完整性并确保产品及包装的最终质量。

消费者产品使用测试

在推出产品之前,家庭使用测试是测试最终产品的必要步骤。消费者在家庭环境中直接使用产品，并回答旨在吸引消费者印象和体验的问题。产品的吸引力和顾客购买意向是预测消费者对产品可接受性的两个关键参数。顾客对产品的整体满意度和特定产品属性的评价会导致开发者对产品做进一步改进，以确保产品验收。

临床试验，功效性评价

在产品进入市场之前，制造商用许多已经完善的方案来为各种产品的安全性和有效性提供足够和合理的证明。由于产品功效不同，导致药妆品的功效测试之间的差异很大。单盲、双盲、开放测试设计可用于对照使用研究。他们经常将专家临床评估的各种皮肤参数评分和客观的仪器生物工程测量方法结合起来评估皮肤状况，并同时促进相对于载体对照或其他治疗方法的统计比较，包括治疗前的状态，未经处理的控制部位，或时间点研究比较。在专家临床评分的情况下，使用各种已定义的数字尺度来对视觉评估进行量化：使用严重程度量表的特定皮肤参数；相比治疗前状况（如更糟，没有变化，改善，消退）的改善程度；症状的存在与否；症状的表面积（如湿疹区和严重程度指数），对各种治疗或时间点的疗效进行排序，或使用指定的分级描述性量表来描述特定的进展情况（如干燥症）。

生物工程方法使用专门的仪器和程序，对多种因素进行敏感性和可重复性的测量，以评估皮肤状况并确定随着产品的使用而发生变化。目前使用的生物仪器方法有几十种，如皮肤含水量的电容量和（或）电阻测量；评估经皮水分丢失的蒸发仪；评估皮肤拉伸性能（如弹性和紧实度）的真皮扭矩仪、硬度计和角质层计；用于评估皮肤温度的红外设备；以及评估皮肤发红或发黑程度的色度计。皮肤的油性和鳞屑是用专门的胶带来评估的。通过共聚焦显微镜、光学相干断层扫描、远红外线和近红外光谱、磁共振波谱及其他复杂的光学和光谱等方法，可以对活体受试者角质层下皮肤的特征和性质进行评估。

利用计算机算法对视觉信息进行图像分析，有助于对皮肤表面的视频显微镜图像和在正常、偏振光、荧光和紫外线条件下拍摄的数字临床照片进行评估。已开发出的条纹或阴影投射技术被用来评估活体或复制品的皮肤形貌，如皱纹深度测量或量化条件，如脂肪团强度。

除了用于评估产品对活体受试者的效果的方法外，还可以使用切除的皮肤组织切片来进行生化、组织学和生物物理评估。所有这些复杂的方法都在致力于定量、敏感和可重复性的测量，以此来为测试方法提供更多的选择，而不仅仅是通过临床观察来评估。然而，对于产品功效更有说服力的证明往往采用临床和仪器评估及受试者的自我感知参数。

受试者自我评估问卷可用于临床研究设计（根据研究方案在诊所或家中使用产品）或在消费者家中进行使用测试（产品在现实生活条件下使用）。临床试验通常会询问患者主观的刺激情况（针刺感、烧灼感、瘙痒、紧绷和刺痛）。这些测试还经常用于评估消费者对产品美学和功能效益的看法，这是消费者在家使用测试的关键目标之一。

上述方法只代表了目前用来评估局部应用产品安全性和有效性的测试方法的一小部分。随着全球科学知识增长到空前的历史水平，各种各样的方案和方法也将被使用。

产品制造和质量控制

一般扩大产品生产的顺序为：实验室生产到中型实验工厂批次生产，再到大规模批次生产。多种产品特性（如黏度、液滴分布）会因为生产规模变化而受到影响，并受许多制造方面变量或因素的影响(如混合设备和程序、原材料质量、原材料添加顺序、加热和冷却时间、生产过程中的剪切力等)。试验性批次生产是在产品配方商业化之前进行的,而稳定性测试则对于确定可能影响最终产品的加工条件是至关重要的。要想实现最终的可控的产品生产过程,就需要进行许多次重复性的实验。最终的生产过程须根据生产质量管理规范(cGMPs)进行验证,并同时进行质量控制测试以确保产品的质量。

小结

药妆品复杂的发展过程既是一门科学,也是一门涉及多个阶段和许多不同学科的艺术。开发者必须对产品的许多关键因素进行评估和考虑,以确保消费者使用的最终产品既有效又美观。从最初的消费者意向调查到最终产品发布,需要采取许多步骤来交付一种安全、有效的产品,从而交付所需的产品利益。最终的产品发布是经过多年的科学研究、大量产品优化、广泛的稳定性、安全性、临床和消费者测试、各种质量测试、法律/监管评估和市场功效性评价的结果。药妆品是一个快节奏和不断发展的研究领域,由竞争激烈的市场、不断变化的趋势和消费者的高期望驱动。新技术、更加有效的配方,以及在皮肤研究方面的巨大进步,将为这一日益增长的领域带来光明的未来。

延伸阅读

Buell DS, Barclay KW, Block P, Crissian CA, Junker J, Melenkevitz DJ, Douglas J, Rotando JL, Van Ael RM, Victor BL, Yacko DP. The manufacture of cosmetics. In: Rieger M (ed.) *Harry's Cosmeticology*, 8th edn. New York: Chemical Publishing, 2000, 787-874.

Draelos ZD. Formulation for special populations. In: Draelos ZD, Thaman LA (eds.) *Cosmetic Formulation of Skin Care Products*. New York: Taylor & Francis Group, 2006, 27-34.

Eccleston GM. Multiple-phase oil-in-water emulsions. *J Soc Cosmet Chem* 1990; **41**(1): 1-22.

Hyman PM, Rodriguez SN. Regulation of labeling and advertising claims. In: Estrin NF, Akerson JM (eds.) *Cosmetic Regulation in a Competitive Environment*. New York: Marcel Dekker, 2000, 43-53.

Jackson EM. Irritation and sensitization. In: Waggoner WC (ed.) *Clinical Safety and Efficacy Testing of Cosmetics*. New York: Marcel Dekker, 1990, 23-42.

Kligman AB. Cosmeceuticals: A broad-spectrum category between cosmetics and drugs. In: Elsner P, Maibach HI (eds.) *Cosmeceuticals and Active Cosmetics: Drugs vs. Cosmetics*, 2nd edn. Boca Raton, FL: Taylor & Francis Group, 2005, 1-8.

Orth DS. The keys to successful product preservation. In: *Insights into Cosmetic Microbiology*. Carol Stream, IL: Allured Publishing, 2010, **27-43**, 90-107.

Papakostas D, Rancan F, Sterry W, Blume-Peytavi U, Vogt A. Nanoparticles in dermatology. *Arch Dermatol Res* 2011; **303**(8): 533-550.

Taylor SC. Skin of color: Biology, structure, function, and implications for dermatologic disease. *J Am Acad Dermatol* 2002; **46**(2 Suppl.): S41-S62.

Wiechers JW, Souto EB. Delivering actives via solid lipid nanoparticles and nanostruc-tured lipid carriers: Part Ⅲ, Stability and efficacy. *Cosmetics & Toiletries* 2012; **127**(3): 164-173.

（译者：冯宇洲　审阅：冯　峥）

第3章　药妆品的评估

David H. McDaniel[1,2,3,4], Christina Steel[1,3], and Chris Mazur[1]

[1]美国麦克丹尼尔抗衰老研究所/激光 & 美容中心

[2]美国东弗吉尼亚医学院

[3]美国弗吉尼亚州大学

[4]美国汉普顿大学

引言

近年来，市场上的药妆品数量急剧增加，但没有明确的行业标准方案来进行安全性和有效性测试。每家公司都以不同的方式展示数据来支持自己的主张，导致无法进行哪怕很少的直接比较。由于非标准的测试方案会出现许多的科学和伦理方面的问题，并可能使人们在总体上对药妆品效果产生怀疑，从而导致在公众舆论中的接受率降低。

药妆品这一词是 Albert Kligman 医师最早命名的，他对评估药妆产品的有益效果应该满足的三个具体标准有清晰的认识。具有讽刺意味的是，尽管最初对产品功效有特定的指导方针，但在对一些最受欢迎的产品发表的结果进行审查后，很少有能同时满足这三个标准的。提出的标准并非不合理，也不是特别难以实现。它们是基于健全的科学原理，类似于科赫公司微生物鉴定的假设。根据 Kligman 医师的说法，证明药妆化合物有效性的三个基本标准是：①活性成分必须在与化合物作用机制一致的时间范围内，以足够的浓度穿透角质层（SC）到达预定靶位；②该成分在靶位（皮肤、细胞或组织）中应具有已知的特定的生物化学作用机制；③发表的、经同行评审的、双盲和安慰剂对照的临床试验数据具有显著统计学意义，足以证实所有产品的声明。

简要审查这三项标准，显然这些对功效的要求是合乎逻辑和合理的。第一个标准简单地回应了一个众所周知的事实：角质层是皮肤的一个有效屏障机制，它可以阻止蛋白质、糖、多肽、核酸和分子量超过 1000kD 的高电荷分子轻易渗透或被吸收。

这就说明了需要解决有效成分跨越这样一个屏障的运输量必须具有生物学上的有效性。第二个标准强调需要证明一种已知的生理效应作用机制（激活/抑制基因表达、酶活性、细胞周期调节等）。有许多流行的成分没有明确阐明作用机制或有不完整的机制，还需要进一步研究。第三，临床试验需要生成具有可重复度量的数据，这些数据在样本大小和效果方面都具有统计学意义。此外，理想的研究应该是双盲和基质对照，这样就不会产生偏见。而正确的研究设计却是许多已发表的新成分（粉末、细胞提取物、细胞副产品等）临床试验中缺少的关键因素之一。另一个常见的缺点是，研究对象的规模不足以做出统计学上有效的结论。

就政府监管机构而言，最初发布的指导方针并不是针对功效，而是针对产品安全和营销声明的监管。在欧盟供消费者使用化妆品和非食品产品科学委员会(SCCNFP)和美国食品和药品管理局(FDA)已发布的文件里有详细的指南，指导如何测试皮肤刺激和微生物含量等各种安全措施，但是没有发现类似的疗效指南。在本章中，我们将尝试概述一个从体外试验到人体临床试验的测试过程(图 3-1)。该过程将演示多种方法，这些方法既遵循也扩展了 Kligman 医师多年前创建的药妆有效性科学标准。

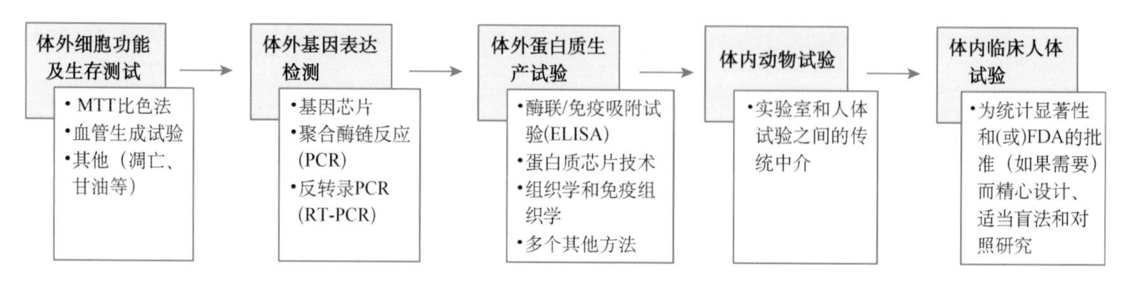

图 3-1 药妆品评估试验方案大纲

体外评估

一种药妆活性成分的初步测试最好在实验室进行，最常在细胞培养中进行。选择主要是与预期效果相关的人类细胞，如培养的人类皮肤成纤维细胞，作为大多数光老化或皮肤护理产品测试的基本细胞。当产品具有更特殊的功能时，如皮肤美白(黑色素细胞)或毛发生长刺激(真皮乳头或整个毛囊)，则使用其他细胞系。

使用培养的人体细胞作为最初的试验对象是一种经济有效的方法，方便配合后来的人体试验。如果能在人体细胞中显示出有益的效果(同时，如果能确定一种作用机制，并满足药妆功效的第二个标准)，当类似的结果在人体临床试验中得到证实时，说明此试验是科学的，令人信服的。

细胞活力/功能测试

任何药妆活性首先进行的一系列测试，是为了证明当化合物使用于细胞时没有不良的影响。这通常是通过细胞活力测试来实现的。还有一些其他测试涉及已知产物或标记物的测量，它们与细胞增殖、血管生成、细胞周期/细胞增殖和许多其他细胞过程相关。所有这些测试将首先帮助证明化合物在人体使用时理论上是安全的(因为在与靶组织或使用部位相关细胞中进行的细胞活力测定获得了良好的结果)，也将以相对较低的成本介绍了药妆品在几个细胞功能或进程中的效果。下面简要介绍一些常见的测试方法，有助于阐明一种新型药妆化合物的作用机制和总体安全性。

(1)MTT 试验：3-(4，5-二甲基噻唑-2-酰基)-2，5-二苯基四唑溴化铵是一种四唑盐，只存在于活细胞中，可被还原为紫红色的福尔马赞染料。这使得它成为确定细胞培养试验中细胞毒性的一个非常有用的工具，因为任何数量的减少表明活细胞的减少，当与未经处理的对照样品相比时，可大致得出细胞死亡的比例。相反，福尔马赞的增加表明活细胞数量增加或增殖增加。

(2)血管生成试验:血管生成的过程是生成新的毛细血管。这对正常的伤口愈合,以及糖尿病视网膜病变和肿瘤转移等病理过程都很重要。目前有几种体外试验,但大多数都是基于将内皮细胞添加到ECM样基质/凝胶中,并在不同浓度的试验化合物存在的情况下,监测基质上内皮细胞的生长速度和延伸情况。最近开发的一种体外试验更进一步,使血管生成的整个过程三维可视化。通过使用内皮细胞的内嵌球,血管生成化合物的加入会导致球粒顶端细胞开始迁移并形成芽(相当于新的血管),然后可以测量其数量和长度,这是一个很好的测量药妆品的血管生成性方法。

(3)其他试验:还有其他大量的可以在体外进行的试验,进一步帮助确定特定的药妆品化合物的作用机制,但在这一点上,试验在开始时就必须根据特定的组织或化合物的预期效果进行调整。现有的许多其他检测方法中,包括细胞代谢ATP的产生,瘦素、甘油等特定化合物的代谢,有丝分裂,DNA损伤(对抗氧化剂有用),线粒体膜渗透状态等。

基因表达检测

在确定任何毒性作用(体外最大安全剂量)后的下一步是继续检查化合物的功效,并寻找作为作用机制的任何基因表达或对信号转导和相关酶的影响。这一过程包括将培养物中的靶细胞暴露在活性成分的浓度下一段时间,分离DNA/RNA(取决于建议的测试类型),并将结果与相同时间内未处理的对照组进行比较。这将为两者生成一个相对表达水平:一个基因、多个基因、基因的整个通路或整个人类基因组(同样取决于测试)。结果表明,如果处理过的细胞中存在或多或少的mRNA(向细胞发出信号,以产生更多基因编码的蛋白),这将表明研究基因的上调(产量增加)或下调(产量减少)。通过多个商业实验室或内部实验室进行的低成本基因组检测的实用性,使得基因表达研究对于评估新药妆产品的功效既简单又必不可少。

基因组测试最有效的方法是基因芯片,它可以同时测试数量惊人的基因(最多可以测试整个人类基因组)。这些基因芯片可以定制设计(或已经商业化),以重点研究与该化合物的作用机制相关的特定通路。甚至还有一些基因芯片,可以通过测试细胞过程中各种途径的关键标记来确定潜在的作用机制,这样便于使用数据来选择化合物影响的可能途径(或多个途径)。一旦确定了,就可以研究作用的具体机制或相关基因,这些结果可以证实或驳斥所提出的药妆化合物的作用机制是有效的。

基因芯片有几种类型。除了前面描述的表达分析阵列,还有CGH(比较基因组杂交)阵列,它显示了样本之间特定基因拷贝数的变化;以及SNP(单核苷酸多态性)阵列,它可以确定特定基因的基因序列是否有任何突变。

这一信息在分类疾病状态或病理及确定对相同状态的潜在易感性方面特别有用。药妆不太可能直接改变这些类型的阵列测量,但它们可以用来确定反应最好的受试者的疾病/病理的遗传概况。

或者,可以进行单基因PCR(或RT-PCR),只选择一个基因进行基因表达变化的检测。虽然这可以节省时间,但只推荐于单基因PCR被用来确定一个特定的假设(如这种化合物治疗会增加胶原蛋白IA1的基因表达?)或一旦一种化合物的作用机制和预期基因表达谱被很好地确定,可以作为浓度和配方变化的前哨标记。

蛋白质生产

一旦毒性、细胞功能和基因表达分析测试完成，下一步要证明其有效性，就要证明所观察到的基因表达变化会导致所需蛋白的实际生产。基因表达仅仅决定了细胞所接收的 mRNA 的数量，翻译后的修饰可能发生，而蛋白质实际上从未被创造出来。因此，通过验证基因信号的接收和蛋白质本身的合成，可以在化合物和功效之间建立起强有力的科学联系。

测定蛋白质产量最简单的方法之一是使用 ELISA 技术，通过将蛋白质与 96 孔盘内的比色或荧光试剂结合，然后使用分光光度计或荧光计进行读取，从而检测蛋白质含量。将化合物处理的细胞培养的上清液进行直接检测，并根据该方法的标准曲线对产生的蛋白质浓度进行定量。这可能是最清楚的证据，表明这种蛋白质是由经过处理的细胞中基因表达信号的改变而产生的。事实上，上清液可以从相同的实验细胞产生的基因芯片结果中收集。

通过对蛋白质进行组织化学或免疫组织化学分析，是另一种确定蛋白质生产/沉积变化的方法。通常在体外组织中进行，也可以在体外培养物及体外培养的人体组织中检测细胞蛋白。人体组织的等价物存在于多种组织类型中，可以在类似于培养细胞的培养基中生长。

蛋白质芯片是一种比较新的蛋白质生产检测方法。将 ELISA 技术与基因芯片的印迹和定量方法相结合，这些新测试允许对一个样品中大量的蛋白质进行定量（图 3-2）。这些阵列也通常是通路或疾病特异性的，如一组炎症蛋白可能包含炎症因子阵列，并显示出暴露于药妆化合物后炎症标志物的减少，进一步验证了所测试化合物的机制假说。

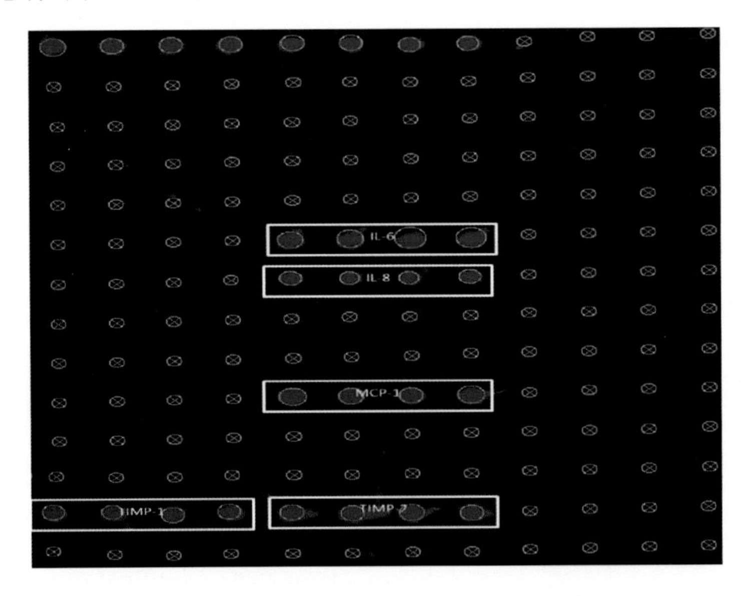

图 3-2 蛋白质芯片的图像显示了几个目标蛋白质

蛋白质检测的方法还有很多，如明胶酶谱法、流式细胞术、单细胞荧光成像等，这里不再进行讨论。的确，随着技术变得更加先进和便宜，体外测试领域正在以非常快的速度扩大。在不远的将来，体外测试很有可能成为药妆化合物测试的主要形式（发展到计算机模拟细胞对未知化合物的反应）。

体内评估

一旦体外测试完成，下一步将是设计一个体内研究方案。体内研究的两个主要选项是动物模型和人体临床试验。虽然每种方法各有利弊，但都应仔细设计，使用适当的对照、安全保障和审查委员会提供有效的统计数据，同时保护人类受试者和确保动物受试体受到人道对待。

动物研究通常是介于实验室和人体试验之间的中间步骤，很少（如果有的话）取代对最终药妆产品严格设计的人体临床研究。

通过设计有效的统计研究，可以在真实的应用模型中生成良好的科学数据，从而支持在体外发现的机制理论和数据。通过这种方法，药妆的作用可以追溯到细胞水平，从基因表达到活跃的蛋白质生产，然后在人类或动物实验对象的临床结果中得到验证，并产生了确凿的证据，证明药妆对特定用途的有效性。

动物实验

传统上，实验室和人类临床试验之间的测试阶段是动物模型。近年来，使用动物来测试药妆产品的负面宣传远远超过了任何可能的好处。事实上，许多大型化妆品公司现在都有标准的操作程序，禁止使用任何种类的动物测试，以减轻负面宣传/抗议，并声明没有用于营销目的的动物测试。因为这些原因，以及体外测试功能的扩张，许多传统的动物实验模型对大多数常见的药妆产品来说都是多余的，只有在特定形式的测试中，动物模型才是唯一可用的测试方法。

最终配方的安全测试

人体试验中测试的配方在用于人体之前应该进行充分的测试。遗憾的是，在许多情况下，目前还没有一套通用而且稳定的测试方法来确定安全性。FDA 允许使用以前确立的配方个体成分和类似配方组成的毒理学数据。例如，维生素 C 具有良好的稳定性和毒理学测试记录，因此使用等效维生素 C 浓度的配方可以将安全性与先前建立的数据联系起来。通常情况下，已经确定的或 GRAS（通常被认为是安全的）化合物都已经有数据存档。

如果该组合物/配方中含有新的化合物，根据 FDA 的指导方针，如何最好地证明该化合物的安全性和稳定性取决于各个配方者。最常见的是 RIPT（重复激发补贴试验测试 50 200 例），光毒性/光变态反应（通常包含香味成分或紫外线吸收元素），微生物测试（确保配方中没有污染物），和各种稳定性试验模型（以确保配方在产品保质期内保持活性及融合一起）（图 3-3）。

人体临床试验

人体临床试验需要机构审查委员会（IRB）的监督，遵守对人体受试者的所有保护及遵守药品临床试验管理规范标准是至关重要的。这些类型的研究最好由注册临床研究专业人员和协调员进行处理，以确保不仅符合 IRB 要求、人体受试者关注的问题，而且在产品申请 FDA 批准时，所有 FDA 要求都得到满足，包括数据的报告和存储。

安全性

- 毒理学
- 重复损伤斑贴试验
- 微生物检测
- 光变态反应
- 光毒性

稳定性（所有这些测试都使用pH值、黏度、气味和颜色作为主要终点）

- 90天稳定性试验（在45℃）
- 加速稳定性试验(使用较高的温度和较短的时间)
- 循环测试（从−10℃到45℃）

图 3-3 安全性和稳定性测试的类型

研究设计

一旦确立了合适的临床人员，重点就应该放到合适的研究设计上。在关于各种药妆产品的文献中有许多的临床研究，但进一步检查发现，许多研究设计很不完美，没有产生统计学上显著的结果，读起来更像是案例研究或轶事证据的收集。促成一项精心设计的研究的因素如下（图 3-4）。

（1）确定样本量，以产生统计学上有意义的数据，以证明该产品的有效性。样本量的大小可能非常难以准确确定，因为它是基于总体人口研究并需要一个数学公式，涉及许多因素，如期望统计数据的置信区间（如 95％置信区间基本上是保证结果有 95％的概率不是随机发生的），精确度和期望的误差范围。

好的研究设计要素				
样本量和期望的统计学效度(可信区间，误差范围等)	研究的时长和数据收集点的数量	使用的度量标准类型和数据收集事件的时间	成功结果的标准	选择合适的对照

图 3-4 良好的临床研究设计的要素，以确保药妆试验适当的科学有效性

在设计一项供 FDA 批准的研究时，FDA 可能设定有所需的样本量。一般来说，最好考虑药妆产品预期产生的变化程度（这是广泛的体外测试变得至关重要的另一个原因）。如果该产品将产生较低水平的微妙变化，则需要更大的样本量进行比较。在常见的许多药妆品小样本量研究中，通常只有相对剧烈的变化才有统计学意义。

（2）在确定了样本量之后，下一个关键的决定是确定研究的长度和将使用多少数据采集点。在研究第一个变量时，确定使用药妆治疗的预期结果变得非常重要（再次强调，广泛的体外测试在这里可能是至关重要的）。例如，在研究一种旨在增加胶原蛋白的产品时，必须确保研究持续足够长的时间，以便产生新的胶原蛋白，并积累到临床显著的水平。其次，研究还必须包括一个随访期（受试者不使用该产品治疗后的一定时间跨度），以确定是否仍然可以使用选定的指标检测到结果。这个时期有时被称为"洗脱期"。这使得产品的结果分为了临时性（3～12 周）或永久性（12 个月或更长）。最后，受试者在不退出的情况下继续研究的时间长度也应该是一个考虑的因素。

（3）研究设计的另一个方面是确定将使用哪些度量标准，以及这些度量标准的时间。所有好的研究都至少有基线和治疗后的测量值。在中期（通常是研究的中点）或选定的时间点（如在每个单独的治疗之后，在第一波治疗之后，或在一定的周数之后）收集数据通常是有益的，而时间点对于每个研究都是独特的。关于度量的进一步信息将在下一节中讨论。

（4）研究设计的另一个部分是确定什么将被认为是成功的治疗。它取决于要研究结果的性质和使用的度量标准，可以是简单的，也可以是复杂的。它可以容易到只要确定实验对象在某一特定特征的等级表上提高了一级就被认为是成功的，或者像在测量工具上使用具体数值一样复杂（如相对于基线测量，治疗后皮脂测量值降低 25%）。这些应该是满足药妆品的合理的标准。

（5）最后一个方面，也可能是研究设计最重要的方面，是选择适当的对照。在药妆研究中，为了防止偏见，最好让受试者和研究者对受试者是否接受实际治疗均不知情。这就需要设置安慰剂组，除了含有活性成分外，安慰剂组的处理方式通常与治疗组完全相同。在决定使用时，分组与配对受试者的比较可能比较复杂。

常用的度量标准

（1）在评估药妆效果时，最重要的数据采集工具可能是数字成像。一个好的研究设计至少应该包括基线和治疗后的照片。好的临床照片的最低标准是拍摄的照片在标准化的照明条件下，相同的相机角度和距离，使用相同的相机（由于每个数字芯片的分辨率略有不同，可能会混淆结果），并在相同的颜色背景下（或放大到足够近，使背景在图像中不可见）。一组匹配良好的图片是产品对公众和科学界的最大卖点。目前市面上有许多成像系统，包括一个高分辨率相机和一个固定装置，以确保对连续图像的正确定位。有些成像系统还配备了先进的图像分析软件包，可以计算特征（毛孔大小、头发数量等），通过红色和褐色图像成分分析评价肤色，甚至 3D 成像/成像区域的建模，允许对体积和纹理变化的控制分析。

（2）药妆研究指标的"金标准"仍然是盲法专家评分。依据这种情况，匹配良好的图像被随机分配给药妆使用和测试的专家，或专家小组，然后他们根据所使用的特征和比例对每个单独的图像进行评估。这种方法仍然是 FDA 偏爱的评估方法。每一个研究通常都有专门设计的量表；或者是使用多年来在科学文献中被很好地描述和使用的量表。例如，广泛使用/被接受的药妆品量表有 Fitzpatrick 皱纹严重程度量表、Glogau 光老化分级量表和 Ascher 体积损失量表。

（3）如前所述，有大量的仪器可以用来测量各种各样的数据，以证明药妆产品的有效性。有弹性测量仪，可以测量皮肤的弹性（如BTC2000）；可以检测皮肤色调变化的色度测量仪、记录产生皮脂总量的皮脂测量仪、显示皮肤厚度的超声波成像、皮肤轮廓测量仪，以及其他数不胜数的仪器。这些仪器并不总是被普遍认为是有效的，而且不同品牌的设备可能产生的数据也不相同，因此在设计研究时应谨慎，以确保数据能够被所有最终用途所接受。

（4）最后是受试者评估、退出问卷和治疗日志/日记。虽然这些可以产生一些有用的数据，但很容易通过限制受访者的选择，或通过问题的措辞，无意或有意地歪曲结果。由于受试者将在此记录产品的使用情况，以确保符合研究方案，因此歪曲治疗日志/日记的难度要大得多。这些日记也可以用来让受试者每天或每周评估刺激性或其他变量。虽然这些问卷或日志提供了各种有用的数据，但这些数据不能用来代替专家评分数据，也不能用来确定药妆产品的功效。

小结

综上所述，药妆品疗效评价应该是一个明确的线性过程，能够体现Kligman医师最初描述的所有三个标准：①活性成分必须在与化合物作用机制一致的时间范围内，以足够的浓度穿透角质层（SC）到达预定靶位；②该成分在靶位（皮肤、细胞或组织）中应具有已知的特定的生物化学作用机制；③发表的、经同行评审的、双盲和安慰剂对照的临床试验数据具有显著统计学意义，足以证实所有产品的声明。这些数据应在同行评审的论坛和期刊上展示和发表。通过使用本章概述的测试步骤，可以使用良好的科学原理和临床实践来满足这些标准。这将使任何的功效声明更有分量，并将为所有其他药妆化合物设定一个标准，以消除围绕新产品或用途分布的大部分疑虑。

延伸阅读

Ascher B, et al. Full scope of effect of facial lipoatrophy: A framework of disease understanding. *Dermatologic Surgery* 2006; **32**(8): 1058-1069.

Auxenfans C, et al. Evolution of three-dimensional skin equivalent models reconstructed in vitro by tissue engineering. *Eur J Dermatol* 2009; **19**(2): 107-113.

Bhattacharyya TK, et al. Profilometric and morphometric response of murine skin to cosmeceutical agents. *Arch Facial Plast Surg* 2009; **11**(5): 332-337.

Christensen ML, Braunstein TH, Treiman M. Fluorescence assay for mitochondrial permeability transition in cardiomyocytes cultured in a microtiter plate. *Anal Biochem* 2008; **378**(1): 25-31.

Clinical Trials. [web page] June 12, 2012 [cited 2012 July 30]; Available from: http://www.fda.gov/ScienceResearch/SpecialTopics/RunningClinicalTrials/default.htm.

Defining Pathway-Specific Genes. [web page] [cited 2012 July 30]; Available from: http://www.sabiosciences.com/newsletter/pathwayAnalysis.html.

Gerlier D, Thomasset N. Use of MTT colorimetric assay to measure cell activation. *Journal of Immunological Methods* 1986; **94**(1-2): 57-63.

GmbH,P. PromoCell-3D-Angiogenesis Assay. [web page]2012 July 9,2012 [cited 2012 July 30]; Available from: http://www. promocell. com/products/cell-model -systems/angiogenesis-assays-and-kits/3d-angiogenesis-assay/.

Guidance for Industry Safety of Nanomaterials in Cosmetic Products [DRAFT GUIDANCE],U. S. D. o. H. a. H. Services,Editor. 2012,U. S. Food and Drug Administration.

Hall DA, Ptacek J, Snyder M. Protein microarray technology. *Mech Ageing Dev* 2007; **128**(1): 161-167.

Kimmich GA,Randles J,Brand JS. Assay of picomole amounts of ATP,ADP,and AMP using the luciferase enzyme system. *Anal. Biochem. (United States)* 1975; **69**(1): 187-206.

Lachenbruch PA,Rask C. *Thirteen Clinical Trial Design Questions and Answers*. Bethesda, MD: National Institute of Allergy and Infectious Disease,2005.

Levin J,Momin SB,How much do we really know about our favorite cosmeceutical ingredients? *J Clin Aesthet Dermatol* 2010; 3(2): 22-41.

Monheit GD,et al. Development and validation of a 6-point grading scale in patients undergoing correction of nasolabial folds with a collagen implant. *Dermatol Surg* 2010; **36**Suppl. 3:1809-1816.

Office of Clinical Research: Education & Training. [web page] June 21,2012 [cited 2012 July 30]; Available from: http://health. usf. edu/research/ocr/education. htm.

Participating in Clinical Trials. [web page] January 7,2010 [cited 2012 July 30]. Available from: http://www. fda. gov/ForConsumers/ByAudience/ForPatientAdvocates/ParticipatinginClinicalTrials/default. htm.

Pinkel D,et al. High resolution analysis of DNA copy number variation using comparative genomic hybridization to microarrays. *Nature Genetics* 1998; **20**: 207-211.

Rode H-J, Eisel D, Frost I (eds.) *Apoptosis, Cell Death and Cell Proliferation*, 3rd edn. Roche Applied Science,2004.

Shoshani D,et al. The Modified Fitzpatrick Wrinkle Scale: a clinical validated measure-ment tool for nasolabial wrinkle severity assessment. *Dermatologic Surgery* 2008; **34**: S85-S91.

Suga H,et al. Numerical measurement of viable and nonviable adipocytes and other cellular components in aspirated fat tissue. *Plast Reconstr Surg* 2008; **122**(1): 103-114.

Vijayananthan A,Nawawi O. The importance of Good Clinical Practice guidelines and its role in clinical trials. *Biomedical Imaging and Intervention Journal* 2008; **4**(1): e5.

Wang DG,et al. Large-scale identification,mapping,and genotyping of single-nucleotide polymorphisms in the human genome. *Science* 1998; **280**(5366): 1077-1082.

Yosipovitch G, et al. Time-dependent variations of the skin barrier function in humans: transepidermal water loss,stratum corneum hydration,skin surface pH,and skin temperature. *Journal of Investigative Dermatology* 1998; **110**(1): 20-24.

（译者：冯　峥　审阅：陈　阳）

第4章　增强渗透的模式

Zoe Diana Draelos
美国杜克大学医学院

引言

活性成分渗透入皮肤是药妆品发挥功效的关键。虽然有些物质在角质层就能发挥功能，但仍有其他的物质必须到达活性的表皮或真皮才能发挥作用。例如，保湿剂必须覆盖角质层，以抑制经表皮的水分流失，并创造一个屏障修复的环境。同样的，遮光剂必须停留在皮肤表面，既可以像无机滤片一样反射 UV 的辐射，也可以像有机滤片一样吸收 UV 的辐射。而另一方面，抗氧化剂必须到达活性皮肤结构，才能达到防止氧自由基损害的效果。理想情况下，维生素 C 和维生素 E 应该渗透到真皮，在那里通过向活化的氧自由基提供电子而保护活性 DNA。

有效成分的渗透得益于渗透增强剂，它可以是物理性的，也可以是化学性的。本章主要探讨渗透增强和药妆品。从最基础的处方乳剂开始，进一步探讨屏障的降解方法。更特殊一些的渗透增强技术，如脂质体及纳米传送也将探讨。

乳剂

乳剂是经过时间检验的最基础的传送系统。它是由油和水组成，通过乳化剂混合并融于一起。最常见的乳剂是水包油，油溶于水中。这是最常见的传送系统，因为水分蒸发后，留下一层油性成分的薄膜。这是所有保湿剂的基础，是药妆品传送至皮肤表面的主要方法。含水量较大的乳剂称为乳液，而含水量较小的则称为乳膏。

乳膏和乳剂是主要的药妆品传送系统，因为它们生产成本低廉。它们还具有对皮肤的保湿功能，这是药妆品能改善皮肤质地及外观的主要方法之一。因此，精心构建的乳剂可以同时完成保湿和传送活性成分的功能。对于任何药妆品来说，消费者感官良好的 50%～75% 是保湿功能，而活性成分只是次要的。

乳剂除了可将药妆品传送至皮肤外，更能促使活性成分渗透过角质层间隙。下面将要探讨多种导致屏障降解的方法，包括物理及化学方式。

屏障降解

破坏屏障是增强渗透最廉价也最简单的一种方法。可以通过物理去除或化学降解角质细胞间结合的方法减少角质细胞来完成。物理去除可以发生于微晶磨皮或面部刷洗过程中。微晶磨皮利用微小颗粒喷雾状轰击皮肤，强有力地去除角质细胞，随后被抽吸移除。微晶磨皮后应用药妆品会渗透的更深。同样的效果也可以通过旋转或超声面部刷洗来实现，它也可以去除角质细胞。

屏障降解也可以通过化学物质来完成，这些物质可以松解角质层。外用药物中最常用的渗透增强剂是丙二醇。丙二醇会破坏角质层并使其渗透，也会造成屏障损伤，导致患者感到刺痛、瘙痒和灼热。这也是为什么在腿部刮毛后立即使用乳液或乳膏会产生有害的感官刺激，因为皮肤屏障被破坏了。

其他具有增强渗透功能的化学物品包括肉豆蔻酸异丙酯、乙醇酸、尿素及类维生素 A。维 A 酸经常被用作其他药物（如 4％对苯二酚）的渗透促进剂。这一类渗透增强剂面临的问题是如何预防其引起的刺激性接触性皮炎。

脂质体

新的传送方法包括脂质体，然而，脂质体通常悬浮在用于皮肤传送的乳剂中。脂质体是直径在 25～5000nm 的球形囊泡，由具有极性及非极性两端的双层双亲性分子膜形成。极性头朝向囊泡的内部和外部表面，而非极性端或亲脂性尾朝向双层膜的中间。

脂质体以细胞膜的自然结构为基础，这一结构在进化过程中保持高度的保守性。它的名字来源于希腊语单词“lipid”意为脂肪，“soma”意为身体。脂质体主要由磷脂类形成，如磷脂酰胆碱，但也可能由表面活化剂，如二油基磷脂酰乙醇胺组成。它们的功能可能受到化学成分、囊泡大小、形态、表面电荷、脂双层及同质化的影响。

脂质体是一种用途极为广泛的结构。它的核心可能含有水相物质，或者什么都不含。疏水物质可以溶解在磷脂双层壳中，以保证脂质体可以同时传送油溶性和水溶性物质。这一特性应用于药妆品的传送中，一旦将油溶性物质放置于磷脂外壳中，它可以溶于水中。

传统的脂质体不太可能完整地穿过角质层屏障。角质细胞镶嵌在细胞间脂质中，由神经酰胺、糖基神经酰胺、胆固醇和脂肪酸组成，其结构与脂质体的磷脂不同。假设脂质体穿透附属器结构，但也可能与其他双分子层膜（如细胞膜）融合，以释放其成分。纳米脂质体由于体积小，更容易穿过角质层，从而克服了这些穿透难题，这些将在下面讨论。

纳米技术渗透增强

纳米技术渗透增强代表了药妆品传送的下一个前沿。这一技术使用＜100nm 的粒子。这些颗粒可以被制成纳米乳、纳米脂质体、高分子纳米球体和量子点。其中一些纳米载体将在药妆品传送中进行讨论。

纳米乳

以水包油或油包水配方为基础的乳液中含有较大的液滴，不易穿透角质层。纳米乳具有相同的配方，只是液滴的纳米尺度为 20～100nm。当纳米液滴＞100nm 时，乳剂呈白色，而液滴为 70nm 的纳米乳是透明的。纳米乳能够将高度疏水性或亲脂性的物质传送到皮肤中，否则就无法穿透皮肤。这就提供了独特的纳米载体机会，因为角质层是亲脂性药妆品的一个极好的屏障。

已经研究开发了泛素的药妆纳米乳。泛素（又称辅酶 Q_{10}），是一种重要的抗氧化剂，由人体制造，存在于所有皮肤细胞中。然而其局部渗透性一直具有挑战性，Hoppe 等证明了辅酶 Q_{10} 渗透入活性表皮中，并在弱光子发射情况下减轻氧化。理论上讲，皮肤中更高浓度的泛素可以增强内源性抗氧化能力，防止细胞结构的氧化损伤。

纳米乳另一种药妆用途是传送透明质酸。透明质酸是一种天然的黏多糖，存在于真皮中，起保湿作用。纳米颗粒透明质酸可以在角质层和角质层上形成一层难以察觉的膜，通过充填细纹和增加皮肤含水量来吸引水分，创造出光滑的假象。这些例子突出了纳米乳作为药妆渗透促进剂的效用。

纳米脂质体

脂质体技术在小范围内的另一种应用是形成纳米脂质体以增强渗透。纳米脂质体可以设计成在特定的条件下释放其内部物质。例如，当角质层达到所需的 pH 值或温度时，纳米脂质体可以被释放。纳米脂质体的主要挑战之一是其固有的不稳定性。它们很容易变形，压缩时可能会溶解。它们还受到融合、聚集和沉淀的影响。这意味着纳米脂质体可以在悬浮状态下融合在一起，并将其内容物和双层壳层结合在一起，这可能会撕裂新生成的＞100nm 的脂质体，从而使其在技术上超出脂质体的范围。更常见的是，纳米脂质体可以物理性的黏合在一起，而产生纳米范围之外的脂质体团块。最后，在重力作用下，纳米脂质体可以降落到乳剂的底部，并处于均匀分布的状态。在许多情况下，纳米脂质体可能由于其不稳定性而具有传统脂质体的性质。

渗透增强的设备

渗透增强的另一个机制是使用物理设备损伤角质层。这些设备可以改变角质层的各种属性，如结构或电导率。

穿孔

改变角质层屏障功能的一种方法就是在屏障上穿孔。为这一目的制造的设备改装至针灸设备，经过消毒的微小锥形不锈钢实心针被放置在一个滚筒周围。滚筒在皮肤上移动，在压力作用下将针头刺入皮肤，从而形成细小的孔道。针的分布间距是为了减少疼痛，其锋利是为了减少皮肤挤压伤。穿孔滚筒在皮肤上移动的次数直接与产生的孔道和屏障损伤相关。

通过穿孔，也称为微针，有两种方法可以从物理学上提高药妆品的渗透率。乳膏可以在滚筒产生孔道前使用，也可以在之后使用。最常用的是先涂上乳膏，然后用穿孔针穿透入皮肤。这一方法要求精心配制药妆品，不能含有刺激物或细胞毒性物质，因为角质层阻断渗透的功能被绕过了。如果使用低 pH 值物质（如乳酸、乙醇酸）或抗坏血酸进入皮肤，可能会引起刺痛和（或）烧灼感。同样，用于维持药妆品稳定性的防腐剂可能不是进入真皮的最佳成分。不应该鼓励患者穿孔后使用标准护肤品，应该使用专为这种应用而设计的药妆品。

穿孔的另一个目标是将皮肤成列状损伤，就像二氧化碳点阵激光，促进组织再生的发生。

理论上，这种可控的损伤可以增加胶原蛋白和黏多糖的产生，而不会造成看得见的瘢痕。穿孔的成功很大程度上与操作者的专业知识和设备的设计有关。欧洲许多皮肤科医师在真皮注射玻尿酸后立即使用微针穿孔，以期达到增强充填剂效果和延长其时效。目前还没有关于这项技术的对照研究发表。

穿孔的一种变化方法已经被引入专业皮肤科市场。这种装置看起来像一个铰链塑料勺，其背面有金字塔状的塑料突起，可以压入皮肤。塑料刺很小，理论上它们可以插在神经纤维之间，从而使皮肤无痛穿孔。

作者在肉毒毒素和玻尿酸使用中应用了这项技术，但收效甚微。主要问题是使用的单个针头容易弯曲，担心针头可能折断在皮肤里，从而产生异物反应。新的材料可能可以解决这个问题，但还需要进一步的研究。

电穿孔

如前所述，穿孔也可以与电结合以增强效果。放置于金属滚筒上的实心针可以在高强度脉冲电场下带电。如果电场强度小，透皮电压＜100伏特，带电分子就可以通过皮肤运输。如果电场强度大，＞100伏特，皮肤的脂质双层结构就会被破坏，脂质层内的电孔就会发生跨层运输。Vanbever等在1997年的一项研究表明，应用电穿孔法经皮传送甘露醇，剂量增加了2倍。

离子电渗疗法

另一种相关的电子渗透增强技术是离子电渗法，它也是使用电流让物质穿透皮肤。离子电渗疗法给皮肤施加10伏特或以下的小电压，使得每平方厘米或以下的皮肤保持0.5毫安持续的恒流。这比电穿孔的电压低得多，而且是恒流而不是电穿孔中的脉冲电流。目前正在研究将离子电渗方法用于皮肤透皮贴片，稍后将讨论这种技术，即在被动透皮贴片上安装一种产生恒定电流的装置，以促进皮肤穿透。其优点是，作为药妆品局部外用的多肽和蛋白质，可以通过电动力推动而穿过角质层。此外，大的带电分子可以传递，它们是不可能被动被传送的。

原电池电流

原电池电流不同于电穿孔，它利用的是恒定的极低电压直流电。其原理是，皮肤可以通过电化学过程来增强，该过程可以吸收或排斥带电离子。电流通过接触皮肤的电极进行传导。电流装置已经被用于清洁面部，一种被称为去垢的美学过程，并用于治疗身体部位的赘肉。人们认为，电流疗法对赘肉的治疗是通过增加血管和淋巴引流，改善细胞膜功能，使被截留的体液和脂质分散和消除而起作用。原电池电流与局部药妆品一起使用以增强效果。有些人认为，治疗改变了皮肤的电通道，以增强局部药妆品的渗透。有关这项技术的医学文献发表较少。

透皮贴片

透皮贴片，又称皮肤贴片，最初是为药物传送而开发的，后来被应用于药妆，将活性物质传送到目标区域。第一个商业化贴片于1979年被批准用于传送东莨菪碱治疗晕动病，随后陆续被批准用于尼古丁、雌激素和硝酸甘油贴片。贴片由内衬、活性剂、黏附剂、薄膜和基材四部分组成。保护贴片的内衬在使用之前要撕去。除去内衬暴露出的药物通过黏附剂固定于皮肤上。薄膜控制药物在皮肤表面的释放，衬垫保护贴片不受任何摩擦。

同样，贴片技术已经应用于药妆品的传送。含有维生素 C 和维生素 E 的贴片已经被商业化应用于眼部、眉间和上唇部的皱纹。这些贴片是对一种老产品芙蓉妮的改进，将其用黏附剂贴在皮肤适当位置，能在一夜之间减少皱纹。贴片的作用不仅在于固定皮肤，还在于物理上减少经皮水分流失，将二甲酮等保湿成分传送到皮肤表面，将维生素或其他药妆成分留在皮肤里。贴片在皮肤上的物理效果和药妆品的传送一样重要。

透皮贴片仍只是传送药妆品的一个小方法。透皮贴片的一种变化方式是薄膜面膜。它使用的是聚合物薄膜覆盖面部，提供药妆品的保湿剂和其他活性成分，不含黏附剂。半仰面部，覆盖面膜 5～15 分钟，可以向面部传送维生素和植物萃取物。

小结

本章回顾了多种增强渗透的方法。化学的方法增强渗透分为乳剂的使用、屏障降解、脂质体及纳米技术的应用。物理的方法包括穿孔、电穿孔、离子电渗疗法、原电池电流和透皮贴片。所有这些技术都是想克服角质层的保护功能——把该留在外面的东西留在外边，把该留在里面的东西留在里边。虽然渗透增强可能是增加药妆品功能的一种途径，但它也是引发挑战的一种方式，包括安全问题及皮肤病。

延伸阅读

Arora P, Mukherjee B. Design, development, physicochemical, an in vitro and in vivo evaluation of transdermal patches containing diclofenac diethylammonium salt. *Journal of Pharmaceutical Sciences* 2002; **91**(9): 2076-2089.

Banga AK, Bose S, Ghosh T. Iontophoresis and electroporation: Comparisons and contrasts. *Int J Pharm* 1999; **179**(1):1-19.

Blatt T, Mundt C, Mummert C, Maksiuk T, Wolber R, Keyhani R, Schreiner V, Hoppe U, Schachtschabel DO, Stab F. Modulation of oxidative stresses in human aging skin. *Z Gerontol Geriat*. 1999; **04**; 3f2(2): 83-88.

Edwards DA, Prausnitz MR, Langer R, Weaver JC. Analysis of enhanced transdermal transport by skin electroporation. *Journal of Controlled Release* 1995; **34**(3): 211-221.

Hoppe U, Bergemann J, Diembeck W, Ennen J, Gohla S, Harris I, Jacob J, Kielholz J, Mei W, Pollet D, Schachtschabel D, Saurermann G, Schreiner V, Stab F, Steckel F. Coenzyme Q_{10}, a cutaneous antioxidant and energizer. *Biofactors* 1999; **9**(2-4): 371-378.

Hui SW. Low voltage electroporation of the skin, or is it iontophoresis? *Biophys J* 1998; **72**: 679-680.

Kaur IP, Agrawal R. Nanotechnology: A new paradigm in cosmeceuticals. *Recent Patents Drug Deliv Formulation* 2007; **1**: 171-182.

Nair V, Pillai O, Poduri R, Panchagnula R. Trandsdermal iontophoresis. *Methods Find Exp*

Clin Pharmacol 1999; **21**(2): 139.

Rizwan M, Aqil M, Talegaonkar S, Azeem A, Sultana Y, Ali A. Enhanced transdermal drug delivery: An extensive review of patents. *Recent Patents on Drug Delivery and Formulation* 2009; **3**(2):105-124.

Solans C, Izquierdo P, Nolia J, Azemar N, Garcia-Celma MJ. Nanoemulsions. *Current Opinions in Colloid & Interface Science* 2005; **10**(3-4): 103-110.

Sonneville-Aubrun O, Simonnet JT, L'Alloret F. Nanoemulsions: A new vehicle for skincare products. *Advances in Colloid and Interface Science* 2004; **108-109**: 145-149.

Tadros T, Izqulerdo P, Esquena J, Solans C. Formation and stability of nano-emulsions. *Advances in Colloid and Interface Science* 2004; **108-109**, 303-318.

Vanbever R, Prausnitz MR, Preat V. Macromolecules as novel transdermal transport enhancers for skin electroporation. *Pharmaceutical Research* 1997; **14**(5): 638-644.

（译者：冯　峥　审阅：陈　阳）

第 5 章　纳米药物和纳米药妆品

Adnan Nasir
美国北卡罗来纳大学教堂山分校

引言

纳米技术研究的是 1～100nm 的材料。纳米技术涉及的学科包括生物医学、光学、电子学、化学、工程学、消费品、食品和化妆品。其中，纳米医学和纳米皮肤医学主要以纳米粒子药物输送系统为主。

自然产生的纳米颗粒包括病毒、脂质转运蛋白、内涵体和细菌包涵体。合成纳米材料(纳米颗粒、碳纳米管、纳米线、富勒烯、量子点)可能表现出不同于其本体的特征和非传统行为(化学、物理、生物和电子)。纳米颗粒能够跨越生物屏障，选择性地聚集在肿瘤或炎症部位，增加药物和其他活性成分的溶解度。对制造商、运输商和消费者来说，这既有潜在的好处，也有风险。为了促进纳米技术的研究和商业化，美国、欧洲和日本已经制订了评估这些危害的标准，并允许采取适当的处理和处置程序，以尽量减少毒性和环境暴露。

纳米技术在皮肤病学中的应用

皮肤病学需要新的治疗方法。在过去的几年里，美国食品和药品管理局批准的针对皮肤病的新疗法非常少。未来的皮肤病学需要创造一个新的治疗武器库，给现有的治疗一个新的目标和新的适应证，或是增强配方。有了纳米技术，这一切都成了可能。

用于化妆品的纳米颗粒包括纳米乳、纳米晶体、胶囊、聚合物纳米胶囊、核糖体、脂质体、纳米结构脂质载体、固体脂质纳米颗粒、树枝状聚合物、富勒烯和碳纳米管。纳米紫外光过滤器包括含锌、铁或钛的矿基纳米粒子。目前，正在探索碳基纳米粒子(如碳纳米管和富勒烯)强大的抗氧化性能。

纳米载体

纳米技术的标志之一是纳米载体的发展。纳米载体旨在以一种可控的方式，将有效载荷从宿主的一个部位(组织、细胞或亚细胞结构)安全和平稳地包装并运输到另一个部位。纳米载体存在于自然界中，其中包括保护和运输 DNA 及 RNA 的病毒；在血浆环境中包裹并运输疏水性脂质的纳米颗粒脂蛋白；外泌体则是一种纳米尺度的囊泡，它包含有调节细胞间通讯的微小 RNA。理想的纳米载体应该是安全、稳定的，且能够运输一种或多种活性化合物。合成的纳米载体包括脂质体、类脂质体、醇质体和多功能纳米粒子(图 5-1、图 5-2 和图 5-3)。通过设计纳米粒子的大小、形状和理化性质,就有可能在毒性最小的情况下将活性成分运送到表皮和真皮所需的位置。通过纳米颗粒的输送,可以提高药物的渗透深度和渗透率。

图 5-1　纳米粒子:固体基质(左),活性核(中),活性壳层(右)

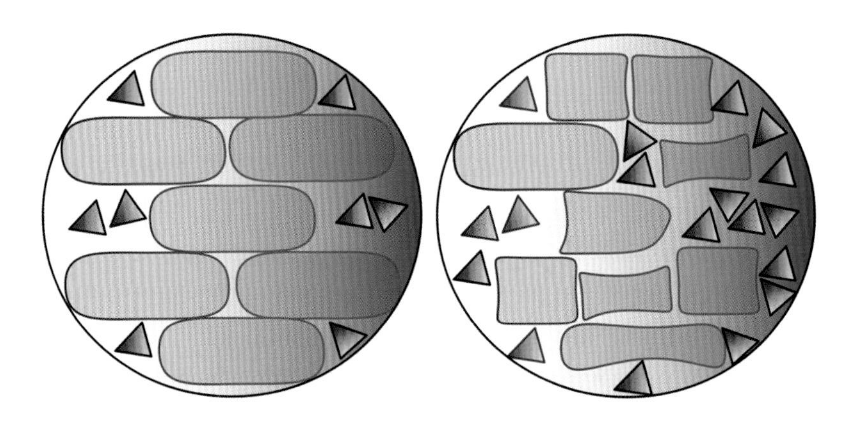

图 5-2　固体脂质纳米颗粒(左),纳米结构脂质载体(右)

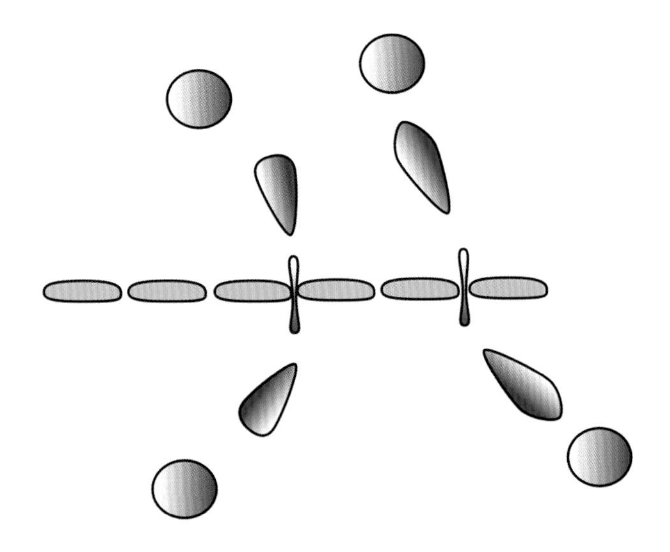

图 5-3　穿透角质形成细胞间隙的弹性脂质体

纳米颗粒的修饰和功能化

纳米颗粒的工程设计(如理想的分散性、稳定性、生物利用度、组织靶向性、释放动力学)依赖于精细的功能化。这是需要通过各种手段来实现的。

例如,共价酰胺或酯键合、亲和素-生物素偶联、电荷耦合、范德华力、选择性相容性或分层聚合。需要设计粒子来控制它们的稳定性和聚集特性。像聚乙二醇这样的涂层可以保护纳米颗粒不被网状内皮组织清除。颗粒的电荷会影响渗透。例如,阳离子脂质体比带负电的脂质体更深入毛囊。细胞膜带有负电荷,因此阳离子纳米颗粒比阴离子纳米颗粒更容易内化。

纳米颗粒在皮肤病学

光保护作用

众多大型队列的纵向研究表明,防晒在预防黑色素瘤及非黑色素瘤皮肤癌方面具有重要意义。传统的光保护方法包括物理阻断剂、抗氧化剂和 DNA 修复增强剂。含有氧化锌和二氧化钛的纳米粒子能够有效地散射、吸收和反射紫外线。人们最初担心这些颗粒的安全性。然而,最近的研究表明,这些颗粒不会进入活的表皮或被系统吸收。无机物理防晒产品表面涂有硅酮或二甲氧基硅酮,这样可以降低它们产生活性氧的能力。

纳米级的防晒霜在皮肤上分布得更均匀,分散的间隙更小,这可能增强了它们的防晒效果。纳米粒子也更紧密地吸附在皮肤上,停留在表面的时间更长,可能不需要频繁地应用。含有增强 DNA 修复的内切酶的防晒霜可能对免疫缺陷患者或那些患有可能影响 DNA 修复的遗传性皮肤疾病的患者有益。

以纳米颗粒形式出现的防晒霜更加有效。亲脂性遮光剂,如 2-羟基-甲氧基二苯甲酮(OMB),可以密集地包裹进固体脂质纳米颗粒和壳聚糖聚合物纳米颗粒中。纳米颗粒均匀地分散在皮肤上。这种更密集地包装和更均匀地分布使得 OMB 在纳米颗粒制剂中的浓度比标准乳剂的要低一半。使用更少的光吸收剂,可以节省制造成本,减少对环境和使用的接触。将纳米结构的脂质载体与二氧化钛和 OMB 结合使用时,它的 SPF 值更高于单独使用这两种递质时的 SPF 值。

年轻化

维 A 酸用于抗衰老的方法已经很成熟。维 A 酸与核受体结合,引发一系列级联反应,从而修复紫外线诱导的皮肤损伤,表皮分化和更新,并增加真皮胶原。外用维 A 酸类配方会使皮肤发干,引起刺激性皮炎。含有维 A 酸的固体脂质纳米颗粒将有效负载集中在角质层的上部,可以持续释放维 A 酸 6 小时以上。这些特点可以提高维 A 酸的整体耐受性和疗效。含有维 A 酸和异维 A 酸的固体脂质纳米颗粒可以定位于表皮,无全身吸收,释放动力学缓慢,因此刺激性较小。

肉毒杆菌毒素通常被注射到骨骼肌中,特别是用于面部的皱纹。这种治疗引起的疼痛和淤青可以通过局部应用来避免。纳米颗粒可以增强经皮给药。在动物模型和人类试验中,对肉毒杆菌毒素的纳米颗粒外用制剂进行了研究，结果显示其能有效地麻痹骨骼肌，并消除动态皱纹。但是，上睑下垂和复视等不良反应影响了自我给药，也限制了该疗法的临床应用。

香料

外用香水通常含有易于分散和蒸发的有机化合物，其效用取决于气味和释放特性。突然大量地释放会导致香气泛滥，然后消失。如果香水与其载体的结合过于紧密，那么它就会保持稳定。然而，由于释放量较少，香水就失去了效用。香料与固体脂质纳米颗粒结合，可以成功持续性地释放香水和洗发水的香味。人们还探索了使用气味来驱虫的办法。柠檬油和 N，N-二乙基间甲苯酰胺（DEET）在脂质体制剂中显示出了持续释放的动力学特性。

晒黑美容

一氧化氮参与了许多重要的皮肤活动，包括病原体防御、伤口愈合和炎症反应（如银屑病）。一氧化氮在促进美黑和光防护晒黑中的作用早已得到人们的认可。一氧化氮易挥发性且不稳定。稳定并释放一氧化氮的纳米胶囊化合物已被开发用于伤口愈合。在部分化妆品使用该物质可能有助于创造新一代的防晒霜和晒黑剂。

纳米纤维

纳米纤维是直径在 $1\mu m$ 以下的纤维。这使得纤维具有非常大的表面积与质量比，大约为 $100m^2/g$。纳米纤维可以使用各种技术制造，基质可以是天然的（壳聚糖、胶原蛋白、明胶、酪蛋白、透明质酸、醋酸纤维素、丝蛋白、甲壳素、纤维蛋白原）或合成聚体。可以控制许多用于纤维合成的参数，包括聚合物类型、聚合物溶液（分子量、电导率、黏度、表面张力）和加工设置（电势、电压、流速、毛细管设计），这样就可以精确地制造各种具有不同形态、分子结构和机械性能的纤维。电纺纳米纤维已用于微凝胶、组织工程、创面愈合和药物输送（红霉素、亚甲蓝、伊曲康唑、创面愈合、四环素）。含有金或维生素 A 和维生素 E 的化妆品纳米纤维被用于制作面膜。

脱发

由于纳米颗粒优先聚集于毛囊中，因此人们对其在毛发疾病中的治疗应用进行了广泛研究。在纳米颗粒中包裹有营养物质，增加了它们在水溶液中的可降解性。扁柏醇纳米颗粒在头发从休止期向生长期过渡方面优于水溶液。由聚己内酯（ε 己内酰胺）和聚乙二醇嵌段共聚物制成的米诺地尔纳米颗粒具有增强滤泡穿透能力的作用。非那雄胺已被纳入脂质体，用于局部给药。抗雄激素（如 RU 58841）已被纳入固体脂质纳米颗粒，并已被证明有增强渗透的作用。在斑秃大鼠模型中环孢素脂质体制剂可诱导其毛发再生。在小鼠斑秃模型中，包裹在阳离子微球中的小分子 siRNAs 在治疗斑秃中是有效的。

多毛症

抗雄激素（如醛固酮和醋酸环丙酮）已被用于治疗多毛症。目前已开发出局部外用醋酸环丙酮的纳米给药系统，该系统可用于治疗多毛症。抗锥虫药物（如依氟鸟氨酸）已被用于治疗多毛症；纳米给药系统可能会提高疗效并降低毒性。

染发

壳聚糖是一种带正电荷的聚电解质。它能稳定两性离子磷脂体系，并能形成纳米颗粒、多孔基质、水凝胶和薄膜。它来自于天然海洋资源，具有生物相容性、可生物降解性和黏膜黏合剂的特性。与传统染发剂相比，含有壳聚糖的染发剂产生不良反应的风险较小。

痤疮

皮脂腺是毛囊皮脂腺单位的一部分。研究表明，阿达帕林负载的 PLGA 纳米颗粒在治疗痤疮和酒渣鼻中更加有效。染料研究表明，聚乳酸纳米粒子能穿透毛囊，并在皮脂腺内释放染料。维 A 酸类化合物具有典型的刺激性、不稳定性，并可被系统吸收，在纳米制剂中具有较好的耐受性。纳米颗粒中过氧化苯甲酰制剂的耐受性和有效性优于非包封的同类制剂。抗雄激素也被证明以皮脂腺为目标，含有醋酸环丙酮的固体脂质纳米颗粒优先定位于皮脂腺，其结果是减少皮脂产生和痤疮。这种积聚不会延伸到周围的真皮，因此吸收更少，全身不良反应更小。

微针

微针是按照亚微米精度制造的。微针可以涂布或不涂布，且可为实心的或中空的。它们可以安装在贴片和滚轮上。长度、直径和孔（如果存在）可以精确地设计。微针的制造采用了多种技术，其中一些技术借鉴于半导体行业。通过控制微针的尺寸和表面，可以将其作为一种低成本、无痛的化妆品、药妆和药物输送设备使用。直接给药可提高维 A 酸、对苯二酚和透明质酸的疗效，并减少了利多卡因的麻醉时间。微针穿刺伤口愈合可导致胶原蛋白沉积，可与强脉冲光相媲美。微针配合分馏射频治疗已被证明可以减少与痤疮相关的瘢痕。微针可与其他多模态面部年轻化治疗相结合使用。

监管和安全性

在过去的十年里，用于皮肤的纳米颗粒制剂数量激增，从 2005 年的几十种增加到 2012 年的 1000 多种。纳米技术在药妆市场和皮肤药物领域的发展导致了这两个领域的交叉。化妆品和药物之间的区别与预期用途有关。如果一种产品被宣传并贴上影响皮肤结构或功能的标签，那么则作为药物进行监管。但是，如果它对改变外表做了一般性的陈述，它就会被视为化妆品。无论该产品是否真的对皮肤有结构或功能上的影响，该声明的重要性都是核心。随着越来越多的纳米药物被开发出来，它们通过改变皮肤结构和功能而发挥作用的潜力也在增加，而且随着药物的增加，它们被监管的可能性也越来越大。药物的监管过程通常比化妆品的监管过程要长得多，成本也要高得多。美国食品药品监督管理局正致力于制定法规，以解决潜在的重叠问题，并可能为药妆品和纳米药妆品设立一个单独的审批类别。

成功突破这一障碍是纳米药物和纳米药妆品的主要目标之一。然而，渗透有害粒子并不是一个理想的目标。要考虑的纳米粒子的主要特性，包括形状、大小、尺寸范围、表面活性基团、涂层、电荷、表面体积比、孔隙密度、孔隙度、水溶性、聚合性、晶体的大小（如金红石和还原酶二氧化钛晶体的生物活性不同）、氧化还原电位、诱导自由基的能力、水和油的溶解性。

对这些特性的良好理解可能会设计出故障保护机制，以减轻毒性。例如，涂上防晒纳米粒子与硅酸盐或锰，以防止活性氧的形成；以及应用工程纳米材料，以尽量减少渗透。需要对组织培养和动物模型进行毒性研究，并应包括对纳米粒子的定位（无论是在皮肤表面还是更深的穿透）、吸收入血流和生物蓄积性、纳米粒子的持久性或消除性进行评估。只有选择无毒性、生物相容性好、可生物降解性和有效性的纳米粒子，才能考虑供消费者使用。

小结

纳米技术是在纳米尺度上进行精确设计的科学。这种尺度的物质所具有的独特性质，使得一种全新的皮肤药物得以问世，这种药物被称为纳米药妆品和纳米药物。利用纳米载体来稳定活性成分和靶向传递，使得纳米材料正被用于恢复皮肤健康和活力，减轻皮肤疾病。由于化妆品和药物在纳米技术领域的潜在重叠，以及两者目前批准和监管政策的巨大差异，将需要开发新的监管框架，以促进在医学和社会上的安全和具有成本效益的引入纳米材料。纳米技术预示着皮肤医学将重新焕发活力，并迎来高速发展的时代。

延伸阅读

Badran MM，Kuntsche J，Fahr A. Skin penetration enhancement by a microneedle device (Dermaroller) in vitro：Dependency on needle size and applied formulation. *Eur J Pharm Sci* 2009；**36**(4-5)：511-523.

Bikowski J，Del Rosso JQ. Benzoyl peroxide microsphere cream as monotherapy and combination treatment of acne. *J Drugs Dermatol* 2008；**7**(6)：590-595.

Cafardi JA，Elmets CA. T4 endonuclease V：Review and application to dermatology. *Expert Opin Biol Ther* 2008；**8**(6)：829-838.

Clementoni MT，B-Roscher M，Munavalli，GS. Photodynamic photorejuvenation of the face with a combination of microneedling，red light，and broadband pulsed light. *Lasers Surg Med* 2010；**42**(2)：150-159.

Collins A，Nasir A. Topical botulinum toxin. *J Clin Aesthet Dermatol* 2010；**3**(3)：35-39.

Friedman A，et al. Susceptibility of Gram-positive and-negative bacteria to novel nitric oxide-releasing nanoparticle technology. *Virulence* 2011；**2**(3)：217-221.

Gittard S，et al. Deposition of antimicrobial coatings on microstereolithography-fabricated microneedles. *JOM，Journal of the Minerals，Metals and Materials Society* 2011；**63**(6)：59-68.

Gordon LG，et al. Regular sunscreen use is a cost-effective approach to skin cancer prevention in subtropical settings. *J Invest Dermatol* 2009；**129**(12)：2766-2771.

Green AC，et al. Reduced melanoma after regular sunscreen use：Randomized trial follow-up. *J Clin Oncol* 2011；**29**(3)：257-263.

Jenning V，Gohla SH. Encapsulation of retinoids in solid lipid nanoparticles (SLN). *J Microencapsul* 2001；**18**(2)：149-158.

Kroubi M, Karembe H, Betbeder D. Drug delivery systems in the treatment of African trypanosomiasis infections. *Expert Opin Drug Deliv* 2011; **8**(6): 735-747.

Kumar R, et al. Development of liposomal systems of finasteride for topical applications: Design, characterization, and in vitro evaluation. *Pharm Dev Technol* 2007; **12**(6): 591-601.

Lademann J, et al. Influence of nonhomogeneous distribution of topically applied UV filters on sun protection factors. *J Biomed Opt* 2004; **9**(6): 1358-1362.

Lee HY, Jeong YI, Choi KC. Hair dye-incorporated poly-gamma-glutamic acid/glycol chitosan nanoparticles based on ion-complex formation. *Int J Nanomedicine* 2011; **6**: 2879-2888.

Munster U, et al. RU 58841-myristate-prodrug development for topical treatment of acne and androgenetic alopecia. *Pharmazie* 2005; **60**(1): 8-12.

Nakamura M, et al. Controlled delivery of T-box21 small interfering RNA ameliorates autoimmune alopecia (Alopecia Areata) in a C3H/HeJ mouse model. *Am J Pathol* 2008; **172**(3): 650-658.

Pardeike J, Hommoss A, Muller RH. Lipid nanoparticles (SLN, NLC) in cosmetic and pharmaceutical dermal products. *Int J Pharm* 2009; **366**(1-2): 170-184.

Pardeike J, et al. Nanostructured lipid carriers as delivery system for the phopholipase A2 inhibitors PX-18 and PX-13 for dermal application. *Pharmazie* 2011; **66**(5): 357-361.

Puglia C, et al. Evaluation of percutaneous absorption of the repellent diethyltoluamide and the sunscreen ethylhexyl p-methoxycinnamate-loaded solid lipid nanoparticles: An in-vitro study. *J Pharm Pharmacol* 2009; **61**(8): 1013-1019.

Rancan F, et al. Stability of polylactic acid particles and release of fluorochromes upon topical application on human skin explants. *Eur J Pharm Biopharm* 2012; **80**(1): 76-84.

Rastogi R, Anand S, Koul V. Electroporation of polymeric nanoparticles: An alternative technique for transdermal delivery of insulin. *Drug Dev Ind Pharm* 2010; **36**(11): 1303-1311.

Rolland A, et al. Site-specific drug delivery to pilosebaceous structures using polymeric microspheres. *Pharm Res* 1993; **10**(12): 1738-1744.

Romero-Graillet C, et al. Nitric oxide produced by ultraviolet-irradiated keratinocytes stimulates melanogenesis. *J Clin Invest* 1997; **99**(4): 635-642.

Shim J, et al. Transdermal delivery of mixnoxidil with block copolymer nanoparticles. *J Control Release* 2004; **97**(3): 477-484.

Siqueira NM, et al. Innovative sunscreen formulation based on benzophenone-3-loaded chitosan-coated polymeric nanocapsules. *Skin Pharmacol Physiol* 2011; **24**(3): 166-174.

Stecova J, et al. Cyproterone acetate loading to lipid nanoparticles for topical acne treatment: Particle characterisation and skin uptake. *Pharm Res* 2007; **24**(5): 991-1000.

Taepaiboon P, Rungsardthong U, Supaphol P, Vitamin-loaded electrospun cellulose acetate nanofiber mats as transdermal and dermal therapeutic agents of vitamin A acid and vitamin E. *Eur J Pharm Biopharm* 2007; **67**(2): 387-397.

Thery, C, Exosomes: Secreted vesicles and intercellular communications. *F*1000 *Biol Rep*

2011;**3**: 15.

Van Reeth, I. , Beyond skin feel: Innovative methods for developing complex sensory profiles with silicones. *J Cosmet Dermatol* 2006; **5**(1): 61-67.

Verma DD, et al. Treatment of alopecia areata in the DEBR model using Cyclosporin A lipid vesicles. *Eur J Dermatol* 2004; **14**(5): 332-338.

Villaverde A, et al. Packaging protein drugs as bacterial inclusion bodies for therapeutic applications. *Microb Cell Fact* 2012; **11**(1): 76.

（译者：丁香妤　审阅：冯　峥）

第6章 皮肤屏障功能，保湿效果和配方

Dee Anna Glaser and Adam R. Mattox
美国圣路易斯大学医学院

屏障功能

适当的水合作用对皮肤的正常生理功能至关重要。水合作用在一定程度上受角质层(SC)屏障功能的调控和维持。角质层是具有生物化学活性的、自我调节的皮肤表层。它具有选择性的渗透、非均匀性和复合结构，可以防止干燥和过度水化。它必须含有和保持足够的水容量，以便在各种环境条件下发挥作用。疾病状态和极端的环境条件可能损害屏障功能，导致皮肤过度干燥。不同配方的润肤霜可外用于局部皮肤，以达到辅助角质层调节维持皮肤的水分含量。特殊配方的润肤霜可能含有添加剂，以期在角质层中实现抗菌、抗氧化和紫外线保护的功能，并起到屏障修复和维持皮肤屏障稳态的作用。

角质层结构与功能

一个常用并且极其简化的类比来解释角质层的解剖是砖和砂浆模型。最终分化的角质细胞为砖，细胞间层状脂质为砂浆。然而，这种刚性、不透水、非恢复性的砖墙硬朗形象与角质层的实际形态和功能形成强烈对比，实际的角质层具有柔韧性、半透水性、适应性和自我修复能力。

最终分化的角质形成细胞成为角质细胞，同时不再具有代谢活性。在大多数身体部位，角质层由12～16层扁平的角质细胞组成，每层大约是1μm厚。在它的蛋白质外壳内，每一个角质细胞都由一个高度组织性的、不溶性的、角蛋白微丝基质组成。这种蛋白质基质可以与大量的水结合，导致细胞膨胀和形态变化。此外，多个角质细胞层的物理堆积为水分子在蒸发过程中的穿越创造了一个曲折的路径。随着扩散长度的增加，屏障功能越发得到改善。

帮助选择性保水，最终分化的角质细胞含有高浓度的一种非常有效的、天然的保湿剂，称为天然保湿因子(natural moisturizing factor，NMF)。NMF由游离氨基酸及其衍生物(如吡咯烷酮羧酸、乳酸)和聚丝蛋白水解生成的尿素组成。在角质细胞成熟和脱水的过程中，聚丝蛋白的水解过程被激活，整个过程有益于保湿稳态的建立。通过维持角质层中自由水的微妙平衡，NMF优化了执行自身合成酶的活性。当皮肤处于损伤情况和有害环境时，皮肤屏障会遭受破坏，同时释放生化信号，最终可诱导更多的聚丝蛋白产生。

角质层中大部分水分来源于活性的表皮和真皮层，但在适当的条件下，NMF可以吸收大气中的水分。鳞状细胞中层的角质细胞含有最高浓度的活性NMF。它们保留了更多的水分，

在显微镜下呈现出肿胀的外观。

外源性因素可降低角质层中NMF的浓度,NMF可被日常的清洗剂冲洗掉。随着年龄的增长,NMF水平明显下降。聚丝蛋白合成的减少通常是罪魁祸首,但随着年龄的增长,整体屏障功能也随之下降,这一现象进一步恶化。说明了防晒剂在保湿霜中的作用,紫外线足以破坏产生NMF的聚丝蛋白的酶分解。

基底细胞层的层状颗粒含有细胞间脂质的生物前体。随着成熟和向上迁移,细胞间脂质如神经酰胺(质量为50%)、胆固醇(质量为25%)和游离脂肪酸(质量为10%～20%)被产生并排放到细胞间隙。细胞间脂质双层膜,又称细胞间板层脂质膜,是直接起角质层渗透屏障作用的主导结构。实验结果表明,干燥的发生与使用溶剂萃取去除油脂的数量成正比,表明脂质本身对皮肤屏障完整的贡献。细胞间脂质双层膜中角质层的脂类相对比例决定了膜的通透性和屏障效率。保湿霜可以帮助皮肤恢复正常的生理状况,调节细胞间脂质平衡,加速皮肤屏障的恢复。

除了细胞间脂质双分子层的内聚力外,角质细胞还通过直接的细胞间蛋白结构结合在一起,这种蛋白结构称为角质细胞桥粒。正常的细胞脱屑只有在角质细胞桥粒蛋白水解时才可能发生。成熟的角质形成细胞产生这些蛋白水解酶,并将它们与细胞间脂质包裹在层状颗粒中。板层颗粒的内容物随后被分泌到细胞外间隙。为了描述角质细胞桥粒的裂解过程,有学者曾提出了一种精确控制蛋白酶-蛋白酶抑制剂相互作用的模型。然而,酶的协同激活方式仍然是未知的。最终,pH值、水含量和细胞间脂质层的物理性质被认为对酶活性有很大的影响。

脱屑

皮肤干裂是一种异常脱屑的皮肤反应模式。干燥可能是导致这种异常的主要因素。角质细胞通常从皮肤表面成组脱落,小到肉眼无法看到。如果剥落过程紊乱,更大的集合形成,就能出现肉眼可见的鳞片与粗糙的纹理。

为了保持组织的完整性,必须仔细调控正常生理脱落的复杂过程。上述的角质细胞桥粒(CD)提供了角质细胞之间的主要黏合力,必须降解才能释放。Kallikrein家族的水解蛋白酶负责分裂CD细胞间的连接。水不仅是水解的底物,还可以调节酶的活性。在低湿度条件下,桥粒降解明显减少,导致抑制脱落和结垢。维持角质层与保湿剂的水合作用可以帮助优化酶的功能。为了提高功效,保湿霜可能含有一种特殊的成分,如甘油,以促进角质细胞的分离。

外生条件影响屏障功能

作为陆地生物,人类的皮肤必须适应各种各样的环境条件。相对湿度可能是影响屏障功能和皮肤水化最重要的环境因素。低湿度通常被认为通过降低产生NMF的能力来诱发或加重疾病。幸运的是,补偿性机制,如板层体的胞吐,角质层增厚和细胞间脂质含量增加,减少了经皮水分丢失(TEWL)和低湿度的影响。补偿机制非常有效,与潮湿环境相比,在干燥环境中停留可以加速屏障恢复。

温度对屏障功能也有显著影响。如果皮肤表面温度保持在36～40℃,屏障恢复速度会加快。在这个范围之外,恢复的速度是延迟的。尽管有强大的补偿机制,在极端或长期的环境条件下皮肤也将需要治疗。此外,补偿机制随年龄和疾病状态的存在而减少。

除了热破坏外，过度使用肥皂洗澡还会导致 NMF 和角质层脂质消耗，而这两种脂质对于维持皮肤的渗透性屏障至关重要。如果没有合适的配方，清洁剂和润肤剂(如保湿剂)，也能导致屏障功能受损。包括防腐剂和香料在内的其他添加剂也可能作为刺激物和过敏原，引发皮炎恶化。

水分及其对表皮的影响

除了影响上述酶过程的活性，水还对健康皮肤的许多物理特性有影响。水是最重要的组成部分之一，它使表层具有可塑性，并允许其变形和柔软。活体表皮含水量非常高(70%或更高)。在角质层-表皮交界处，水分含量急剧下降，正常范围为 15%～30%。在角质层中，水的含量与细胞间脂质、NMF 和角质细胞内角质基质的亲水性有关。

表皮的水梯度依靠内源性甘油和水通道蛋白的分布维持。内源性甘油来源于皮脂腺和体循环，具有天然保湿作用。水通道蛋白是一种膜结合通道，能增加细胞膜对甘油等不带电小分子的通透性。水通道蛋白 3(AQP3)是表皮中含量最高的水通道蛋白。AQP3 可以使甘油双向渗透扩散到细胞中，并将水随之带走。这就解释了甘油对皮肤水合作用的延长作用，称为蓄水池效应。AQP3 的分布与表皮水梯度相似，它在基底层的表达量大于在颗粒层的表达量(图 6-1)。AQP3 通道的表达也因长期日晒和老化而降低，这解释了老年人皮肤干燥和衰老的原因。能够增加 AQP3 水平和改善皮肤水化的化合物正在研究中。

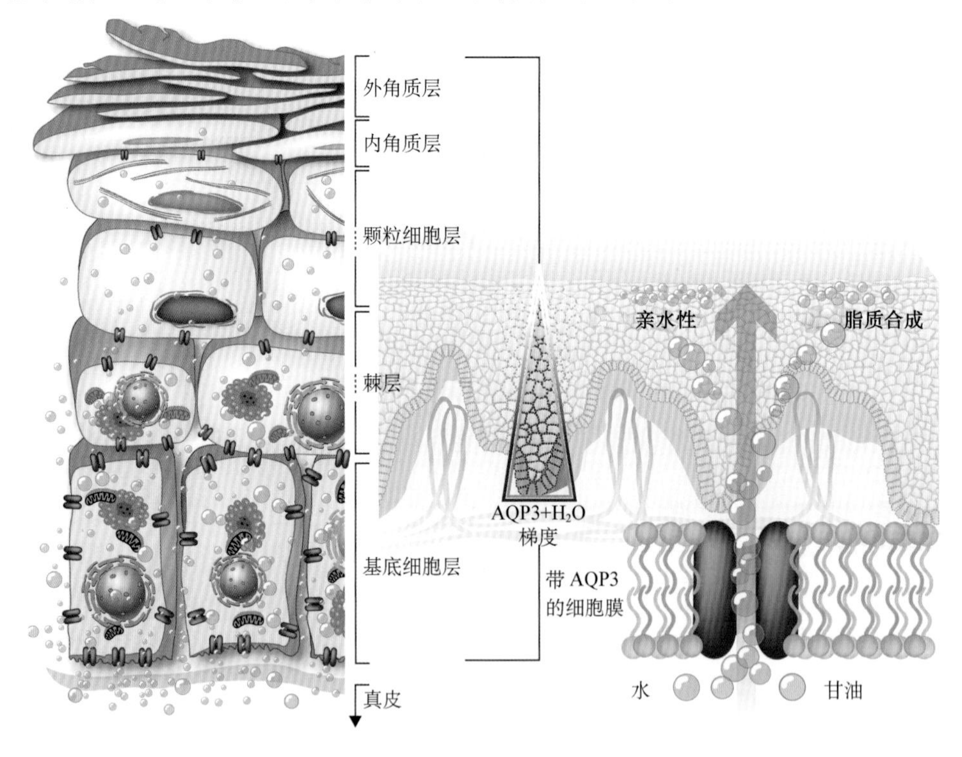

图 6-1 皮肤的结构

Source: Draelos, Z. *The Journal of Clinical and Aesthetic Dermatology* 2012; 5(7): 55. © Matrix Medical Communications, with permission.

保湿基础知识

对于普通消费者来说,保湿霜这个词可能具有误导性。人们可能会认为,这个词意味着该产品实际上是把水分带回皮肤。然而,保湿霜将很少的外源性水分注入皮肤,也不被纳入细胞间脂质。保湿霜只是试图减缓皮肤经皮水分丢失(TEWL)的速度,并为皮肤创造一个最佳的环境来恢复角质层屏障。如上所述,角质层的正常含水量在 15%～30%。保湿补水的四个步骤被描述为:①开始屏障修复;②减少皮肤水分蒸发;③真皮-表皮水分扩散开始;④细胞间脂质合成。润肤霜的配方是通过以上一个或多个步骤来实现的。

乳剂

市面上最常见的保湿产品是乳液。最常见的护肤乳液是水包油乳液(O/W)。这种乳液是由细小的油滴在水中精细地分散而成。水乳剂中的油可用于输送多种活性成分,包括抗氧化剂、多肽和植物提取物。油包水(W/O)乳液由分散在载油器中的水滴组成,主要用于配制防晒产品。硅树脂乳液中的水由分散在硅树脂中的水滴组成,用于彩妆、护肤品和防晒霜。

乳霜和乳液可以根据它们的物理性质和化学成分加以区分。乳霜比乳液更黏稠,易堵塞。它们比乳液含水量少,并且有高的油相组成较重的脂质(如蜡)。面霜是夜间使用的首选,也适用于眼部和颈部等特殊部位。乳液比乳霜含水多,含油少。乳液不易堵塞,容易被皮肤吸收,而且容易分泌。这些特性使乳液成为身体使用时的最佳选择。

保湿霜的成分

表 6-1 显示了润肤霜中常见的成分。

表 6-1　常用保湿成分

封包剂	保湿剂	润肤剂
凡士林	甘油	二甲聚硅氧烷
矿物油	蜂蜜	环甲硅油
石蜡	透明质酸	肉豆蔻酸异丙酯
二甲聚硅氧烷,环甲硅油	泛醇	葵花油
植物及动物油	尿素	荷荷巴油
羊毛脂	山梨醇	棕榈油
丙二醇	吡咯烷酸钠	蓖麻油
硬脂酸十八醇脂	乳酸钠	异十六醇
蜂蜡	羟基乙酸	油醇
植物蜡	乳酸	辛基月桂醇
卵磷脂	酒石酸	十六基硬脂醇

水

除了软膏类产品，保湿霜的主要成分是水(按重量计65%～95%)。虽然干燥的皮肤缺乏水分，但保湿霜中的水分并不直接有助于保湿。即使大量使用和重复使用，角质层也只能吸收少量的水。水既是液体结构的稀释剂，又是含有胶体或乳剂的连续相。一旦使用，水分蒸发后留下的是油脂和活性成分。

封包剂成分

封包成分通过在皮肤上形成疏水屏障，在物理上防止角质层的水分流失。凡士林油是最常用、最有效的封包剂，可以减少99%经皮水分丢失(TEWL)。凡士林渗透角质层，通过刺激细胞间脂质合成，帮助恢复屏障功能。凡士林油的主要缺点是不美观的油腻外观。

作为一种有机硅聚合物，二甲聚硅氧烷油是凡士林油的一种较不油腻的替代品，也是所有"无油"保湿霜的基础。它是一种低过敏性、不引起粉刺和痤疮改变的一种成分，可以添加到配方中以降低凡士林的浓度。尽管受到气味、费用和潜在过敏的限制，羊毛脂仍是一种有效的封包剂。矿物油、石蜡、十六烷基醇和硬脂醇是市面上可用的保湿配方中的封包剂。

保湿剂的成分

在角质层中，保湿剂吸引并结合来自皮肤下层的水，包括真皮和活体表皮。如果环境湿度超过70%，这些吸湿因子可能会吸引少量的外源水。单独使用保湿剂可提高经皮水分丢失(TEWL)。因此，为了确保有效的保湿，保湿剂必须与封包剂结合使用。保湿剂被认为是通过诱导角质细胞肿胀，减少细胞间隙及使细纹模糊来减轻皮肤干燥的外观。

甘油是一种高效的保湿剂，可以局部使用，以加强皮肤水化。如上所述，甘油有助于细胞桥粒的消化，并通过创造一个水库效应，加强皮肤水合作用。局部甘油(但不是局部皮脂腺脂质)已被证明可以纠正水合作用，为含甘油的保湿剂提供了理论依据。

其他常用的保湿剂包括透明质酸(HA)、泛醇、吡咯烷酮羧酸钠(PCA)、丙二醇、乳酸钠、山梨糖醇和尿素。羟基酸包括乳酸、乙醇酸和酒石酸，具有保湿和去角质的双重功能。

润肤剂成分

润肤成分有助于提高光滑及柔顺的皮肤美感。润肤剂填满了角质细胞间的缝隙，包括从酯类到醇类的各种化合物。长链脂肪酸如硬脂酸、亚油酸、亚麻酸、油酸和月桂酸是很好的润肤剂，存在于荷荷巴、蓖麻、棕榈和葵花子等油中。包括十六烷基、硬脂酰、十二烷基辛醇、己癸醇和油醇在内的润肤醇具有优异的润肤性能，而不具有异丙基等传统的收敛性醇所具有的干燥效果。润肤剂的选择可能会受到成分之间相互冲突的化学作用的限制。例如，单酯润肤剂在低pH值下水解，不适合用作羟基酸添加剂。

乳化剂

根据配方的不同，乳液可以定制为具有不同的物理特性。因此，大多数保湿霜都是油包水或水包油乳液。具有乳化作用的添加剂可以使混合物中的水相和非极性相混合在一起。浓度低于 0.5%的肥皂是最常见的乳化剂之一。在这种低浓度下,没有任何肥皂直接接触皮肤;它被保持在产品的水和油的界面上。表面活性剂是另一类主要的乳化剂。

防腐剂

润肤霜的生产和销售往往需要相当长的距离和时间。因此,提供不含防腐剂的产品是不可行的。人们期望制造商为消费者提供一种微生物保护的产品,同时又能保持最低的有毒影响的风险。当推荐保湿霜时,患者对防腐剂敏感病史非常重要,尤其是过敏性接触性皮炎的一个触发因素。斑贴试验可能是必要的,可以确定过敏原种类,并提供明确的避免接触指导。对羟基苯甲酸酯和甲醛释放化合物是常见的防腐剂,也是相对常见的接触过敏原。

香料

另一种潜在有害影响的添加剂是香料。复杂的香水混合物包含几十种不同的成分,包括被称为香水键的特定种类。尽管无香味产品现在比以往任何时候都普遍;在润肤霜中加入香味是为了掩盖通常令人不快的油脂基气味。怡人的香味可以增强患者的依从性。再次强调,当提供建议时,一定要注意患者的接触过敏原敏感病史。幸运的是,温和、无香味的保湿霜已经越来越普遍了,而且简化了过程。

选择保湿霜

面部保湿霜

与身体产品相比,面部保湿产品必须为消费者提供高度美观的外观。面部保湿霜主要使用乳液或霜剂。面部产品必须是安全的,没有刺痛,烧灼或瘙痒。低残留的配方允许在保湿后使用化妆品。

面部保湿霜只会在直接和短暂的机制中影响皱纹。通过增加眼眶周围皮肤的含水量来达到丰满的效果。保湿霜可以通过轻微抚平皮肤来填补细小的皱纹。色素沉着的保湿霜通过在色素过多或过少的区域上色来平衡面部肤色。含有广谱防晒霜的面部保湿霜将是最有效地防止进一步光老化的效果。

油性皮肤

油性皮肤的患者常常被他们的外表、不舒服的感觉和不干净的感觉所困扰。皮肤表面油脂的来源取决于皮脂腺的面积和密度。例如,前额油脂主要由皮脂腺分泌,角质形成细胞的细胞间脂质仅起少量作用(3%~6%)。然而,在手掌部位,大部分内源油来自表皮脂质。皮脂似乎并没有直接作用于角质层的皮肤屏障。过度清洁去除多余的皮脂会去除表皮脂质,导致屏障损伤和皮肤过度干燥。看来皮脂和水分的含量是具有量性分离的特征。

许多专为油性皮肤设计的润肤霜也声称有助于控制油脂。这通常是通过添加滑石粉、淀粉或其他合成聚合物等吸油物质来实现的。

皮肤老化

自然老化和光老化的显著特征重叠，促成了整体的变化。自然老化的皮肤更容易影响水合作用和屏障功能。随着时间的推移，角质形成细胞失去了最终分化的能力，并形成角质层产生正常的生理脱落。促进屏障功能的表皮脂质形成速度也减慢。这些因素，结合外分泌腺体的萎缩，导致了老年人干燥的皮肤表现。虽然无法逆转自然老化的效应，但本章所涉及的保湿剂和去角质剂对优化老化皮肤的剩余生理功能具有重要作用。

小结

皮肤水分和屏障功能对皮肤健康和外观至关重要。保湿霜的使用是任何日常皮肤护理的重要组成部分，产品的选择应该考虑到任何已有的皮肤状况、年龄和个人偏好。我们对皮肤如何保持水分和屏障功能的理解在过去的十年中有了显著的提高，从而开发出了更有效的保湿产品。

延伸阅读

Del Rosso JQ, Levin J: Clinical relevance of maintaining the structural and functional integrity of the stratum corneum: why is it important to you? *J Drugs Dermatol* 2011; **10**(10 Suppl): s5-12.

Del Rosso JQ, Levin J. The clinical relevance of maintaining the functional integrity of the stratum corneum in both healthy and disease-affected skin. *J Clin Aesthet Dermatol* 2011; **4**(9): 22-42.

Draelos Z. Aquaporins: An introduction to a key factor in the mechanism of skin hydration. *J Clin Aesth Derm* 2012; **5**(7): 53-56.

Lynde C. Moisturizers for the treatment of inflammatory skin conditions. *J Drugs Dermatol* 2008; **7**(11): 1038-1043.

Harding CR. The stratum corneum: Structure and function in health and disease. *Dermatol Ther* 2004; **17** Suppl. 1: 6-15.

Lee B, Warshaw E. Lanolin allergy: History, epidemiology, responsible allergens, and management. *Dermatitis* 2008; **19**(2): 63-72.

Levin J, Miller R. A guide to the ingredients and potential benefits of over-the-counter cleansers and moisturizers for rosacea patients. *J Clin Aesthet Dermatol* 2011; **4**(8): 31-49.

Man MM, Feingold KR, Thornfeldt CR, Elias PM. Optimization of physiological lipid mixtures for barrier repair. *J Invest Dermatol* 1996; **106**(5): 1096-1101.

Rawlings AV, Harding CR. Moisturization and skin barrier function. *Dermatol Ther* 2004; **17**Suppl 1: 43-48.

Rawlings A, Harding C, Watkinson A, BanksJ, Ackerman C, Sabin R. The effect of glycerol and humidity on desmosome degradation in stratum corneum. *Arch Dermatol Res* 1995;

287(5)：457-464.
Verdier-Sevrain S，Bonte F. Skin hydration：A review on its molecular mechanisms. *J Cosmet Dermatol* 2007；**6**(2)：75-82.

（译者：杨　怡　审阅：冯　峥）

第二篇

Part II 药妆品的成分

Cosmeceutical Ingredients

第7章 α-羟基酸、多聚羟基酸和醛糖酸的药妆用途和功效

Barbara A. Green
美国新拉塔公司

引言

20世纪70年代中期，Van Scott和Yu在研究鱼鳞病治疗方法时发现了一种名为α-羟基酸(AHAs)的化合物的功效。最初的研究发现，AHAs对角质化和去角质有深远的影响。而后续研究表明，AHAs还可以通过构建真皮基质提供显著的抗衰老作用。随着外用维A酸类化合物的发现，抗衰老护肤品应运而生。AHAs在现今仍然是重要的护肤成分。新一代羟基化合物，如多聚羟基酸(PHAs)和醛糖酸(BAs)的发现，使更多的皮肤功效和治疗用途得以实现。

羟基酸分类：HA，PHA，BA

α-羟基酸（AHAs）

AHAs是一种有机羧酸，特点是一个羟基连接到脂肪族或脂环分子上羧基的α位置；羟基呈中性，而羧基呈酸性，使得整个分子呈酸性。许多AHAs存在于食品和水果中，因此AHAs也被称为果酸。最常用的AHAs包括乙醇酸和乳酸。柠檬酸是一种在柑橘类水果中发现的抗氧化剂AHA，也是一种独特的羟基酸，因为其含有相对于α和β位三个羧酸官能团的单个羟基，使其成为α和β羟基酸。柠檬酸是一种天然存在于皮肤中的物质，在人体代谢过程中起到重要的作用，称为克雷伯(柠檬酸)循环，为人体产生能量。一些AHAs具有苯基作为侧链取代基的特点，这种特点改变了AHA分子的溶解性，比传统的水溶性AHAs具有更高的亲脂性。这些AHAs可用于针对油性和痤疮易发的皮肤。例如，包括扁桃酸(苯乙醇酸)和联苯酸(二苯乙醇酸)(表7-1)。

表 7-1　α-羟基酸的演化

代	羟基酸分类	成分	皮肤功效	护肤用途
第一代	α-羟基酸(AHAs)	乙醇酸、乳酸、柠檬酸、扁桃酸	抗衰老作用渗透肌肤各层、卓越的去角质和细胞更新作用;刺激真皮生物合成(GAG、胶原蛋白)	正常性皮肤(非敏感性)、角化过度形成的皮肤脱落、脱屑
第二代	多聚羟酸(PHAs)	葡萄糖酸内酯	无刺激性的抗衰老效果;建立皮肤屏障功能;保持肌肤的天然弹性,清除自由基,轻度去角质	敏感性肌肤、加强屏障、玫瑰痤疮皮肤、痤疮皮肤
第三代	醛糖酸(BAs)	乳糖酸、麦芽糖酸	高度保湿,通过 MMP 抑制和抗氧化作用保护皮肤;减少色素生成;有助于建立深层皮肤基质,使肌肤丰满和紧致	所有皮肤类型、保湿和温和去除(湿疹)、术后皮肤调理

多聚羟基酸(PHAs)

多聚羟基酸是第二代 AHAs,通常是结构类似于 AHAs 的稍大的糖酸,但多聚羟基酸分子具有两个或两个以上的羟基(即多羟基)。形成多羟基 AHA 的条件是,其中一个羟基必须位于羧酸基的 α 位。多数 PHAs 是天然存在的人体内源性代谢产物,如葡萄糖酸和葡萄糖酸内酯就是戊糖磷酸途径中形成的重要代谢产物。作为化妆品配方中使用的一种 PHA,葡萄糖酸内酯具有与乙醇酸相似的作用,但它还具有温和性、抗氧化/螯合作用的功效,并增加了水合能力。临床研究表明,葡萄糖酸内酯与敏感皮肤(包括玫瑰痤疮和特应性皮炎)具有相容性,部分原因可能是其固有的温和性和水和作用,以及增强皮肤屏障功能的能力。在一个月的时间内,每天重复使用 2 次葡萄糖酸内酯(8%乳膏,pH3.8),可显著增加皮肤屏障功能,使皮肤更耐化学攻击。

PHAs 的皮肤调理功效使其成为临床敏感皮肤的理想护肤品选择,并可作为辅助护理与潜在刺激性药物一起使用。在治疗玫瑰痤疮时,同时使用含有葡萄糖酸内酯的产品和处方壬二酸,与单独用药相比可显著改善治疗效果(包括红斑和毛细血管扩张症),提高了处方药物的耐受性。已发表的研究表明,葡萄糖酸内酯与过氧化苯甲酰均具有抗痤疮作用。而其他研究表明,葡萄糖酸内酯这种 PHA 可提供互补的去角质作用,并减少过氧化苯甲酰治疗痤疮时的刺激可能性。在痤疮的治疗中,PHAs 也被证明与外用维 A 酸类治疗相容。

醛糖酸(BAs)

醛糖酸(BA)是第三代 AHAs。其分子结构由两部分组成:一个单糖和附着在单糖上的多聚羟基酸。例如,乳糖酸由通过类醚键与半乳糖连接的葡萄糖酸(一种 PHA)组成,而麦芽糖酸则由与葡萄糖分子连接的葡萄糖酸组成。BAs 分子比传统的 AHAs 分子大,但在约 358 道尔顿时,BAs 分子小到足以穿透皮肤。BA 是一种温和的酸,其 pKa 值与较小的 AHA 分子相似。如乳糖酸的 pKa 值为 3.8，与乙醇酸的 pKa 值一致。

BAs 的一个显著不同是其具有吸湿性，这是因为其分子上有多个羟基。BAs 易于吸水和保水，当水溶液在室温下蒸发时可形成凝胶基质。BAs 还具有抗氧化和螯合特性。例如，乳糖酸是一种抗氧化螯合剂，用于器官移植保存液中，它可以通过血液中发现的氧化促进铁的络合抑制羟基自由基的生成。另外，乳糖酸作为基质金属蛋白酶(MMPs)的抑制剂，将在下文描述。

PHAs 和 BAs 的显著优点是对皮肤温和。与乙醇酸和乳酸相比，PHAs 和 BAs 没有刺痛感和烧灼感，也没有刺激性。例如，pH 3.8 的 12%PHA/BA 乳膏在封闭斑贴 14 天累积刺激试验中得分与生理盐水对照组相同。因此，PHAs 和 Bas 是敏感性皮肤和术后皮肤调理的理想选择。

羟基酸对问题皮肤的益处

角化过度的问题

AHA 类化合物通过调节角质层底部的角质细胞附着来缓解角化过度，与传统的角质溶解剂的非特异性相比，具有特异性的脱屑作用。这种效果在严重角化过度的皮肤上尤为明显，如治疗板层性鱼鳞病时，局部应用高强度的 AHAs 可在短短几天内产生明显的脱屑和正常纹理的皮肤外观。AHAs 也可用于去除银屑病斑块。一项对 20%AHA/PHA 混合乳膏的研究表明，每天使用 2 次，1 周后去除效果最佳，其结果在统计学上优于 6%水杨酸对照组(图 7-1)。由于 AHAs 能够增加真皮基质成分和抵消皮质类固醇诱导的皮肤变薄，因此它可能比水杨酸更适合作为去鳞屑制剂。相反，水杨酸已被证明会导致皮肤变薄。

在正常干燥的皮肤上使用 AHAs 通常不会有明显的去角质效果。而使用外用水、保湿剂和封包性化合物可暂时缓解皮肤干燥状况，通过水合作用，皮肤酶能够正常发挥作用并促进正

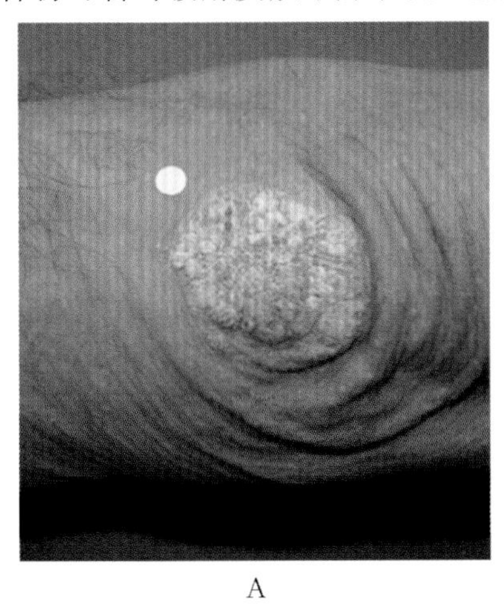
A

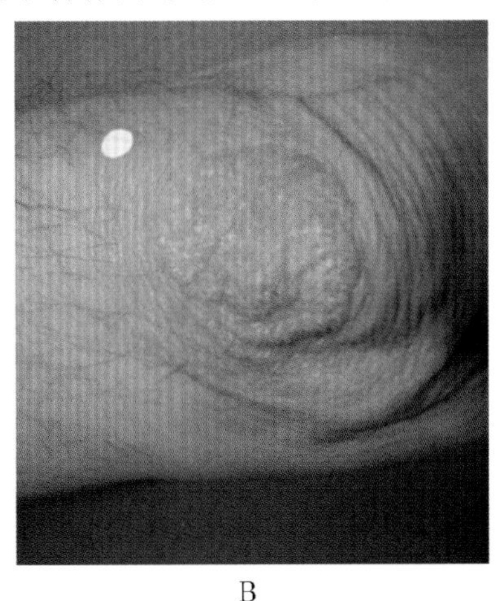
B

图 7-1　20% AHA/PHA 乳膏每日 2 次，连续使用 2 周，对银屑病的去除效果显著。使用 1 周后，观察到有统计学意义的临床分级改善。分别在基线(A)和两周后(B)拍摄照片

常去角质。但如果角质层及其屏障功能依然受损，则皮肤干燥状态将持续存在。AHAs 已被证明可以增加角质层内的神经酰胺，从而增强皮肤屏障功能。PHAs 和 BAs 是强保湿化合物，也被证明可增强皮肤屏障功能，并可部分通过温和的角质层酸化来治疗湿疹。

皮肤去角质可以使用丹酰氯细胞更新模型来评估，可以直观地测量随时间推移染色皮肤细胞的消失情况。该模型以乙醇酸为金标准。当以乙醇酸为对照物对 PHA、葡萄糖酸内酯和 BAs、麦芽糖酸和乳糖酸进行测试时，发现它们与未经处理的对照组相比，去角质/细胞更新作用显著增强。但这种作用的强度并不像乙醇酸所观察到的那么强，使得 PHAs 和 BAs 成为更温和的去角质剂。PHAs 和 BAs 的轻去角质作用，加上强屏障功能、保湿能力和温和性，使其成为正常和敏感干性皮肤(如寻常性鱼鳞病、湿疹相关的鳞屑等)的理想保湿剂。

细纹、皱纹、松弛

AHAs 是常用的去角质剂，但其功效并不局限于去角质。例如，AHAs 已被证明可以增强糖胺聚糖和胶原蛋白的真皮生物合成，并提高弹性纤维的质量。值得注意的是，乙醇酸已被证明可以增加成纤维细胞的增殖，并在体内和体外直接刺激成纤维细胞产生胶原蛋白。此外，乙醇酸刺激表皮角质形成细胞，产生细胞因子，再将真皮成纤维细胞置于这些细胞因子中，会间接刺激其胶原蛋白的合成。这表明乙醇酸在表皮和真皮之间发生信号传导效应，导致真皮基质重塑。在体内柠檬酸还可显著增加糖胺聚糖，包括透明质酸、真皮蛋白多糖、硫酸软骨素。麦芽糖酸和乳糖酸(BAs)也显示能够提高体内透明质酸的合成。对这些细胞变化的刺激会产生体积增强效应，有助于改善衰老症状，包括出现细纹、皱纹和松弛。

对 AHAs、PHAs 和 BAs 进行的临床研究表明，皱纹皮肤的视觉改善得到了各种客观措施的支持，包括硅胶复制品的图像分析、使用数字卡尺测量皮肤厚度、通过超声波评估皮肤密度。与未经处理对照组和空白对照组相比，持续使用这些化合物会导致皮肤厚度的可测量性和统计学的显著增加。在短短的 12 周内，可以观察到显著的紧致饱满效果，表明这些化合物具有抗皱效果(图 7-2)。

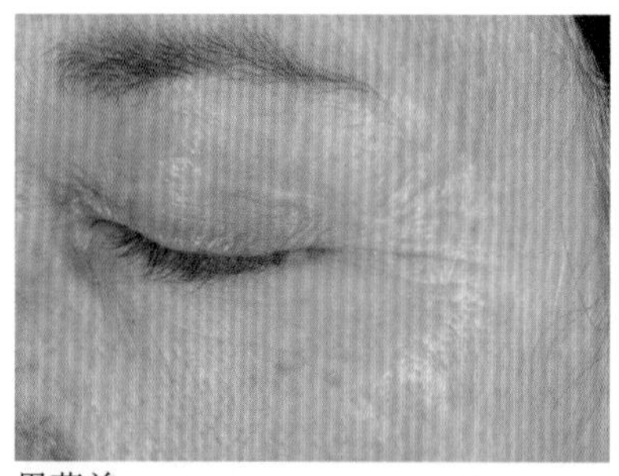
用药前

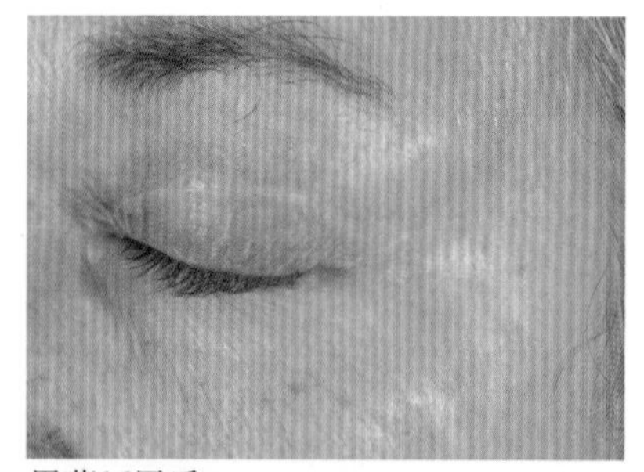
用药16周后

图 7-2 使用含有 3%葡萄糖酸内酯加 3%麦芽糖酸的眼霜(pH4.0)和其他有益成分(包括肽、透明质酸和抗氧化维生素)16 周后，外观上鱼尾纹明细减少。标准化光摄影配面部定位装置；图像经过裁剪，但未经修饰

色素沉着

色素沉着是全球性的老龄化问题，涉及多个种族。这种情况表现为色素沉着的病变，通常是过度角化，包括褐斑、脂溢性角化病和光化性角化病。

其他形式的色素沉着（黄褐斑）则更广泛，但不属于典型的过度角化。几乎所有形式的色素沉着都与阳光照射有关，尽管有些色素沉着是由其他形式的炎症刺激的（如炎症后色素沉着）。

组织学上，AHAs 已被证明可以减少表皮中的色素集聚。这些发现已在临床应用研究中得到了支持，在临床应用研究中，含 AHA 的配方可以促进肤色更均匀。在 B16 黑色素瘤细胞的体外模型中，BAs、麦芽糖酸和乳糖酸在黑色素细胞刺激素（αMSH）存在下，可减少黑色素的产生。此外，PHAs 和 BAs 还是有效的螯合剂，可在一定程度上解释它们对于皮肤色素减退的效应。铜螯合作用会干扰含有铜的酪氨酸酶的产生，而酪氨酸酶是产生黑色素的必要酶。

AHAs、PHAs 和 BAs 可与对苯二酚或化妆品中的亮肤剂配伍使用，以提供互补的色素减退效果和角化过度病变的去角质效果。而且，PHAs 和 BAs 的抗氧化性也有助于稳定对苯二酚。

抗氧化作用

PHA、葡萄糖酸内酯、BAs、麦芽糖酸和乳糖酸具有抗氧化性。在体外光老化模型中，葡萄糖酸内酯可抑制日光性弹力变性基因的自由基活化。该模型使用了有名的抗氧化剂（如维生素 C 和维生素 E）来进行验证，结果表明葡萄糖酸内酯提供了类似的抗氧化作用。实验结果表明，这主要归因于氧化促进金属的螯合作用和自由基的清除作用。此外，无保护皮肤暴露于 UVB 后，虽然乙醇酸会增加晒伤细胞的形成，但局部应用葡萄糖酸内酯不会导致 UVB 照射后晒伤细胞的增加，这可能是因为葡萄糖酸内酯具有抗氧化作用。如上文所述，还可将葡萄糖酸内酯与氧化药物（如过氧化苯甲酰）一起配制，以帮助减少刺激可能性和红斑。

在用于评估抗氧化能力的体外抗氧化模型中，BAs 可降低紫外线诱导的脂质过氧化。紫外线诱导的脂质过氧化是多不饱和脂肪酸（如细胞膜中发现的脂肪酸）在紫外线照射下产生的自由基的氧化分解。脂质过氧化抑制剂可清除羟基自由基，有助于维持细胞膜和健康的线粒体。

MMP 抑制剂

基质金属蛋白酶（MMPs）是一种依赖于锌的内肽酶，可降解皮肤中的胶原蛋白，是胶原蛋白更新过程的一部分。在青年期，分解代谢与新生胶原蛋白平衡，形成健康的真皮基质和年轻的皮肤外观。随着年龄增长和日晒，胶原蛋白分解代谢的平衡发生了变化，导致胶原蛋白功能失调，形成皱纹、毛细血管扩张和松弛。BAs、乳糖酸、麦芽糖酸作为 MMP 抑制剂，可有助于保持年轻的皮肤特征（图 7-3）。

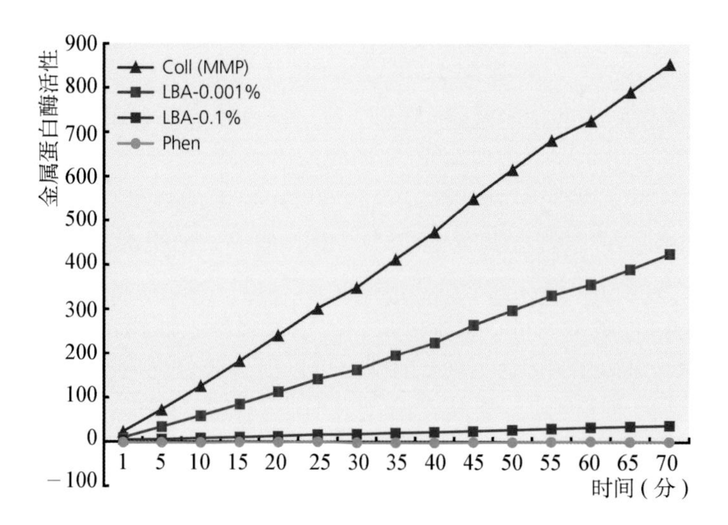

图 7-3 乳糖酸以剂量反应的方式降低 MMP 活性

注:Coll(MMP).梭菌胶原酶 IV(胶原降解 MMP 酶,阴性对照);LBA.乳糖酸;Phen.邻二氮菲(一种有效的 MMP 抑制剂;阳性对照)

AHA 换肤

以 α-羟基酸为基础的换肤术是一种局部治疗手段,高强度的须由医师在治疗室操作;中等强度的可由美容师在美容院和会所操作;低强度的可由患者在家中操作。医师使用强度的 AHA 换肤通常配制为低 pH 值,使高浓度的游离酸迅速进入皮肤。由医师操作的 AHA 换肤,酸浓度可达到 70%或以上,未中和时 pH<1.0。另一方面,在美容院/会所操作的 AHA 换肤,其酸浓度一般不超过 30%,pH 值最低至 3.0。在家中操作的 AHA 换肤,其 pH 值更高,以确保使用安全。使用碳酸氢钠为基础的中和溶液可终止 AHA 换肤中酸的活性,该过程将产生可见的二氧化碳气泡,确保以安全和可预测的方式完成该过程(图 7-4 和图 7-5)。

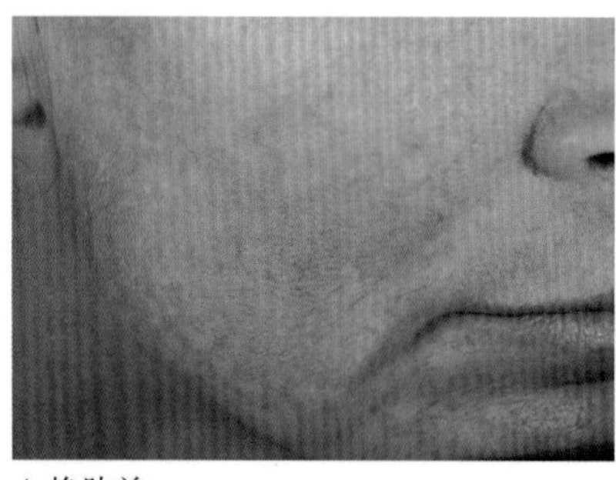

A.换肤前

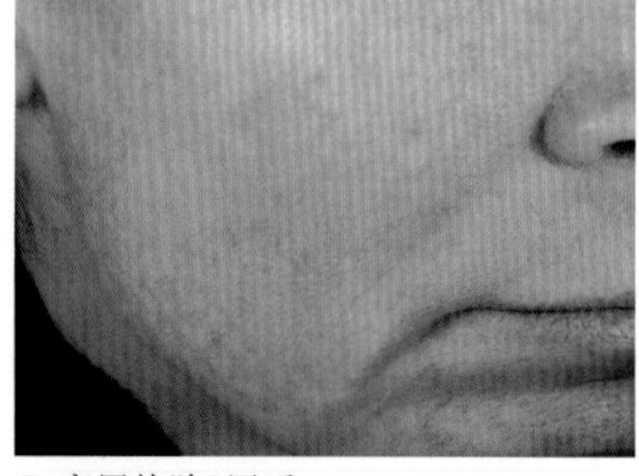

B.家用换肤8周后

图 7-4 采用浓度 20%(10%柠檬酸+10%乙醇酸,pH3.6)家用换肤,8 周 1 次,并搭配 PHA 家用护肤产品,色素沉着减少

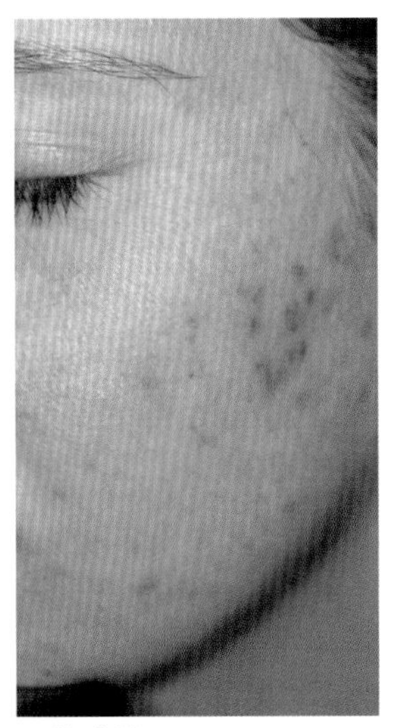
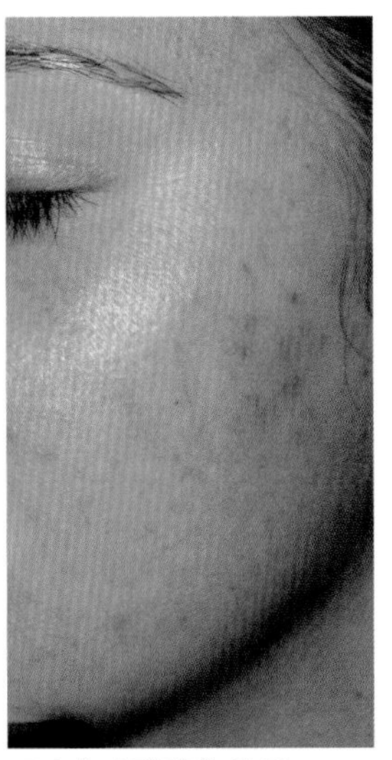

A.换肤前　　B.3次乙醇酸换肤后

图 7-5　采用 3 种游离酸、乙醇酸换肤后[一种浓度 35%(pH 1.3),两种浓度 50%(pH 1.2)],并辅以 AHA/PHA 家用护肤产品,痤疮和炎症后色素沉着减少。无服用其他药物

美国皮肤病学会将医师操作的 AHA 换肤归类为表浅性换肤剂,意味着主要影响表皮。由于手术时间短,恢复时间快,该操作被称为“午间换肤”。而且如果仔细、浅显地进行操作,几乎没有潜在的不良反应。但在高强度低 pH 值下,可能会出现深度换肤,从而引起不良反应的可能性增加。深肤色的皮肤容易发生炎症后色素沉着,建议这类人群注意,最好使用低强度的 AHA 换肤,防止炎症发生。

最常见的 AHA 换肤剂是乙醇酸、乳酸、扁桃酸和柠檬酸。作为最小的 AHAs,乙醇酸和乳酸以游离酸(未中和)的形式迅速渗透皮肤。扁桃酸又称苯基乙醇酸,是一种更亲脂的乙醇酸,常用于针对皮脂腺皮肤,亦具有针对色素沉着的功效。柠檬酸渗透良好,具有抗氧化作用。乙醇酸、乳酸和柠檬酸比扁桃酸更容易引起刺痛。所有这些 AHAs 都已被证明在换肤应用中对皮肤具有有益的效用。主要的益处包括抚平皱纹、淡化色素沉着和辅助抗痤疮和抗玫瑰痤疮的效果(图 7-5)。当换肤与药物和(或)具有互补作用机制的其他手术联合使用时,许多情况都得到了最佳改善。

搭配 AHA 进行配制

在配制有效的 AHA/PHA/BA 产品时,需要考虑多种因素。浓度和 pH 值是其中两个重要因素,因为它们会影响渗透到皮肤的酸的量。一般来说,在 pH 值与酸的 pKa 相匹配的情况下配制的 AHA 产品,游离酸浓度约为 AHA 浓度的 50%。这一点相当重要,因为酸的游离酸形式是非电离的,比中和后产生的电离盐形式更容易渗透皮肤。例如,含 10%乙醇酸(pKa 3.8)的配方调整至 pH3.8 时,将具有约 5%生物可利用的乙醇酸以游离酸的形式快速渗透。剩下的 5%将转化为中和的盐形式,对皮肤的生物可利用性明显降低。由于 pH 值为对数刻度，pH 值每改变一个单位，游离酸的浓度就会受到 10 倍的影响。

配制技术可有助于减缓游离酸 AHA 分子的渗透，以减少刺痛和刺激性。其中一项技术利用两性氨基酸作为 pH 值调节过程的一部分。精氨酸、赖氨酸、甘氨酸等成分可以起到碱的作用，提高配方的 pH 值。这些成分还可以与配方中剩余的游离 AHA 分子形成临时键，起到缓释作用。研究表明，两性技术的使用显著降低了 AHA 的刺痛和刺激性，同时保持有效的 pH 值，从而为皮肤提供有效的益处。

小结

羟基酸提供了一系列的配方和有益的选择，以满足不同患者群体（临床敏感皮肤、干性皮肤、银屑病和光老化）的需求。第一代 AHAs（如乙醇酸）对角质层脱皮、皮肤生物合成及淡化色素沉着有刺激作用，因此具有显著的抗衰老和去角质作用。由于 AHAs 具有良好的临床疗效和已证实的安全性，因此目前仍在使用。第二代多聚羟基酸（PHAs）和第三代醛糖酸（BAs）具有与 AHAs 类似的抗衰老作用，但提供了更多的益处，包括加强保湿和温和性。除此之外，作为抗氧化剂和 MMP 抑制剂，这些化合物还提供保护作用，通过帮助保护和保存皮肤的自然功能来增强抗衰老作用。AHAs、PHAs 和 BAs 是适应性很强的抗衰老化合物，因为能有效地从局部配方中为皮肤带来多种益处，这些化合物将可能会在未来几年内进行使用。

延伸阅读

Berardesca E, Distante F, Vignoli GP, et al. Alpha hydroxyacids modulate stratum corneum barrier function. *BritJ of Dermatol* 1997; **137**: 934-938.

Bernstein EF, Brown DB, Schwartz MD, et al. The polyhydroxy acid gluconolactone protects against ultraviolet radiation in an *in vitro* model of cutaneous photoaging. *Dermatol Surg* 2004; **30**: 1-8.

Bernstein EF, Underhill CB, Lakkakorpi J, et al. Citric acid increases viable epidermal thickness and glycosaminoglycan content of sun-damaged skin. *Dermatol Surg* 1997; **23**: 689-694.

Ditre CM, Griffin TD, Murphy GF, et al. Effects of α-hydroxy acids on photoaged skin: A pilot clinical, histologic, and ultrastructural study. *J Am Acad Dermatol* 1996; **34**: 187-195.

Draelos ZD, Green BA, Edison BL. An evaluation of a polyhydroxy acid skin care regimen in combination with azelaic acid 15% gel in rosacea patients. *J Cosmet Dermatol* 2006; **5**: 23-29.

Hachem JP, Roelandt T, Schurer N, et al. Acute acidification of stratum corneum membrane domains using polyhydroxyl acids improves lipid processing and inhibits degradation of corneodesmosomes. *J Invest Dermatol* 2010; **130**(2): 500-510.

Kim SJ, Park JH, Kim DH, et al. Increased in vivo collagen synthesis and in vitro cell proliferative effect of glycolic acid. *Dermatol Surg* 1998; **24**: 1054-1058.

Okano Y, Abe Y, Masaki H, Santhanam U, Ichihashi M, Funasaka Y. Biological effects of glycolic acid on dermal matrix metabolism mediated by dermal fibroblasts and epidermal keratinocytes. *Exp Dermatol* 2003; **12**(Suppl. 2): 57-63.

Van Scott EJ, Yu RJ. Control of keratinization with α-hydroxy acids and related compounds. *Arch Dermatol* 1974; **110**: 586-590.

Yu, RJ, Van Scott, EJ. α-hydroxyacids, polyhydroxy acids, aldobionic acids and their topical actions. In: Baran, R, Maibach, HI (eds.) *Textbook of Cosmetic Dermatology*, 3rd edn. New York: Taylor & Francis, 2005: 77-93.

（译者：郝　甜　审阅：冯　峥）

第8章　维生素A:维A酸类化合物与老化皮肤的治疗

Dana L. Sachs and John J. Voorhees

美国密西根大学医学中心

引言

维A酸类化合物为维生素A的衍生药物，几十年来一直用于预防和治疗皮肤老化。局部应用维A酸类药物作为痤疮的一种治疗方案，可以改善美容效果。由此，有关局部应用维A酸类药物治疗皮肤老化的研究和文献如雨后春笋大量出现。在美国，维A酸类可通过处方和非处方药妆制剂获得。天然和合成维A酸类可通过处方获得，其强度和配方各不相同，包括天然维A酸类维A酸和合成类维A酸，如阿达帕林、贝沙罗汀、他扎罗汀和阿维他丁。

本章我们重点介绍天然维A酸类化合物，目的是：①描述这些化合物的命名及它们之间的关系；②探讨衰老和光老化皮肤的信号转导途径；③探讨维A酸类化合物影响这些老化途径的生化机制；④讨论与特定天然维A酸类化合物改善老化皮肤能力相关的循证医学。

确定活性成分

维A酸是一个药物家族，可结合并激活维A酸受体(RARs)，诱导维A酸反应基因的转录激活，从而产生特定的生物效应。维A酸类化合物与核内维A酸受体结合，并发挥转录因子的作用。在皮肤中，维A酸的靶基因是细胞维A酸结合蛋白(CRABP)Ⅱ、细胞维A酸结合蛋白(CRBP)、维A酸4-羟化酶(CYP26)和角蛋白6。RAR与维A酸X受体(RXR)异二聚体化，对皮肤维A酸反应元件激活、维A酸信号传导至关重要。RAR和RXR均有多种亚型，其中RAR-γ/RAR-α异二聚体是皮肤信号传导中最重要的一个信号。

维A酸类化合物包括天然的和合成的(图8-1)。天然生成的维A酸包括全反式视黄醇、全反式视黄醛和全反式视黄酸。全反式视黄醇又称为视黄醇或维生素A；全反式视黄醛指的是视黄醛；全反式视黄酸指的是维A酸和视黄酸。为便于分辨，本章中，全反式视黄醇、全反式视黄醛和全反式视黄酸将分别称为视黄醇、视黄醛和视黄酸。由于合成类维A酸通常不用于药妆制剂，因此本章不予讨论。

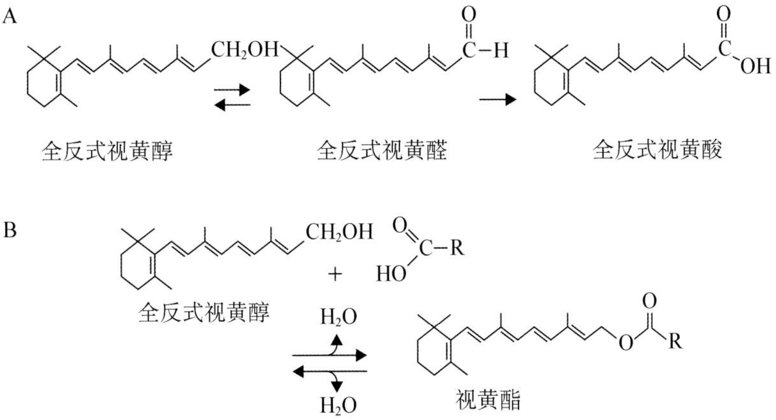

A

全反式视黄醇　全反式视黄醛　全反式视黄酸

B

全反式视黄醇　视黄酯

图 8-1　天然维 A 酸的结构

A. 全反式视黄醇经两步氧化反应生成全反式视黄酸。第一步反应为可逆反应，其中全反式视黄醛可逆地转化为全反式视黄醇。第二步是不可逆的，全反式视黄醛氧化为全反式视黄酸。B. 全反式视黄醇经酯化反应生成视黄酯。一些例子包括亚油酸视黄酯、月桂酸视黄酯、棕榈酸视黄酯和油酸视黄酯

皮肤老化生物学

为了了解局部应用维 A 酸对改善人类老化皮肤外观的影响，认识皮肤老化生物学，特别是真皮胶原蛋白的变化是必要的。自然老化或内源性皮肤老化，最好观察非暴露部位，如上臂内侧或臀部，以颜色均一、干燥和细皱纹为特征。光老化或外源性皮肤老化，应该观察曝光部位，如面部、手和前臂，显示细或粗皱纹、色素异常、红斑和易患皮肤癌倾向。虽然皮肤老化在表皮和真皮中都很明显，但真皮的变化对皮肤老化总体外观可能产生更大的作用。

活性氧（ROS）是在自然老化过程中驱动复杂信号级联的因子，可造成已生胶原断裂和新生胶原合成减少。紫外线（UV）在光老化过程中起着重要作用，微量紫外线即可导致统计学显著的活性氧介导的损伤。紫外线是产生活性氧，特别是 H_2O_2 的主要原因。尽管活性氧可直接损伤细胞壁、脂膜、线粒体和 DNA，H_2O_2 和其他氧自由基还在与新胶原形成和成熟胶原分解有关的细胞信号传导途径中起着重要作用。通过 ROS 信号传导，转化生长因子 β（TGF-β，一种促进胶原产生的细胞因子）被阻断，新的胶原形成减少。另外，表皮生长因子受体（EGF-R）途径也受 ROS 信号调控，它向激活蛋白（AP-1）发出信号。AP-1 是一种负责增加胶原酶的转录因子。胶原酶作为一种基质金属蛋白酶（MMP），在胶原蛋白分解中发挥着重要作用。胶原酶上调造成胶原分解增加，进而导致成纤维细胞机械张力降低，后者促进胶原酶增加的循环持续，胶原蛋白进一步分解，最终导致临床表现为光老化的永久性胶原蛋白丧失。碎片状的胶原聚集在真皮中，但与整合素或胶原受体的相互作用较差。每一次紫外线损伤都会导致“微小”的日光性瘢痕，最终聚合成临床表现“宏观”的瘢痕或皱纹。

在自然老化情况下，随着时间增加，活性氧生成增加。与光老化类似，ROS 信号可阻断 TGF-β，导致新胶原蛋白生成减少。然而，与外源性老化不同的是，AP-1 介导的 MMPs 分解胶原的信号是通过 JNK 途径而不是 EGF-R 途径。

作用机制

维 A 酸对组织产生作用。维 A 酸代谢的第一步，是功能不活跃的视黄醇，被视黄醇脱氢酶氧化成视黄醛，该反应限制了维 A 酸的生成速率。另外，视黄醛可再水解为视黄醇。第二步，视黄醛被视黄醇脱氢酶氧化成维 A 酸。视黄醇和视黄醛为 CRBP 的配体。维 A 酸及其代谢物为 CRABP-Ⅱ的配体。结合蛋白所占比例明显高于配体，因此受体永远不会被配体饱和。p450 酶(维 A 酸 4-羟化酶，也称为 CYP 26)催化维 A 酸转化为其主要代谢产物 4-羟基维 A 酸(4-OH-RA)。

视黄酯是视黄醇的主要代谢产物，在皮肤视黄醇的分子储存中具有重要作用。共有两种酶催化视黄醇转化为视黄酯：卵磷脂视黄醇酰基转移酶(LRAT)和酰基辅酶 a；视黄醇酰基转移酶(ARAT)。LRAT 的底物是视黄醇和视黄醇-CRBP 复合物，而 ARAT 仅有一个底物视黄醇。LRAT 是皮肤中调节视黄醇酯化的主要酶，受维 A 酸调控。LRAT 的维 A 酸调节提供了一种机制，通过控制视黄醇转化为维 A 酸的水平来自动调节 RA。在基底层角质形成细胞中，视黄醇通过真皮毛细血管供给皮肤，经 LRAT 酯化为视黄酯。随着细胞的分化和向角质层迁移，这些视黄酯可在基底角质形成细胞中再水解为视黄醇。局部应用或外源性视黄醇可通过基底层上角质形成细胞中的 ARAT 及 LRAT 酯化为视黄酯。这种视黄酸通过调节视黄醇酯化反应来调节视黄醇自身生物合成的自调节回路已经得到了很好的研究。这一机制保证了过量使用局部 ROL 对过度兴奋的患者没有毒性。

视黄醇与棕榈酸、硬脂酸、油酸等多种脂肪酸酯化后分别形成棕榈酸视黄醇酯、硬脂酸视黄醇酯和油酸视黄醇酯(图 8-2)。视黄酯可水解为视黄醇。在皮肤中，约 99%的维 A 酸是视黄醇和视黄酯，而不到 1%的维 A 酸是视黄醛和视黄酸。皮肤外用视黄醇后，其在细胞膜主要生成视黄酯。极少量的视黄醇被氧化成视黄酸，从而防止过量视黄酸导致的不良反应。皮肤外用视黄酸后，大量的视黄酸超过了负载 RARs 所需的量，这种过量可能会造成 RA 应用后一些刺激性不良反应。

一旦视黄酸进入角质形成细胞的细胞核，将与 RAR 结合，形成 RXR 异二聚体。RAR/RXR 可激活多种视黄酸反应元件(RAREs)，这些元件将调节靶基因的转录，并负责视黄酸在各组织中发挥作用(图 8-3)。

在皮肤中，视黄酸通过 TGF-β 途径发挥作用，并已被证实能够抑制紫外线诱导的基质金属蛋白酶介导的胶原分解。此外，视黄酸还能防止紫外线引起胶原蛋白原减少。

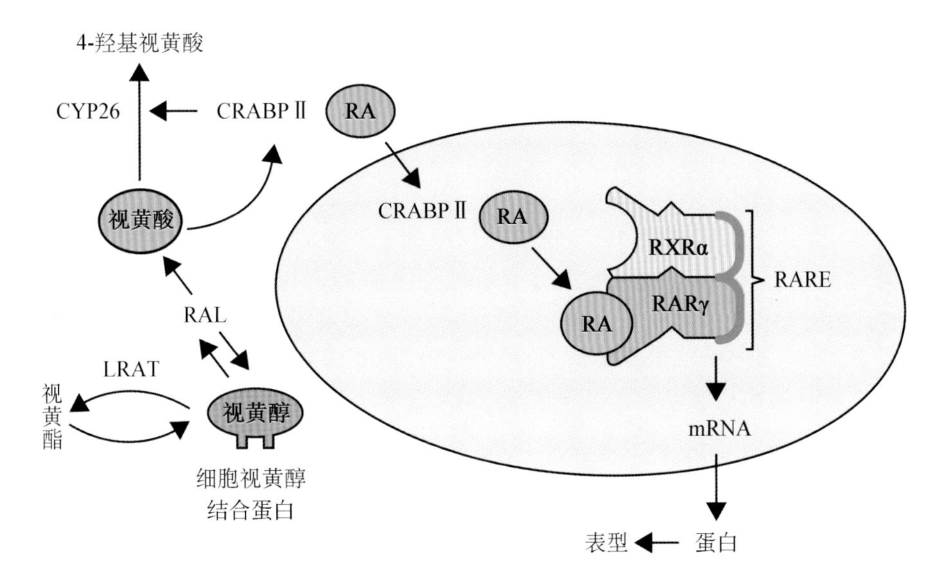

图 8-2　维 A 酸在皮肤中的作用机制

视黄醇(ROL)与细胞视黄醇结合蛋白(CRBP)结合,经过一系列氧化反应形成视黄酸(RA),或被卵磷脂:视黄醇酰基转移酶(LRAT)酯化为视黄酯(RE)。RA 与细胞视黄酸结合蛋白Ⅱ(CRABPⅡ)结合,这种蛋白配体复合物进入细胞核。在细胞核,视黄酸结合视黄酸受体-γ(RAR-γ)后,与维 A 酸 X 受体-α(RXR-α) 二聚体化,激活视黄酸反应元件(RARE)。RARE 激活将导致 mRNA 转录和蛋白翻译,该蛋白在信号转导通路中发挥作用,从而改善经维 A 酸治疗的老年皮肤临床表型。在细胞质中,RA 也被 CYP 水解为 4-羟基视黄酸(4-OH-RA),而 4-OH-RA 作为 RA 的主要代谢物,仅具有 RA 的一小部分生物学活性

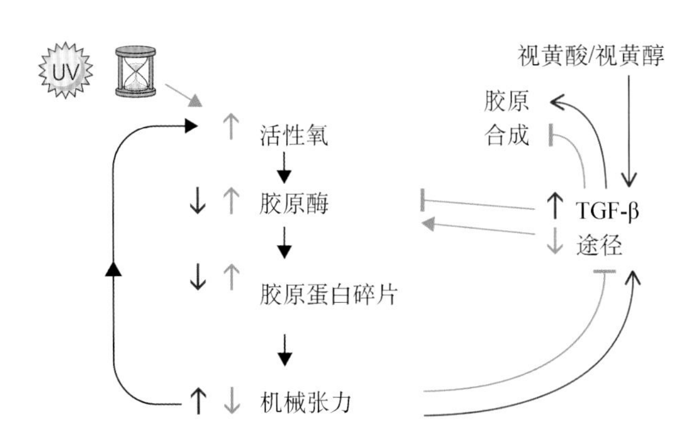

图 8-3　维 A 酸在衰老皮肤信号转导通路中的作用位点

无论是紫外线损伤还是时间推移,体内均会产生活性氧,导致胶原酶增加。胶原酶是导致真皮胶原降解和碎裂的主要基质金属蛋白酶。成纤维细胞的胶原蛋白碎片导致机械张力下降进而导致 TGF-β 活性降低,新胶原形成通路阻断。TGF-β 阻断将导致胶原酶增加,胶原蛋白碎片随之增加,从而形成持续循环。维 A 酸,特别是视黄酸和视黄醇,通过增加 TGF-β 导致胶原合成增加和胶原酶减少来改善老化皮肤外观

临床效益

视黄醇

视黄醇可用于非处方药妆制剂中，但往往很难确定其精确浓度。一般来说，药妆制剂中视黄醇浓度为0.1%～1.0%，但精确浓度通常是模糊不清的。与视黄酸相比，低浓度的视黄醇毫无刺激性。这一优势，再加上可代谢为视黄酸，以及容易获得，视黄醇似乎是理想的维A酸。虽然大量临床试验显示，多种浓度的视黄醇可获得临床改善效果，但尚缺乏研究证实其既有临床改善又有胶原增加效果。事实上，目前尚不清楚视黄醇是否具有增加胶原蛋白的特性。药物降解及从基质中释放不当(分配系数问题)将使问题进一步复杂化。

在视黄醇、视黄酸和基质应用于人体皮肤的体内研究中发现，1.6%的视黄醇可显著增加表皮厚度，与0.025%的视黄酸疗效相当，但没有与视黄酸相关的红斑。其他研究表明，视黄醇抑制紫外线诱导的胶原降解酶，并刺激光老化皮肤胶原蛋白的产生。0.1%低浓度视黄醇可改善光老化细纹和外侧眶周区域肤色，且刺激性极小。

在一项对固有老化皮肤的研究中，0.04%视黄醇外用于老年人手臂避光区域皮肤后，与对照基质相比，可显著增加黏多糖的表达和胶原蛋白原Ⅰ免疫染色，并且受试者仅出现轻微刺激症状。视黄醇改善内源性老化皮肤效果显著，因为内源性老化皮肤胶原损伤程度显著小于光老化皮肤。

在药妆品中，浓度>1%的视黄醇是达到实验室研究目的的理想浓度，但这一信息很少出现在药妆品标签上。此外，“消费者友好”浓度(可能非常低的视黄醇浓度)通常用来减轻视黄醇刺激，但刺激却是一个真正的生物疗效标志。目前尚不清楚无刺激的浓度能否增加胶原蛋白，那么商业浓度视黄醇能否具有临床疗效亦是未知。

视黄醛

目前视黄醛对光老化的影响研究甚少。网上搜索以视黄醛为主要成分的药妆品时，得到了一种由Avene/Pierre Fabre生产的产品(Ystheal含有0.05%的视黄醛)。

在一项人类面部光损伤皮肤的研究中，0.05%视黄醛与0.05%视黄酸及基质进行了比较。分别于基线、18周和44周时对鱼尾纹区域的皮肤进行硅胶复制，并采用光学轮廓仪研究皮肤皱纹、粗糙度和耐受性。第18周，视黄醛组和视黄酸组的皱纹和粗糙度均有显著减少；而基质组毫无改善。与视黄酸相比，视黄醛在整个研究期间具有良好的耐受性，而视黄酸的局部刺激易导致受试者依从性较差问题。研究设计有意避免阳光照射造成的偏倚，所有受试者均同时开始治疗，以便在夏季进行第18周评估，冬季进行第44周评估。

视黄酸(维A酸)

视黄酸被认为是第二类维A酸，因具有改善老化皮肤的功效，已成为最广泛研究的局部应用维A酸，且安全性良好。视黄酸来源于视黄醇和视黄醛氧化(如前所述)，结合并激活核视黄酸受体RAR-γ。在美国，视黄酸是处方药，并存在于乳霜、凝胶、微球凝胶和润肤基础配方中作为品牌名称和仿制药。虽然市面上视黄酸有包括0.025%、0.05%和0.1%在内的多种有效浓度配方，但尚未确定改善皮肤老化所需的最佳浓度。目前可以明确的是，视黄酸浓度越高，刺激性越强。然而，值得注意的是，刺激作用并不能改善老化皮肤。

视黄酸能够改善光老化皮肤的几个特点：表面粗糙，色素沉着和细皱纹。在治疗的第 1 周内，可观察到触觉感平滑，这与角质层致密和表皮海绵水肿的组织学变化相对应。然而，皱纹的改善需要 2～4 个月的治疗方能观察到。重要的是，随着视黄酸的持续治疗，表皮恢复到治疗前状态，因此皱纹的改善归因于真皮的变化，而不是表皮的变化。在一项双盲基质对照研究中，对 30 名光老化患者的前臂和面部皮肤治疗 4 个月后，临床和组织学终点均显示出光损伤皮肤的显著改善。与防晒部位相比，光损伤部位 Ⅰ 型胶原形成明显减少，而在接受视黄酸治疗的光损伤部位，Ⅰ 型胶原的细胞外含量增加了 80%，接受对照治疗的皮肤仅增加 14%。将 0.05%视黄酸乳膏用于面部皮肤至少 6 个月后，真皮乳头中的胶原带明显增厚。

视黄酯

如前所述，视黄酯为表皮中视黄醇的主要贮存形式。当视黄醇的天然贮存量较低时，视黄酯将被水解成视黄醇。有人在活体条件下研究了人剥脱皮肤中视黄酯的组成，发现其主要由亚油酸视黄酯、月桂酸视黄酯、棕榈酸视黄酯和油酸视黄酯组成。使用视黄醇 96 小时后，亚油酸视黄酯占绝大多数，其他视黄酯（油酸酯、棕榈酸酯、月桂酸酯和硬脂酸酯）各占总视黄酯的不到 10%。

视黄酯类药物的临床疗效尚未得到广泛的研究。虽然它们广泛存在于非处方抗老化治疗中，但几乎没有数据支持它们的作用优于视黄醇。它们经常与视黄醇共同出现在成分列表上，但鉴于视黄醇具有极佳的自我调节功能，目前尚不清楚这些化合物在抗衰老皮肤治疗中是否具有真正的附加价值。表 8-1 列举了世界各地可获得的部分维 A 酸种类，并举例含有天然维 A 酸的药品和药妆品，以及所有含天然维 A 酸药品的强度。尚未列出视黄醇、视黄醛和视黄酯的强度和浓度。天然维 A 酸的自动调节特性表明，在制作药妆品时，实际上没有必要考虑昂贵的视黄酯，因为视黄醇将根据需要生成，因此可获得后续的视黄酸。此外，视黄醇对角质层的穿透性比视黄酯甚至视黄酸的穿透性更佳。

表 8-1　选择市场上使用的外用维 A 酸

	非处方药		处方药
		维 A 酸	Retin-A 0.025%，0.05%，0.1% cream；0.01%，0.025% gel Renova (0.02% cream) Atralin (0.05% gel) Avita (0.025% cream，gel) Refissa (0.05% cream) Retin A micro (0.04%，0.1% microsphere gel) Tri-Luma cream (0.05%)
视黄醇	Peter Thomas Roth Retinol PM Fusion (1.5%) Replainx Retinol Plus Smoothing Serum 5x (1%，0.5%，0.3%，0.2%) La Roche Posay Biomedic Retinol 60 (0.06%，0.03%，0.15%)		

（续 表）

		非处方药	处方药
		Neova Retinol ME (0.3%,0.15%)	
		Roc (?)	
		Avon (?)	
		Txsystems Afirm 3x (0.6%, 0.3%,0.15%)	
		Skinceuticals (1%,0.5%)	
		Ysthéal® Pierre Fabre (0.05%, 0.015%)	
		Eluage Pierre Fabre (0.05%,0.015%)	
视黄醛		Glytone (0.05%)	
		Osmosis Serum (0.1%,0.05%) Sircuit® (?)	
		Derma E®: Vitamin A	
视黄酯	棕榈酸酯	Equate-Anti Wrinkle Cream	
	亚油酸酯	Garnier Nutritioniste Ultra Lift Anti-Wrinkle Firming Eye Cream	
		Elizabeth Arden Crème Hydratante Continue 24H	

适应证与禁忌证

维A酸已被FDA批准用于治疗细纹、斑驳的色素沉着和粗糙质感的面部皮肤。维A酸妊娠等级为C级，这意味着尚无足够或良好的孕妇临床对照试验。然而，口服维A酸是一种已知的致畸剂，所以大多数医师主张在怀孕期间停止外用维A酸。

其他天然维A酸，如视黄醇、视黄醛和视黄酯被用于无数的药妆预处理光老化的皮肤。由于这些化合物不作为药物进行管控，故目前尚无适应证和禁忌证数据。

一般来说，每晚外用维A酸可治疗老化皮肤。临床疗效可以根据刺激性来衡量。但是，目前尚不清楚产生生物效应所需的刺激程度。因此，不清楚每周给药1次(甚至更少)的临床疗效是否与每晚给药相媲美。然而，已经明确的是，使用频率增加，刺激性将增加。

不良反应

光敏性

有人认为外用维A酸是光毒剂，这种担心可能夸大了。事实上，维A酸遇光不稳定，这就是它们为什么被包装在不被紫外线穿透的材料中。由于维A酸类化合物具有双键结构，易发生光化学反应，因此被认为是一种光敏剂。然而，光敏性并不意味着这些物质会引起光毒性或光致敏性。有趣的是，FDA 对维 A 酸的标签上仍警告患者这些风险。研究表明，维 A 酸在体内既不具有光毒性，也不存在光过敏。

在含有四个独立实验的一系列研究中，探究了 0.05％维 A 酸凝胶（阿特拉林）的光毒性及光敏性，发现与赋形剂或白凡士林相比并未出现明显红斑。

经维 A 酸预处理的皮肤经紫外光照射后，最小红斑量无变化，说明维 A 酸不会产生光毒性作用；维 A 酸也缺乏防晒功能。而有趣的是，维 A 酸类化合物由于其光不稳定的特性被制成了某些防晒霜。

维 A 酸皮炎/刺激性

外用维 A 酸类药物可激活基底下角质形成细胞中的 RAR/RXR 异二聚体，从而导致维 A 酸性皮炎（图 8-4）。这些异二聚体激活未知的转录因子，其中激活两个主要的 EGF-R 配体：肝素结合 EGF（HB-EGF）和双调蛋白。HB-EGF 和双调蛋白与 EGF-R 结合导致基底角质形成细胞增殖、表皮增生，造成角质层脱落。结果，角质层屏障被破坏，细胞因子释放，引起皮肤红斑。鳞屑和红斑成为维 A 酸皮炎的临床表现。它是可预测和反复的，并且被认为是有效性和渗透性的真正指标。然而，这也是患者最常反馈的不良反应，导致在使用此类药物时依从性差。

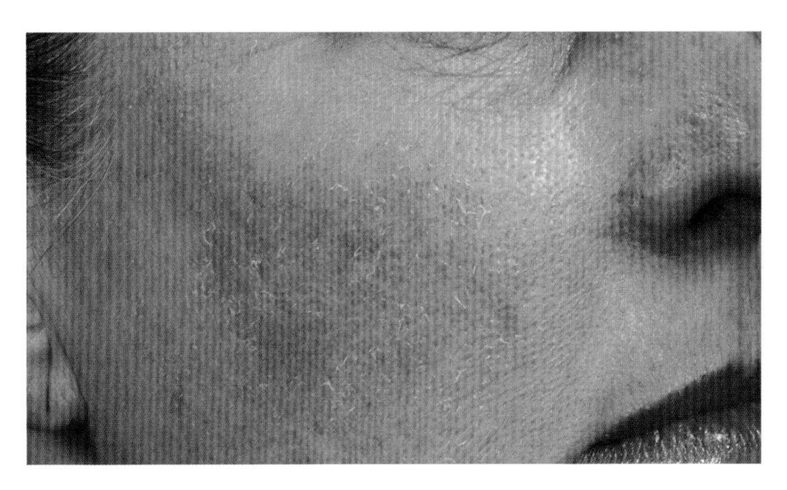

图 8-4　维 A 酸皮炎

维 A 酸皮炎是维 A 酸类药物局部应用的主要不良反应。于开始治疗数天至数周内出现红斑和脱屑，该反应往往导致治疗中断。在分子水平上，RAR-RXR 异二聚体在角质形成细胞上被激活，导致 HB-EGF 和双调节蛋白表达增加。这两种配体是皮肤中主要的 EGF-R 配体。EGF-R 活化导致基底角质形成细胞增殖，并导致角质层脱落。该不良反应可通过新的药物制剂和某些药物（如染料木素）有所缓解

为了减轻这些不良反应，含有润肤剂和微球技术的新配方应运而生。虽然人们验证多种浓度，但尚没有充分证据证明其有效性。给予每周 1～2 次维 A 酸可以使患者逐渐适应。通过每月增加一次额外应用至可耐受的刺激点，也可以成为一种提高患者对该药耐受性的有效方法。然而，有些患者不能耐受多于每周 1 次或 2 次的治疗方案。有趣的是，维 A 酸甚至视

黄醇适当剂量以达到最大限度增加前胶原蛋白数量的数据是如此之少。事实上，每周 1 次（或者更少的频率）就足以促进前胶原蛋白的产生。维 A 酸的生物学是可预测的，多年来支持该类药物生物学活性的研究使人们对其有了很好的了解。但目前尚未确定维 A 酸皮炎对疗效是必需的，皮炎很有可能不是生物活性的先决条件。在药妆品中确定非刺激性维 A 酸方案是一个具有巨大潜力的领域。

染料木素是大豆提取物中的主要异黄酮，在器官培养中具有抑制表皮增生的作用。大豆异黄酮中的大豆黄酮和大豆糖苷在器官培养中也有抑制表皮增生的作用，但作用效果低于染料木素。有趣的是，有人发现大豆提取物能够刺激Ⅰ型前胶原蛋白的增殖和合成。综上所述，大豆提取物，特别是染料木素，可减轻使用维 A 酸伴随的增生等不良反应，值得推广应用。鳞屑和红斑减少，Ⅰ型前胶原增加还可能对维 A 酸的抗衰老作用产生潜在影响。然而，值得注意的是，染料木素与维 A 酸的联合应用尚未在随机对照临床试验中得到严格验证。染料木素与维 A 酸联合应用的时机研究也很有趣，染料木素是在维 A 酸前、与维 A 酸同时或维 A 酸后使用，在研究时应该考虑一个合理的治疗方案。

近期发表的一篇论文研究了生长在东南亚的鸡骨常山树的抗炎作用。体外研究发现鸡骨常山的抗炎作用，是由于其主要成分鸡骨常山碱和马钱子苷。具体地说，鸡骨常山能够下调人角质形成细胞中的 MCP-1 和 IL-8 的表达，从而减轻视黄醇的累积刺激斑贴试验中维 A 酸皮炎的症状。此外，鸡骨常山可增强维 A 酸对 MMP-1 表达的抑制能力，表明它可以增强维 A 酸的抗衰老作用。随着新型药妆品的开发和测试，对于能够减轻维 A 酸皮炎和增强前胶原表达的药物（如染料木素和鸡骨常山）的深入研究令人兴奋和期待。

小结

外用维 A 酸是抗老化治疗的主要药物，其应用得到了大量人体皮肤体内研究的支持。视黄酸是该领域的关键参与者，因为它是一种与核内维 A 酸受体直接相互作用的化合物，故可造成影响老化通路蛋白质的转录。鉴于这些化合物具有高度调控的生物学特性，将天然维 A 酸应用于老化皮肤可能会导致足够数量的维 A 酸与维 A 酸受体结合。有关视黄酯和视黄醛在体内对人体皮肤临床和生化数据的影响更详尽的研究将是有意义的。研究适当地给药方案以减轻维 A 酸皮炎将会提高患者依从性。对染料木素等化合物与维 A 酸组合以减少刺激等不良反应的鉴定和进一步研究是非常可取的。

延伸阅读

Chien AL, Voorhees JJ, Kang S. Topical retinoids. In: Goldsmith LA, Katz SI, Gilchrest B, Paller AS, Leffell DJ, Wolff K (eds.) *Fitzpatrick's Dermatology in General Medicine*. New York: McGraw-Hill Medical, 2012, pp. 2665-2273.

Duell EA, Kang S, Voorhees JJ. Unoccluded retinol penetrates human skin in vivo more effectively than unoccluded retinyl palmitate or retinoic acid. *J Invest Dermatol* 1997; **109**(3): 301-305.

Ellis CN, Weiss JS, Hamilton TA, Headington JT, Zelickson AS, Voorhees JJ. Sustained improvement with prolonged topical tretinoin (retinoic acid) for photoaged skin. *J Am Acad Dermatol* 1990; **23**(4 Pt 1): 629-637.

Fisher GJ, Kang S, Varani J, Bata-Csorgo Z, Wan Y, Datta S, et al. Mechanisms of photoaging and chronological skin aging. *Arch Dermatol* 2002; **138**(11): 1462-1470.

Kang S, Chung JH, Lee JH, Fisher GJ, Wan YS, Duell EA, et al. Topical N-acetyl cysteine and genistein prevent ultraviolet-light-induced signaling that leads to photoaging in human skin in vivo. *J Invest Dermatol* 2003; **120**(5): 835-841.

Kang S, Duell EA, Fisher GJ, Datta SC, Wang ZQ, Reddy AP, et al. Application of retinol to human skin in vivo induces epidermal hyperplasia and cellular retinoid binding proteins characteristic of retinoic acid but without measurable retinoic acid levels or irritation. *J Invest Dermatol* 1995; **105**(4): 549-556.

Kurlandsky SB, Duell EA, Kang S, Voorhees JJ, Fisher GJ. Auto-regulation of retinoic acid biosynthesis through regulation of retinol esterification in human keratinocytes. *J Biol Chem* 1996; **271**(26): 15346-15352.

Napoli JL. Retinoic acid biosynthesis and metabolism. *FASEB J* 1996; **10**(9): 993-1001.

Varani J, Fisher GJ, Kang S, Voorhees JJ. Molecular mechanisms of intrinsic skin aging and retinoid-induced repair and reversal. *J Investig Dermatol Symp Proc* 1998; **3**(1): 57-60.

Weiss JS, Ellis CN, Headington JT, Voorhees JJ. Topical tretinoin in the treatment of aging skin. *J Am Acad Dermatol* 1988; **19**(1 Pt 2): 169-175.

(译者:宋洪彬　审阅:冯　峥)

第9章　维生素C药妆品

Marianne N. O'Donoghue[1] and Patricia K. Farris[2]
[1]美国拉什大学医学中心
[2]美国杜兰大学医学院

引言

由医学博士Albert Kligman定义的药妆品这一概念是指对皮肤状况有良好影响的护肤品。药妆品通过在没有手术的情况下改善皮肤外观的能力，彻底改变了局部皮肤护理。维生素C(L-抗坏血酸)是一种水溶性维生素，是一种必不可少的天然抗氧化剂。作为一种全身性药物，它可以预防坏血病这种以骨骼、黏膜和皮肤的变化为特征的综合征。尽管大多数动植物都能合成维生素C，但人类必须依赖于膳食来源，因为我们缺乏合成维生素C所必需的L-古龙酸-γ-内酯氧化酶。柑橘类水果和深绿色多叶蔬菜富含维生素C，在生理剂量下被肠道充分吸收。有趣的是，口服高剂量维生素C不会增加吸收量，也不会改善皮肤状况。因此，局部应用这种维生素被认为是改善皮肤的最佳途径。

维生素C：稳定性和衍生物

含有维生素C的药妆品最先进入市场。大多数早期的药妆配方都含有L-抗坏血酸(AA)这一维生素C的活性形式。尽管这些产品很受消费者追捧，但很快人们发现当暴露在空气中时，L-抗坏血酸氧化成脱氢抗坏血酸，会使产品变黄。最新的配方已经产生，是由羟基酯化的化学修饰形式的抗坏血酸。这些衍生物包括抗坏血酸镁(MAP)、抗坏血酸钠、抗坏血酸-6-棕榈酸酯和抗坏血酸四异棕榈酸酯(ATIP)。这些衍生物比L-抗坏血酸(AA)更稳定，因此受到化妆品化学家的青睐。

Pinnell等已经证明外用特定形式的L-抗坏血酸可以同时确保其稳定和皮肤渗透。在他们的研究中，每天外用pH 3.2的15% L-抗坏血酸，3天后皮肤上L-抗坏血酸水平相当于对照的20倍。皮肤贮存饱和后，L-抗坏血酸保留在组织中，半衰期为4天。相比之下，外用1M脱氢抗坏血酸、13%MAP和10%抗坏血酸-6-棕榈酸酯不能提高猪皮肤抗坏血酸水平。许多目前的配方使用纳米悬浮液和微乳液等输送系统以稳定并输送L-抗坏血酸到皮肤。

维生素C：一种重要的抗氧化剂

皮肤利用抗氧化剂来保护自己免受自由基的破坏。这些活性氧(ROS)主要由日晒作用产生，但也有一部分由自然衰老过程积累。ROS对蛋白质、DNA和细胞膜发挥破坏作用，并通过影响转录因子影响细胞功能。在皮肤中，ROS上调转录因子激活蛋白1(AP-1)，引发基质降解金属蛋白酶的产生并减少前胶原蛋白的产生。此外，ROS上调转录因子核因子κB(NF-κB)，导致多种促炎细胞因子的合成，包括肿瘤坏死因子-α、白细胞介素-1、白细胞介素-6和白细胞介素-8。通过细胞表面受体，这些炎症递质进一步激活AP-1并促进皮肤老化。ROS也可以增加真皮成纤维细胞中的弹性蛋白mRNA，这可能解释了皮肤的弹性变化是光损害的特点。

皮肤含有一套天然抗氧化剂，有助于中和自由基。维生素C是人体皮肤中最丰富的抗氧化剂，在细胞的水环境中发挥作用。维生素C与其他皮肤抗氧化剂(包括维生素E、泛醌、α-脂肪酸、谷胱甘肽)有协同作用。皮肤还含有一组酶抗氧化剂，包括超氧化物歧化酶、谷胱甘肽过氧化物酶、葡萄糖-6-磷酸脱氢酶和过氧化氢酶。这两组抗氧化剂共同起到控制自由基的作用，保护细胞免受损伤。

维生素C通过提供一个电子来帮助中和自由基，产生更稳定的抗坏血酸自由基，然后再提供第二个电子来产生脱氢抗坏血酸。脱氢抗坏血酸可以被脱氢抗坏血酸还原酶分解，也可以被转化为L-抗坏血酸。抗坏血酸是一种高效的抗氧化剂，能中和羟基自由基、超氧阴离子、单峰氧和过氧亚硝酸盐。在比较L-抗坏血酸及其衍生物的体外研究中发现，L-抗坏血酸是水环境中最有效的抗氧化剂，其次是MAP和ATIP。相比之下，在脂质系统中测试时，ATIP是一种比MAP更有效的抗氧化剂。

需要谨记，紫外线在产生活性氧的同时也会损害皮肤中和活性氧的能力。研究表明，紫外线照射会以剂量依赖的方式耗尽皮肤中的抗氧化剂。泛醌和维生素E是最敏感的，而L-抗坏血酸则更具抵抗力。这一点很重要，因为维生素C在氧化后有助于泛醌和维生素E的再生，谷胱甘肽有助于维生素C的再生。

维生素C和光防护

虽然防晒霜仍然是保护皮肤免受紫外线照射的基石，但局部抗氧化剂与防晒霜的结合使用正受到人们的青睐。研究表明，防晒霜虽然对减少紫外线诱导的红斑和胸腺嘧啶二聚体形成有效，但对防止氧化应激作用不大。研究表明，紫外线照射后，防晒霜只能阻止55%的紫外线诱导的自由基。含有抗氧化剂的药妆配方现在被认为是对防晒霜的补充，通过提供额外的保护防止自由基的形成。尽管已知L-抗坏血酸具有光保护作用，但它不起防晒作用，也不吸收295nm以上的光。

一项旨在评估维生素C光保护作用的研究中，在紫外线照射前三天，每天2次在猪皮肤上涂抹局部的L-抗坏血酸(10%溶液)。与基质处理的皮肤相比，L-抗坏血酸预处理可使晒伤细胞减少40%，使UVB引起的红斑减少52%。此外，10%的L-抗坏血酸溶液已被证明可以降低UVB诱导的免疫抑制，提高动物模型对接触过敏原的系统耐受性。对人体皮肤的研究证实了局部应用维生素C对皮肤的光保护作用。在UVB照射前5天，每天10%的L-抗坏血酸溶液应用于人体志愿者，显著降低了最小红斑剂量(MED)，而同样的方案使用5%的溶液没有效果。

研究表明，通过结合局部抗氧化剂可以实现光保护的协同作用。在用太阳模拟器

(295nm)照射前4天将15%L-抗坏血酸和1%α-生育酚的组合施用于猪皮,较单独使用任一种药剂有更优异的光保护作用。维生素C和维生素E组合减少了晒伤细胞的形成及红斑和胸腺嘧啶二聚体的形成。与基质对照组相比,该组合提供了4倍的保护。最近,测试了含有维生素C、维生素E和阿魏酸的稳定制剂的光保护作用。阿魏酸是一种有效的植物抗氧化剂,可稳定维生素C和维生素E配方。在一项比较研究中,0.5%阿魏酸,15%L-抗坏血酸和1%维生素E的光保护作用增加了8倍,而单独使用维生素C和维生素E则增加了4倍。这种阿魏酸稳定的维生素制剂可减少红斑、晒伤细胞和胸腺嘧啶二聚体的形成,并抑制细胞凋亡。另外的研究表明,相同的阿魏酸稳定的维生素C和维生素E制剂对晒伤和胸腺嘧啶二聚体的形成具有显著的保护作用,而1%艾地苯醌、1%泛醌和1%激动素是无效的。最后,在具有Fitzpatrick Ⅱ型和Ⅲ型皮肤的10名受试者中评价含有维生素C与阿魏酸和根皮素的组合抗氧化剂溶液的光保护作用。在接受太阳模拟光之前四天,用抗氧化剂产品对受试者进行预处理。预处理赋予光保护作用,包括预防晒伤细胞产生,胸腺嘧啶二聚体形成,基质金属蛋白酶-9表达和P53表达。因此,似乎使用含有维生素C和其他抗氧化剂组合的药妆制剂可用于减轻UV损伤的急性和慢性作用。

值得注意的是,研究表明,必须在紫外线照射前使用局部抗氧化剂才能赋予光保护作用。在一项双盲安慰剂对照的人体研究中,紫外线照射后施用于皮肤的抗氧化剂的短期效果没有显示出来。在该研究中,在紫外线照射后30、60和120分钟施用褪黑素、维生素C和维生素E,并且发现所有都无效。

维生素C,胶原蛋白合成和皱纹

除了作为皮肤抗氧化剂,维生素C还有其他重要功能。它可作为脯氨酰和赖氨酰羟化酶的辅助因子。脯氨酸和赖氨酸的羟基化形式有助于从成纤维细胞中排出原胶原,因此这些酶对胶原蛋白合成至关重要。研究表明,维生素C对于保存真皮胶原蛋白也很重要,因为它可以增加稳定性并降低胶原蛋白的热敏感性。体外研究表明,抗坏血酸可以增加老年真皮成纤维细胞的增殖能力。将新生儿成纤维细胞(3—8日)与衰老的成纤维细胞(80—95岁)进行比较,年轻的细胞更具增殖性。当添加维生素C时,与对照组相比,两组成纤维细胞增殖更快并且达到了更高的密度。维生素C还增加了两组成纤维细胞中的胶原蛋白产生。随后,体内研究证实了维生素C对胶原蛋白生成的益处。来自10名绝经后妇女用药6个月后的皮肤活组织检查显示,使用5%L-抗坏血酸的前臂,其胶原蛋白的mRNA水平较载体应用的另一个前臂有所增加。在维生素C处理的一侧,MMP-1的组织抑制剂水平也增加。因此,维生素C通过增加真皮胶原蛋白的产生和减少胶原蛋白降解以改善真皮基质。

临床研究:治疗光老化

虽然文献中的研究相对较少,但是有大量的临床经验证实了外用维生素C治疗晒伤皮肤的益处(图9-1、图9-2)。在一项为期3个月的双盲随机分组研究中,19名受试者将10%L-抗坏血酸或基质精华液各应用于一侧面部,持续3个月。在14名患者中,维生素C治疗侧在光学轮廓测定图像分析方面较基质治疗侧有显著改善。临床评估显示,19名患者中有16名患者，治疗侧的细皱纹、触觉粗糙、粗糙的皱纹、皮肤松弛/色调、黄褐色/黄化和整体皮肤外观均有显著改善。

在一项为期 6 个月的双盲、基质对照研究中对患者进行了中度光老化研究，受试者在颈部和前臂上涂抹 5%维生素 C 霜。研究人员和受试者在 3 个月后注意到总体评分的改善，包括皮肤水合作用，粗糙，松弛，柔软，细皱纹和粗皱纹。6 个月后临床改善进一步增加。硅胶复制模型证实了细皱纹和粗皱纹的改善。维生素 C 治疗侧的组织学检查显示弹性组织修复的证据。作者得出结论，维生素 C 可能有助于改善光老化皮肤。

Fitzpatrick 和 Rostan 进行了一项半面部双盲研究，其中 10 名患者在无水聚硅氧烷凝胶基质中用 10%L-抗坏血酸和 7%四己基癸基抗坏血酸治疗。没有活性的凝胶基质用作对照。在 12 周时，维生素 C 治疗侧总体上有显著改善。进行的皮肤活组织检查显示交界区胶原增加，并且 Ⅰ 型胶原的 mRNA 染色增加。

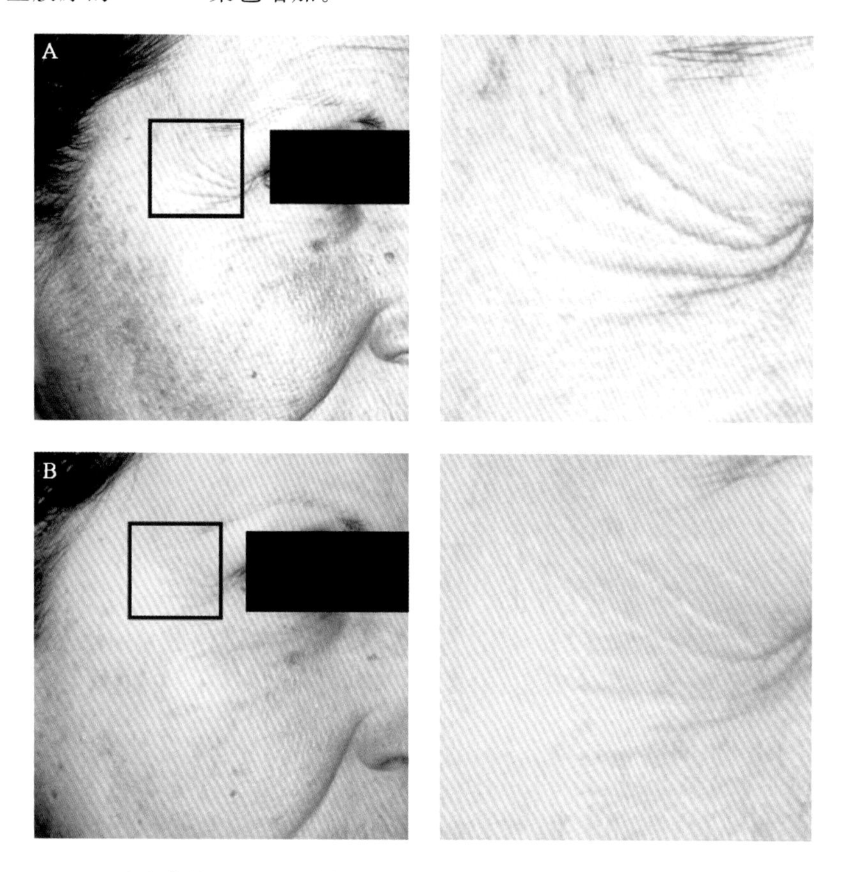

图 9-1　患者在使用 15%L-抗坏血酸精华液和每日防晒霜 SPF 20 与氧化锌和辛酸氧化物治疗一年之前(A)和之后(B)的患者

注意改善眶周区域的细纹和皱纹 Source：Draelos，Z.（Ed.）Procedures in Dermatology. Cosmeceuticals，2nd Edn. 2009：Sauders. Reproduced with Permission of Elsevier.

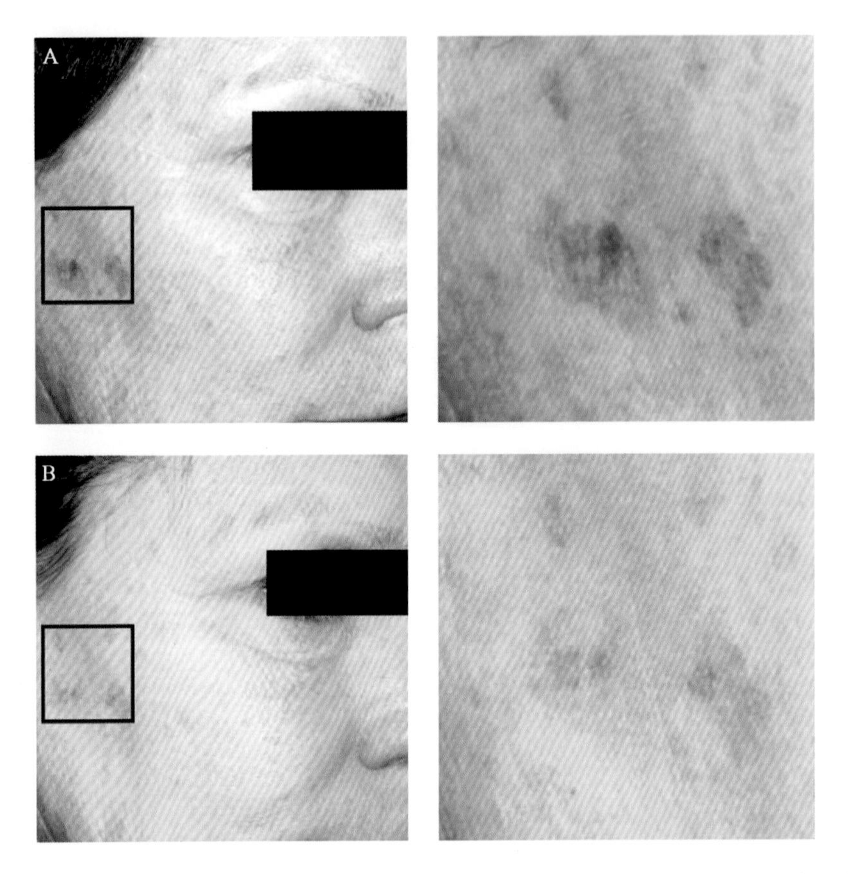

图 9-2 患者在使用 15%L-抗坏血酸精华液和含有氧化锌和辛酸盐的 SPF 20 防晒剂一年之前(A)和之后(B)的患者

注意光损伤和斑驳色素沉着的明显改善。Source:Draelos,Z.(Ed)Procedures in Dermatology. Cosmeceuticals,2nd Edn. 2009:Sauders. Reproduced with Permission of Elsevir.

维生素 C:重要的皮肤增白剂

皮肤增白是光老化患者和黄褐斑等病症的理想美容效果。尽管氢醌仍然是这些疾病的主要治疗方法,但消费者和监管机构对氢醌安全性的担忧促使人们对皮肤美白的替代品产生兴趣。可以在许多水平上调控色素生产。已知维生素 C 抑制酪氨酸酶,酪氨酸酶是黑色素生成中的限速步骤,并且作为黑色素和黑色素中间体的还原剂。因此,维生素 C 被认为是治疗各种色素性疾病的一种选择。

在一项临床研究中,患者使用 10%镁-抗坏血酸磷酸盐乳膏来治疗黄褐斑或雀斑。34 例患者中有 19 例出现明显减轻。一项半面部随机双盲研究比较了 16 例黄褐斑患者使用 5%L-抗坏血酸乳膏和 4%氢醌乳膏效果。通过比色法,数字摄影,常规彩色幻灯片和主观评估来评估患者。93%的对苯二酚使用者观察到良好至极好的改善,而 L-抗坏血酸方面为 62.5%主观改善。令人感兴趣的是,客观测量比色法显示治疗方式之间没有统计学差异。毫不奇怪,与对苯二酚处理侧(68%)相比,维生素 C 处理侧的不良反应(6.2%)要少得多。与 3 个月时维生素C治疗侧相比，对苯二酚在1个月即产生反应。当使用离子电渗疗法传送维生素C时，它也被证明可以改善黄褐斑。在一项半面部对照研究中，将每周70%的乙醇果酸剥脱与离子电渗疗法提供的纳米L-抗坏血酸溶液进行比较，2周后两侧均有改善。维生素C治疗方面优于乙醇酸皮肤，黄褐斑面积和严重程度评分有较大改善。因此，使用渗透增强技术可以为局部维生素C提供更大的皮肤增白效果。

维生素C：一种有效的抗炎药

已知维生素C具有抗炎活性。含维生素C人体细胞体外培养显示出转录因子NF-κB的活性降低。这种下调被认为是通过阻断TNF-α诱导NF-κB活化而产生的。鉴于其抗炎活性，有人认为局部使用维生素C可能有助于治疗痤疮等炎症性疾病的患者。此外，已经注意到抗氧化剂可以防止皮脂氧化，这有助于防止粉刺的发生。

在一项随机、双盲、基质对照研究中，痤疮患者使用5%的L-抗坏血酸-2-磷酸钠乳液（APS）或基质治疗12周。通过研究者和患者整体评估评分，炎性和非炎性病变计数及皮肤不良事件评估患者。37名患者完成了该研究，并且在所有测量参数中观察到统计学上显著的改善，包括用5%APS治疗的患者中的炎性和非炎性病变计数。APS乳液耐受性良好，只有4名患者报告实验组和对照组均有轻微刺激。

小结

外用维生素C仍然是一种有价值的、广受欢迎的药妆成分。消费者认为基于维生素的护肤品安全、自然、有效，是最常用的护肤品之一。外用维生素C产品包括精华液、乳液和乳霜，目前许多配方含有维生素C和其他抗氧化剂。目前可获得的数据表明，含有维生素C的药妆品可用于增强光保护、减少光老化表现、改善色素沉着过度及治疗痤疮等炎症状况（表9-1）。

表9-1　维生素C的作用

维生素C的特点	作用
抗氧化和光保护	中和自由基
	减少紫外线引起的红斑
	减少晒伤细胞形成
	减少胸腺嘧啶二聚体形成
	减少紫外线引起的免疫抑制
保留胶原蛋白	作为赖氨酰和脯氨酰羟化酶的辅助因子起作用
	增加稳定性并降低胶原蛋白的热敏感性
减轻色素沉着	抑制酪氨酸酶
	黑色素和黑色素中间体的还原剂
作为抗炎药	下调NF-κB
	阻断TNF-α诱导的NF-κB激活

延伸阅读

Darr D, Combs S, Durston S, et al. Topical Vitamin C protects porcine skin from ultraviolet radiation-induced damage. *Br J Dermatol* 1992; **127**: 247-253.

Espinal-Perez LE, Moncada B, Castanedo-Cazares JP. A double-blind, randomized trial of 5% ascorbic acid vs. 4% hydroquinone in melasma. *IntJ Dermatol* 2004; **43**:604-607.

Humbert PG, Haftek M, Credid P et al. Topical ascorbic acid on photoaged skin: Clinical, topographical and ultrastructural evaluations: double-blind study vs placebo. *Exp Dermatol*2003; **12**: 237-244.

Murray JC, Burch JA, Streilein RD, et al. A topical antioxidant solution containing vitamins C and E stabilized by ferulic acid provides protection for human skin against damage caused by ultraviolet irradiation. *J Am Acad Dermatol* 2008; **59**: 418-425.

Phillips CL, Combs SB, Pinnell SR. Effects of ascorbic acid on proliferation and collagen synthesis in relation to donor age of human dermal fibroblasts. *J Invest Dermatology* 1994; **103**: 228-232.

Pinnell SR, Yang HS, Omar M, et al. Topical L-ascorbic acid: percutaneous absorption studies. *Dermatol Surg* 2001; **27**: 127-142.

Ronchetti IP, Quaglino D, Bergamini G. Ascorbic acid and connective tissue. In: Harris JR, ed. *Biochemistry and* Biomedical Cell Biology, New York: Plenum Press, 1996.

Traikovich SS, Use of topical ascorbic acid and its effects on photodamaged skin topography. *Arch Otolaryngol Head Neck Surg* 1999: **125**: 1091-1998.

Woolery-Lloyd J, Baumann L, Ideno H. sodium L-ascorbyl-2-phosphate 5% lotion for the treatment of acne vulgaris: A randomized, double-blind, controlled trial. *J Cosmet Dermatol* 2010; **9**(1): 22-27.

Zussman J, Ahdouf J, Kim J. Vitamins and photoaging: Do scientific data support their use? *Jour Am Acad Dermatol* 2010; **63**(3): 507-527.

（译者：王　睿　审阅：冯　峥）

第 10 章　烟酰胺:一种对皮肤外观有广泛益处的外用维生素

Diane S. Berson[1], Rosemarie Osborne[2], John E. Oblong[2], Tomohiro Hakozaki[2], Mary B. Johnson[2], and Donald L. Bissett[2]

[1]美国康奈尔大学威尔医学院

[2]美国宝洁公司

引言

烟酰胺又称维生素 B_3,是一种必需的营养素。在体内,它转化为参与许多生化反应的辅酶因子 NADH 和 NADPH。B 族维生素中水溶性物质的营养缺乏会导致糙皮病,包括皮炎和红色病变。20 世纪上半叶糙皮病在美国造成数千人死亡,直到人们发现通过简单的膳食补充这种可吸收的维生素就能治愈这种疾病。

皮肤细胞中的 NADH 和 NADPH 水平随着年龄的增长而下降。因此,用这些重要的辅助因子的前体补充皮肤有可能为老化的皮肤提供有益的外观。由于烟酰胺易于渗透皮肤表面,所以它可以从局部应用中获得生物可利用性,以便有针对性地输送到特定的皮肤部位。临床评估已经明确了含有这种维生素的局部制剂的广泛护肤益处。在许多皮肤的美容效果中,它减少了色素沉着斑、潮红、发黄(灰黄)、表面油脂、毛孔大小、表面纹理及细纹和皱纹的出现。此外,在保湿、角质层屏障完整性和弹性方面也有改善。进一步的临床评估发现,烟酰胺与其他美容护肤成分的特殊组合可以提供更大的外观益处。

在人体试验中也观察到局部烟酰胺的皮肤病学作用,如改善痤疮和大疱性天疱疮。最近的一项评估表明,局部使用烟酰胺可以通过改善皮肤屏障特性来改善酒渣鼻患者的外观。对皮肤屏障的影响也证明了这种维生素的能力,在外用维 A 酸之前,或与外用维 A 酸一起局部使用时,可以提高皮肤对维 A 酸治疗的耐受性,并明显增加光损伤皮肤的改善效果。

本章节将只关注这些皮肤外观效果中的一小部分:表面皮脂、毛孔大小、表面纹理、色素沉着及细纹和皱纹。特别是明确提出烟酰胺对皮肤外观的影响及与其他成分结合后明显改善的新机制。

活性成分

维生素 B_3 存在于许多食物来源中(如肉类、坚果、全麦、豆类、酵母等)。当然,纯维生素也有几种商业来源。

已用于局部皮肤护理产品的维生素 B_3 主要有三种：尼克酰胺（又名烟酰胺）、烟酸和烟酸酯（如烟酸苄基酯、肉豆蔻醇烟酸酯）。大部分已发表的体外和临床研究表明了局部使用烟酰胺的皮肤效果（见下文）。由于对皮肤刺激的担忧（见下文对可能的不良反应的讨论），目前还未完成烟酸和大多数烟酸酯对皮肤益处的临床研究。已发表的一些临床研究显示了肉豆蔻醇烟酸酯对衰老皮肤有一定的作用。

作用机制

由于烟酰胺是辅助因子 NAD(H) 和 NADP(H) 的前体，这些辅助因子参与皮肤中的许多生化反应，因此它有可能影响多种代谢途径，从而影响依赖这些途径的皮肤功能。由于其相互作用的复杂性，对烟酰胺体外作用的几种机制进行了研究。例如，NADPH 是合成脂肪酸和更复杂脂类（如神经酰胺）的辅助因子。此外，在体外还观察到 NADH 抑制参与合成黏多糖（GAGs）的一些酶。因此，烟酰胺的前体作用似乎与观察到的体外角质层神经酰胺的增加和后续的皮肤屏障功能改善，以及在体外观察到的过量真皮 GAGS 减少和皱纹的改善有重要关联。对于在体外观察到的其他效应，如蛋白质（屏障层蛋白质和胶原蛋白）的产生增加和黑色素体转移的抑制，其与观察到的皮肤益处之间的特异性机制尚未阐明。这些影响也可能是烟酰胺前体作用的结果，但其具体特征尚未详细研究以阐明所涉及的过程。虽然所有的机制细节尚未完全阐明，但表 10-1 简要介绍了基于体外研究的概况，以及它们与皮肤外观益处的潜在联系（在临床益处中进行了更详细的讨论）。

表 10-1 烟酰胺的作用机制和假定的皮肤外观益处

烟酰胺作用（体内、体外）	假定的皮肤外观益处
抑制皮脂分泌，特别降低二酰甘油、三酰甘油和脂肪酸的含量	减少痤疮 减小毛孔 改善肤质
刺激表皮皮肤屏障脂质（神经酰胺）和蛋白质（角蛋白、内皮蛋白、丝聚合蛋白）	改善皮肤屏障和保湿 减少皮肤红肿 改善酒渣鼻外观
增加胶原蛋白的产量	抗皱
抑制过多皮肤糖胺聚糖（GAG）的产生	抗皱
抑制黑色素小体从黑色素细胞转移到角质形成细胞	减少色素沉着
通过抗氧化作用抑制蛋白质糖化（烟酰胺作为前体，增加氧化还原辅因子 NADH 和 NADPH 的水平）	抑制皮肤变黄

近年来的体外机制研究极大地扩展了受烟酰胺影响的潜在皮肤靶位的数量。这些新发现总结在表 10-2 中，包括一系列与皮肤结构、弹性、伤口愈合和色素沉着有关的生物标记。最近的一项发现是烟酰胺影响紫外线引起皮肤变化的能力。例如，体外试验表明，在受到非致命性 UVB 照射时，烟酰胺可以减少角质形成细胞产生 PGE_2。细胞形态的观察也表明，在体外烟

酰胺可以保护细胞结构整体完整性，使其免受紫外线诱导的变化。已发表的支持数据显示局部和口服烟酰胺均有防止紫外线诱导免疫抑制的能力。据推测，烟酰胺在体外对细胞能量代谢具有保护作用。烟酰胺对细胞代谢的影响概念是基于它能迅速融入 NADH 和 NADPH 细胞池中。然而，关于昼夜节律调节的最新研究表明，烟酰胺在体外连接细胞代谢和调节过程方面发挥更为关键的作用。

表 10-2　烟酰胺新发现的作用机制和假定的皮肤外观益处

烟酰胺作用(体内、体外)	假定的皮肤外观益处
通过增强 KGF 介导的作用刺激角质形成细胞增殖	伤口愈合
刺激几种基质成分，相关酶和细胞因子的胶原蛋白和 mRNA 转录物的产生：腓骨蛋白-1、纤连蛋白-1、弹性蛋白、赖氨酰氧化酶(1 和 2)、前胶原、胶原蛋白(Ⅰ和Ⅲ)、TGF-β(1，2 和 3)、肌动蛋白、结缔组织生长因子、固生蛋白 XB	抗皱(抗衰老)
下调转录因子，酪氨酸酶，TRP1，TRP2 和 PMEL17	减少色素沉着
减少紫外线诱导角质形成细胞合成 PGE_2	炎症
防止紫外线诱导的免疫抑制	日光性角化病
昼夜节律调节的代谢振荡器	皮肤屏障

临床效益

在基质对照、随机、双盲、统计学下进行的人体临床试验(持续时间长达 6 个月)中，局部使用烟酰胺可观察到广泛的皮肤护理益处。

皮肤油脂、毛孔和皮纹的减少

这些效果作为一组进行讨论，因为观察到面部皮脂的减少与毛孔的大小和数量的减少及皮肤表面纹理的出现有关。在人体皮肤活检标本和面部测试中(白种人皮肤局部治疗 4 周后)观察到烟酰胺显著减少表面皮脂，尤其是减少了皮肤表面皮脂中甘油酯和脂肪酸成分。这些表面皮脂成分的变化伴随着毛孔大小和皮肤粗糙纹理的显著减少。

最近的测试证实了这种作用对白种人面部皮肤的影响，显示皮脂、皮脂斑点、毛孔大小和数量(基于脂带法®和定量图像分析)显著减少。这项测试还将观察范围扩大到日本人的面部皮肤，显示在治疗 2 周和 4 周后，表面皮脂和毛孔明显减少。

在寻找其他成分的过程中，通过体外皮脂腺细胞检测筛查证实了烟酰胺的有效性，并确定了另一种有效的表面皮脂减少成分脱氢乙酸或脱氢乙酸钠盐(SDA)，该物质此前曾作为防腐剂用于化妆品行业。在面部皮肤测试中，局部联合使用烟酰胺和 SDA 比单独使用烟酰胺更有效，这种联合使用使皮肤表面皮脂和粗糙的面部纹理外观减少了一半以上。

在另一项测试中，一种含有烟酰胺(N)和水杨酸(SA)的产品与一种非处方产品过氧化苯甲酰(BP)在Ⅰ-Ⅴ类型皮肤中进行了对比评估。结果显示，N-SA 方案较 BP 方案更显著地改善了皮肤水合作用和痤疮皮损。前者在改善皮肤表面纹理，毛孔大小和毛孔数量方面也更有效(图 10-1)。此外,还发现这些皮肤参数之间存在显著的相关性,表明毛孔参数与纹理外观之间存在关联,确立了减少表面皮脂和可见毛孔的大小是改善皮肤纹理外观的有效目标。表面皮脂和毛孔效应也与痤疮治疗有关。

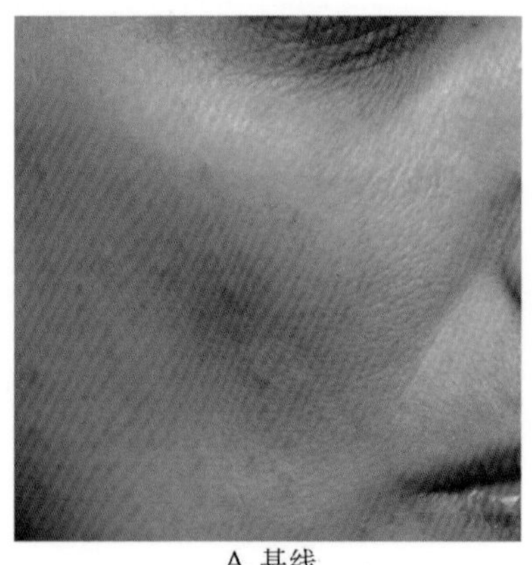
A. 基线

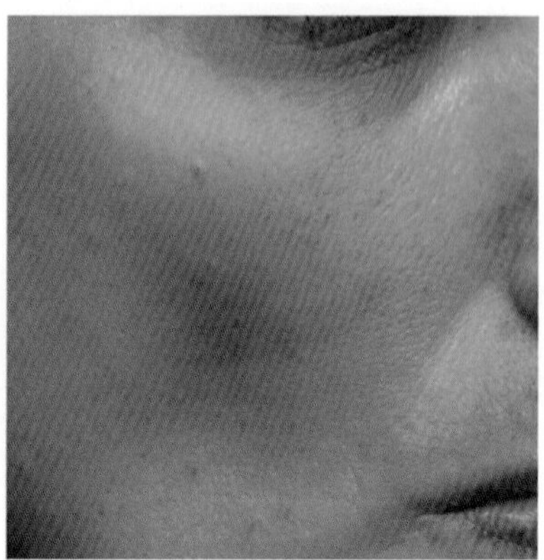
B. 第 12 周

图 10-1 烟酰胺和水杨酸的局部治疗方案显著减少了面部皮肤纹理和毛孔大小(基线与第 12 周相比)

减少细纹和皱纹

先前的研究表明,局部使用含有烟酰胺的保湿剂后,面部细纹和皱纹的出现会减少。临床研究结果显示,在治疗 8 周和 12 周后,这些参数明显降低。

在最近的临床面部测试中,含有烟酰胺(N),肽(pal-KTTKS,其影响体外真皮基质)和丙酸视黄酯(RP)的保湿化妆品与含有 0.02%维 A 酸的处方产品进行了对比。虽然这两种治疗方案在研究结束(24 周)时均显著改善了面部细纹和皱纹,但 N/肽/RP 治疗方案在研究早期(8 周后)明显更有效,而且根据皮肤屏障、红斑和皮肤干燥的测量结果,受试者耐受性更好(图 10-2)。

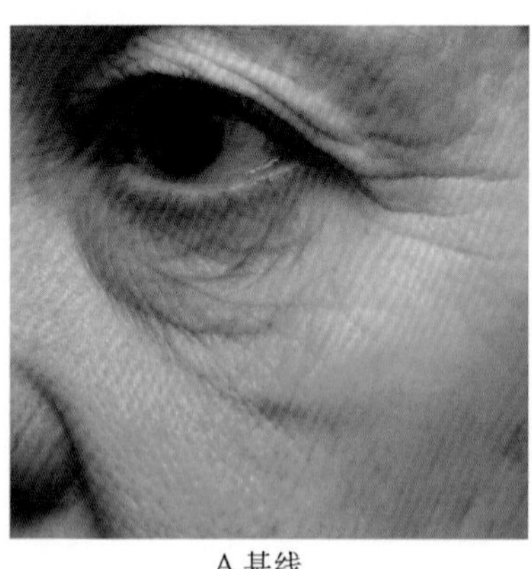
A.基线

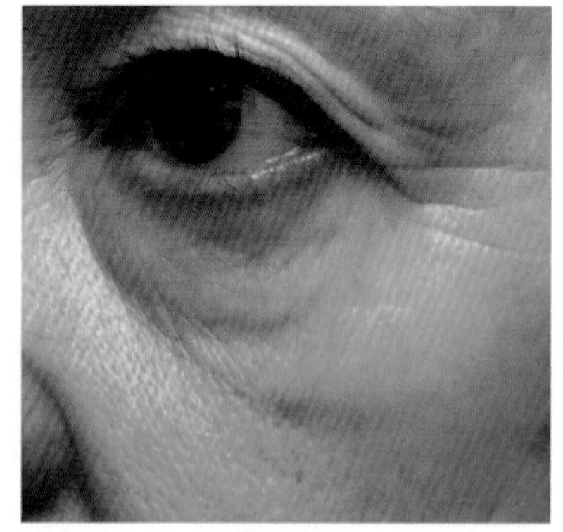
B.第8周

图 10-2 烟酰胺,肽(pal-KTTKS)和丙酸视黄酯的局部治疗显著减少面部细纹和皱纹的出现(基线与第 8 周)

减轻过度色素沉着

一些临床研究已显示局部使用烟酰胺，可显著减少面部色素过度沉着的外观，特别是色素沉着过度斑。治疗 4 周后效果显著。

最近的临床试验表明，烟酰胺与抑制体外色素沉着途径不同点的成分联合使用，在减少面部色素沉着更有效。例如，N-乙酰氨基葡萄糖（在体外抑制酪氨酸酶的活化）和 N-十一烷基-10-烯酰-L-苯丙氨酸（在体外阻断 α-MSH）均能显著增强含有烟酰胺的局部制剂对皮肤的益处（图 10-3）。

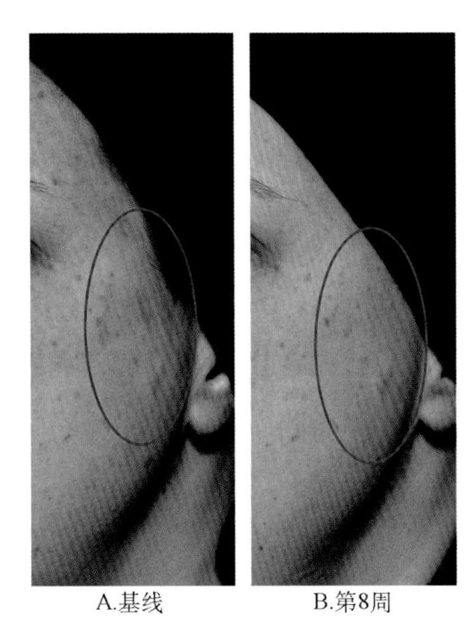

图 10-3　局部使用烟酰胺和 N-十一烷基-10-烯酰-L-苯丙氨酸显著减少面部色素沉着斑的出现（基线与第 8 周）

紫外线诱导的免疫抑制和光化性角化病

持续地研究评估了局部和口服烟酰胺对预防紫外线诱导免疫抑制的影响，证实了这种维生素在癌症发病时阻断这一关键途径的能力，如减少光化性角化病的发病。虽然这种影响在男性群体中更为显著，但这对两性来说都是一个重要的发现。

应用

烟酰胺在药妆护肤品中的局部应用可对上述的容颜有改善。在一些国家，局部外用烟酰胺在皮肤病学上也被用于治疗痤疮，最近还被用于治疗酒渣鼻患者的外观，并作为局部外用维 A 酸的辅助皮肤护理。图 10-4 显示了局部外用烟酰胺 4 周后酒糟鼻患者的面部外观改善情况。

可能的不良反应

烟酰胺可以局部高剂量使用(至少5%,几种商业化妆品中使用的剂量),且通常耐受性良好;然而,在一些罕见的情况下,也观察到轻微的皮肤刺激。维生素 B_3 的烟酸形式对于局部使用可能会有问题,<1%的剂量也能使皮肤出现发红(血管扩张)反应。这种反应通常伴发刺激和瘙痒。

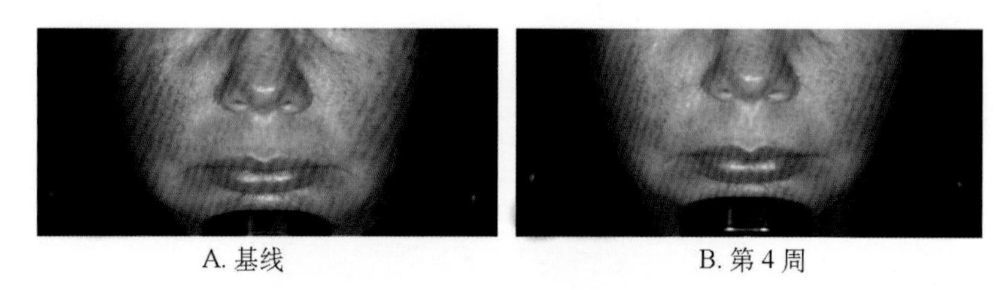

A. 基线　　B. 第4周

图 10-4 局部外用烟酰胺可改善酒渣鼻患者的面部外观(基线与第4周比较)

一些烟酸酯,即使剂量远<1%,也很难用于药妆护肤产品,因为其在皮肤水解成游离烟酸,导致变红和刺激/瘙痒反应。据报道,有一种酯(肉豆蔻酰基烟酸酯)没有这些刺激作用,却仍然对皮肤有慢性的益处。

小结

本章阐述了烟酰胺在化妆品配方中多样的皮肤病学的局部应用,从简单的保湿到通过改善皮肤屏障完整性为皮肤病患者(如酒渣鼻)提供外观益处。由于皮肤科医师在日常实践中会遇到许多用这种维生素改善皮肤外观的问题,因此,在皮肤科医师向其患者推荐的皮肤护理方案中,添加烟酰胺等具有成本效益的、亲肤性的材料是一个不错的选项。

虽然基于体外机制的理解是选择化妆品配方成分的一个至关重要的组成部分,但临床疗效证明的重要性再怎么强调也不过分,以显示实际的效用。证明成分有效性的临床研究必须涉及以下关键设计要素:统计学处理、双盲、基质空白对照、随机、利用最先进的客观指标(如计算机图像分析)和研究设计及其结果的同行评审。支持本文报道的局部使用烟酰胺研究的临床工作,应为推荐成分及含有这些成分的产品提供依据,以改善与患者相关的明显皮肤外观。

随着实验室和临床研究的继续,很可能会发现烟酰胺与其他成分的组合有其他的护肤功效,这是一种多功能、但又有效的水溶性维生素。这些新发现有望进一步扩大局部烟酰胺的临床应用。

延伸阅读

Bissett DL. Anti-aging skin care formulations. In: Draelos ZD, Thaman LA (eds.) *Cosmetic Formulation of Skin Care Products*. New York: Taylor & Francis Group, 2006, 167-186.

Bissett DL，Miyamoto K，Sun P，et al. Topical niacinamide reduces yellowing，wrinkling，red blotchiness，and hyperpigmented spots in aging facial skin. *Int J Cosmet Sci* 2004；**26**：231-238.

Bissett DL，Oblong JE，Saud A，et al. Topical niacinamide provides skin aging appearance benefits while enhancing barrier function. In：Elsner P，Maibach HI（eds.）*Cosmeceuticals and Active Cosmetics*，2nd edn. New York：Taylor & Francis Group，2005，421-440.

Bissett DL，Robinson LR，Raleigh PS，et al. Reduction in the appearance of facial hyperpigmentation by topical N-undecyl-10-enoyl-L-phenylalanine and its ombination with niacinamide. *J Cosmet Dermatol* 2009；**8**：260-266.

Damian DL，Patterson CR，Stapelberg M，et al. UV radiation-induced immunosuppression is greater in men and prevented by topical nicotinamide. *J Invest Dermatol* 2008；**128**：447-454.

Draelos ZD，Ertel KD，Berge CA. Niacinamide-containing facial moisturizer improves skin barrier and benefits subjects with rosacea. *Cutis* 2005；**76**：135-141.

Draelos ZD，Ertel KD，Berge CA. Facilitating facial retinization through barrier improvement. *Cutis* 2006；**78**：275-281.

Final report on the safety assessment of sodium dehydroacetate and dehydroacetic acid. *J Am Coll Toxicol* 1985；**4**：123-159.

Fu JJJ，Hillebrand GG，Raleigh P，et al. A randomized，controlled comparative study of the wrinkle reduction benefits of a cosmetic niacinamide/peptide/retinyl propionate product regimen vs. a prescription 0.02% tretinoin product regimen. *Br J Dermatol* 2010；**162**：647-654.

Hakozaki T，Minwalla L，Zhuang J，et al. The effect of niacinamide on reducing cutaneous pigmentation and suppression of melanosome transfer. *Br J Dermatol* 2002；**147**：20-31.

Imai S. Clocks in the NAD world：NAD as a metabolic oscillator for the regulation of metabolism and aging. *Biochim Biophys Acta* **2010**；1804：1584-1590.

Kaczvinsky JR，Li JX，Mack CE，et al. Effectiveness of a salicylic acid-niacinamide regimen for improvement in the appearance of facial skin texture and pores in post-adolescent women. In manuscript.

Kimball AB，Kaczvinsky JR，Li J，et al. Reduction in the appearance of facial hyperpigmentation after use of moisturizers with a combination of topical niacinamide and N-acetyl glucosamine：Results of a randomized，double-blind，vehicle-controlled trial. *Br J Dermatol* 2010；**162**：435-441.

Lammers K，Bushnell D，Laughlin T，et al. Niacinamide inhibits melanogenesis related gene expression in melanocytes when co-cultured with keratinocytes. *J Am Acad Dermatol Sup* 2010；**62**：AB118.

Matts PJ，Oblong JE，Bissett DL. A review of the range of effects of niacinamide in human skin. *Int Fed Soc Cosmet Chem Mag* 2002；**5**：285-289.

Osborne RO，Rose-Mansfield R，Matsubara A，Swanson C. Reduction in skin surface sebum with cosmetic ingredients. Oral presentation, 22nd World Congress of Dermatology 2012, Seoul, Korea (poster number FC 02-06).

Park J, Halliday GM, Surjana D, et al. Nicotinamide prevents ultraviolet radiation-induced cellular energy loss. *Photochem Photobiol* 2010; **86**: 942-948.

Robinson MK, Mills KJ, Trejo AV, et al. Reduction in gene expression related to inflammation by skin barrier improving agent, niacinamide. *J Am Acad Dermatol Sup* 2009; **60**: AB83.

Sivapirabu G, Yiasemides E, Halliday GM, et al. Topical nicotinamide modulates cellular energy metabolism and provides broad-spectrum protection against ultraviolet radiation-induced immunosuppression in humans. *Br J Dermatol* 2009; **161**: 1357-1364.

Surjana D, Halliday GM, Martin AJ, et al. Oral nicotinamide reduces actinic keratoses in phase II double-blinded randomized controlled trials. *J Invest Dermatol* 2012; **132**: 1497-1500.

（译者：朱文巍　审阅：冯　峥）

第 11 章　创新植物药

Jennifer David[1], Candrice R. Heath[2], and Susan Taylor[1,3]
[1]美国希尔皮肤病学会
[2]美国圣卢克-罗斯福医院中心
[3]美国宾夕法尼亚大学

引言

在过去几年中,植物药剂的开发发生了重大创新。植物制剂现在包含在各种皮肤护理和个人护理产品中。这些创新的植物药还可用于补充痤疮、黄褐斑和玫瑰痤疮等疾病的药物治疗。随着越来越多的植物药物成为基础科学和临床研究的核心,我们现在获得了循证医学证据以支持治疗主张,并可了解潜在的不良事件。在本章中,我们将定义五种创新植物的活性成分,概述作用机制、临床益处、用途和潜在不良事件。这五种创新植物为松树皮提取物(PBE)、阿拉伯咖啡、石榴、茶树油和葡萄籽提取物。

松树皮提取物(PBE)

松树皮提取物(PBE)是从法国海洋松树(Pinus maritime)的树皮中获得的。它通常以商品名 Pycnogenol® 销售。PBE 中的活性成分是酚酸、香草醛和缩合类黄酮(原花青素和原花色素)。PBE 的成分复杂,通过多种机制表现出抗炎、抗氧化、血管舒缩和抗过敏作用(表 11-1)。

表 11-1　PBE 的有效成分和作用机制

活性成分	作用机制
松树皮提取物(PBE)	**抗炎**
	阻断活化 B 细胞的核因子 κ-轻链增强子
	抑制黏附蛋白的产生:血管细胞黏附分子-1(VCAM-1)和细胞间黏附分子-1(ICAM-1)
	阻断 5-脂氧合酶(5-LOX)和 5-LOX 的基因表达环氧合酶-2(COX-2)和磷脂 A2 的活性(PLA2)

（续 表）

活性成分	作用机制
	抗氧化剂
	防止内源性抗氧化剂的降解物质（生育酚和谷胱甘肽）
	血管扩张
	增加一氧化氮的产生
	抗过敏
	抑制肥大细胞释放组胺

松树皮用于药用目的可以追溯到公元前400年的"医学之父"希波克拉底。据报道目前PBE可治疗多种的皮肤病，包括色素沉着、系统性红斑狼疮、光老化和静脉功能不全。

Choi和Yan评价了PBE的抗过敏和抗炎作用。运用体外和体内模型证明在免疫球蛋白E介导的免疫反应中PBE能够抑制组胺和其他炎症细胞因子的释放。

也有研究发现，PBE能够保护人体皮肤免受太阳紫外线模拟光诱导红斑的影响。Saliou等进行的一项研究证明，受试者服用PBE补充剂，与不服用的对照组相比需要更高的最小红斑剂量（MED）来引起红斑反应。

PBE以碧萝芷醇的形式被一个独立的毒理学专家小组宣布为GRAS物质（一般认为是安全的）。虽然研究没有证实，但有人推测PBE的有效抗氧化作用可能会干扰某些化疗药物和放射治疗的作用。

阿拉伯咖啡

阿拉伯咖啡（Coffea arabica），也称为绿咖啡，是一种原产于阿拉伯半岛的也门山区及埃塞俄比亚高原的咖啡。从阿拉伯咖啡中分离出生物活性代谢物，如酚类二萜、生育酚和脂肪酸。阿拉伯咖啡提取物（CAE）和绿咖啡籽油提取物（GCO）具有抗衰老和抗炎作用，其机制已被研究（表11-2）。

表11-2 阿拉伯咖啡的有效成分和作用机制

活性成分	作用机制
绿咖啡籽油提取物（GCO）	**抗衰老**
	通过直接释放TGF-β和GM-CSF增加胶原蛋白，弹性蛋白和糖胺聚糖的合成
	增加人培养角质形成细胞中Aquaphorin-3 mRNA的表达
小粒咖啡提取物（CAE）	**抗衰老**
	刺激Ⅰ型前胶原表达
	抗炎
	抑制MMP-1，MMP-3，MMP-9的表达并抑制其表达JNK，ERK和p38的磷酸化

阿拉伯咖啡代谢产物通常用于抗衰老产品，以解决细纹、皱纹、色素沉着、皮肤紧致和红斑。

一项阿拉伯咖啡随机双盲对照研究，评估了一种新型局部多成分（关键成分为阿拉伯咖啡）皮肤护理系统（洗面奶，日霜，晚霜和眼霜）在减少光老化外观的功效和耐受性。40 名白种女性参与者被随机分配以应用富含阿拉伯咖啡的方案或未指定的无抗氧化剂的护肤方案。与对照组相比，光损伤皮肤的皱纹、紧致度、色素沉着、发红、触觉粗糙和清晰度有统计学意义的显著改善（图 11-1）。阿拉伯咖啡具有良好的耐受性，没有不良反应。

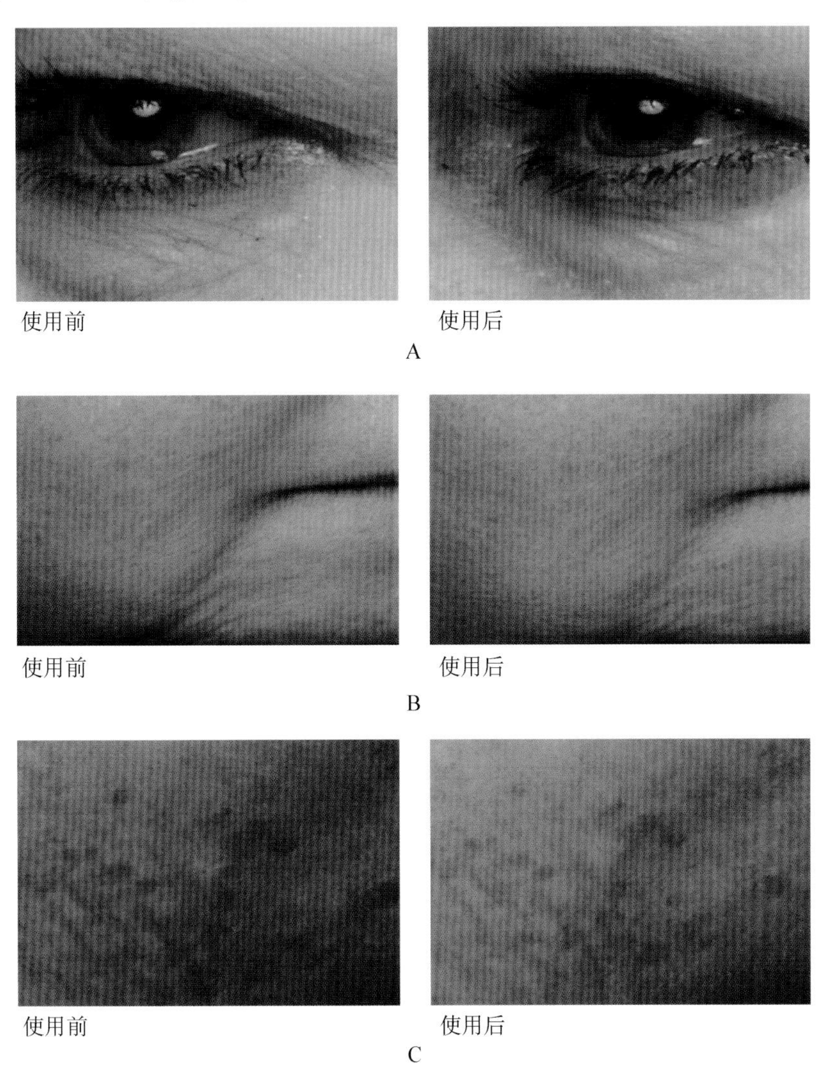

图 11-1　使用阿拉伯咖啡作为关键组成部分的新型外用多成分护肤系统后，眼、口周围细纹和皱纹（A，B）和色素沉着（C）的改善

石榴

石榴是生长在一种石榴科植物——石榴树(Punica granatum)上的一种水果。目前可获得许多形式的石榴产品,包括石榴汁、冷榨种子油、果皮提取物、水果提取物、水醇和基于凝胶的石榴提取物,其可包括在各种产品中。石榴具有抗氧化、抗炎和抗癌特性(表 11-3)。治疗功效来自石榴的鞣花酸和类黄酮(花青素和花色素苷)成分。

表 11-3 石榴的有效成分和作用机制

活性成分	作用机制
石榴副产品(PBP)	**抗氧化剂**
	降低细胞脂质过氧化物含量并增加还原型谷胱甘肽的水平
冷压石榴籽油	**抗感染**
	抑制环加氧酶和脂氧合酶
	抗癌
	抑制皮肤水肿、增生和表皮鸟氨酸脱羧酶活性
石榴果实提取物(PFE)	**抗肿瘤发生**
	抑制 TPA 诱导的 ERK1/2,p38 和 JNK1/2 的磷酸化及 NF-κB 的激活

石榴及其衍生物已被用于治疗细菌和真菌感染、晒伤、光老化,并通过改善 UVB 辐射的不利影响而用于光化学预防。

许多体外试验证明了石榴的抗感染特性。一项研究评估了石榴甲醇提取物(PGME)联合抗生素对 30 种临床耐甲氧西林金黄色葡萄球菌(MRSA)和甲氧西林敏感金黄色葡萄球菌(MSSA)的作用。通过肉汤稀释法对分离株进行 PGME 和抗生素的敏感性测试。PGME 和所测试的五种抗生素(氯霉素、庆大霉素、氨苄西林、四环素和苯唑西林)之间的协同活性在 38%~73%。

一项双盲、安慰剂对照试验评估了富含鞣花酸的石榴提取物的保护作用,并表明,当口服摄入时,石榴提取物对紫外线照射引起的人体皮肤色素沉着具有抑制作用。

许多研究已经评估了口服石榴补充剂的安全性,没有发现不良反应。

茶树油

茶树油是一种精油,是由澳大利亚本土的白千层(Melaleuca alternifolia)生产的。茶树油中的活性成分包括松油烯-4-醇、α-萜品醇、α-蒎烯、1-8-桉叶素、倍半萜烯和噻吩烯。茶树油具有广谱抗感染和防腐性能和抗氧化特性(表 11-4)。

茶树油已被用于细菌、真菌、昆虫和病毒感染及痤疮、银屑病、割伤和烧伤。

一些研究回顾了茶树油的临床疗效。一项随机对照试验比较了 2%鼻用莫匹罗星软膏和 4%氯己定局部清洗的标准 MRSA 去定植治疗方案与局部茶树油方案,其中包括 10%茶树油鼻膏和 5%茶树油沐浴露。结果表明,标准的去定植方法和茶树油技术的去定植率相似。在分析浅表皮肤表面的去定植数据时,茶树油去定植作用被认为效果更佳。

表 11-4 茶树油的有效成分和作用机制

活性成分	作用机制
α-萜品醇	**抗氧化剂**
	快速自动化自由基
	抗微生物
	破坏细菌细胞壁膜
萜品烯-4-醇	**抗炎**
	抑制炎症介质,肿瘤坏死因子 α(TNF-α),白细胞介素-1β(IL-1β)和白细胞介素-10(IL-10)的产生
	抗微生物
	金黄色葡萄球菌细胞质膜损伤导致核酸丢失(260nm 吸收材料丢失)
1,8-桉树脑	**抗真菌**
	抑制白色念珠菌胚芽管的形成,或抑制菌丝体的转化

一项对 123 名头虱受试者进行的随机对照试验表明,结合茶树油、薰衣草油和虱子窒息产品的治疗方案是传统的基于除虫菊酯治疗的有效替代方案。

此外,在一项 60 例轻、中度痤疮患者的随机、双盲试验中,一半患者用 5%茶树油凝胶处理,另一半用安慰剂(没有抗痤疮活性的凝胶基质)处理。发现茶树油对痤疮皮损的总计数有效率比安慰剂高 3.55 倍,对痤疮严重指数有效率比安慰剂高 5.75 倍。

茶树油的抗真菌特性也被证明是有效的,可对抗头皮屑的致病因子卵圆糠秕孢子菌。一项随机、单盲、平行组研究,旨在研究 5%茶树油和安慰剂对轻、中度头皮屑患者的疗效和耐受性。5%茶树油洗发水组的象限-面积-严重度评分显示 41%,而安慰剂组为 11%($P<0.001$)。在患者自我评估的总受累面积评分,总严重程度评分及瘙痒和油腻方面也观察到统计学上的显著改善。

近 80 年的使用经验表明,局部使用该油是相对安全的,不良事件是轻微的、自限性的和偶尔发生的。公布的数据表明,大剂量摄入茶树油是有毒的,在更高的浓度下也会引起皮肤刺激。接触性过敏或刺激性皮炎可能是茶树油的不良反应。

葡萄籽提取物

葡萄籽提取物来源于植物葡萄的整个葡萄籽,富含维生素 E、亚油酸、白藜芦醇和类黄酮(花青素和原花青素)。它具有强大的抗氧化、抗感染、抗癌和伤口愈合特性(表 11-5)。

表 11-5　葡萄籽提取物的有效成分和作用机制

活性成分	作用机制
葡萄籽原花青素提取物(GSP)	**抗氧化剂** 自由基清道夫 **抗感染** 抑制 TNF-α 产生的炎症标志物的作用 **抗癌** 抑制鸟氨酸脱羧酶和髓过氧化物酶活性 防止 UVB 诱导的肿瘤起始和促进 **伤口愈合** 促进角质形成细胞中血管内皮生长因子的表达

葡萄籽提取物用于治疗色素沉着、光老化和伤口愈合。Cornacchoine 等进行了一项体外和体内的多维研究，评估了葡萄芽提取物（Samarine）及生物技术提取物（Ronacare® Hydroine）的抗氧化性能。Ronacare Hydroine 是一种获得专利的外用制剂，是一种从极端环境中的嗜盐微生物中分离出的四氢嘧啶和羟基四氢嘧啶的有机分子化合物。这些化合物通过减少水分流失来防止蛋白质变性。在体外，H_2O_2 暴露后，V. vinifera 芽提取物似乎比维生素 C 或维生素 E 对角质形成细胞有更强的抗氧化能力。体内评估显示，4 周内每日 2 次使用 Sarmentine(1%)精华显示出所有皮肤特征（紧致度，光泽度，质地，细纹和皱纹）的显著改善。然而，皮肤质地、光滑度、均匀度、水合作用和柔软度在 Samartine 联合 Ronacare Hydroine 组有更显著提高。

葡萄籽提取物对细胞色素 P450 系统有抑制作用，并能影响这种酶代谢药物的细胞内浓度。

小结

创新的植物制剂已被证明在医学上有多种有用的应用，包括抗感染、抗氧化、抗衰老、抗微生物和抗癌性能。对这些因素的价值和应用的透彻理解仍然不完整。然而，随着更多的临床研究的进行，植物性药物的有效性和安全性将继续从传闻转向循证医学。

延伸阅读

Barker SC，Altman PM. A randomized assessor blind，parallel group comparative efficacy trial of three products for the treatment of head lice in children-melaleuca oil and lavender oil，pyrethrins and piperonyl butoxide，and a "suffocation" product. *BMC Dermatol* 2010；**10**(1)：6.

Carson CF，Mee BJ，Riley TV，et al. Mechanism of action of *Melaleuca alternifolia* (tea tree) oil on *Staphylococcus aureus* determined by time-kill，lysis，leakage，and salt tolerance assays and electron microscopy. *J Antimicrob Chemother* 2002；**46**(6)：1914-1920.

Chiang H，Lin T，Chiu C，Chang C，Hsu K，Wen K，et al. Coffea arabica extract and its constituents prevent photoaging by suppressing MMPs expression and MAP kinase pathway. *Food Chem Toxicol* 2011; **49**(1): 309-318.

Choi Y, Yan G. Pycnogenol inhibits immunoglobulin E-mediated allergic response in mast cells. *Phytother Res* 2009; **23**(12): 1691-1695.

Cornacchione S, Sadick N, Neveu M, Talbourdet S, Lazou K, Perrier E, et al. In vivo skin antioxidant effect of a new combination based on a specific *Vitis vinifera* shoot extract and a biotechnological extract. *J Drugs Dermatol* 2007; **6**(6 Suppl.): s8-s13.

Del Carmen Velazquez-Vereda M, Dieamant G, Eberlin S, Nogueira C, Colombi D, Queiroz M, et al. Effect of green Coffea arabica L. seed oil on extracellular matrix components and water-channel expression in in vitro and ex vivo human skin models. *J Cosmetic Dermatol* 2009; **8**(1): 56-62.

Dryden M, Dailly S, Crouch M. A randomized, controlled trial of tea tree topical preparations versus a standard topical regimen for the clearance of MRSA colonization. *J Hosp Infect* 2004; **56**(4): 283-286.

Enshaieh S, Jooya A, Siadat AH, Iraji F. The efficacy of 5% topical tea tree oil gel in mild to moderate acne vulgaris: A randomized, double-blind placebo-controlled study. *Indian J Dermatol Venereol Leprol* 2007; **73**(1): 22-25.

JurenkaJ. Therapeutic applications of pomegranate (*punic granatum l.*): A review. *Altern Med Rev* 2008: **13**(2): 128-144.

Maimoona A, Jameel K, Saddiqe Z, Naeem I. A review on biological, nutraceutical and clinical aspects of French maritime pine bark extract. *J Ethnopharmacol* 2011; **133**(2): 261-277.

Mittal A, Elmets CA, Katiyar SK. Dietary feeding of proanthocyanidins from grape seeds prevents photocarcinogenesis in SKH-1 hairless mice: Relationship to decreased fat and lipid peroxidation. *Carcinogenesis* 2003; **24**: 1379-1388.

Palmer D, Kitchin J. A double-blind, randomized, controlled clinical trial evaluating the efficacy and tolerance of a novel phenolic antioxidant skin care system containing Coffea arabica and concentrated fruit and vegetable extracts. *J Drugs Dermatol* 2010; **9**(12): 1480-1487.

Pazyar N, Yaghoobi R. Tea tree oil as a novel antipsoriasis weapon. *Skin Pharmacol Physiol* 2012; **25**(3): 162-163.

Saliou C, Rimbach G, Moini H, McLaughlin L, Hosseini S, Packer L, et al. Solar ultraviolet-induced erythema in human skin and nuclear factor-kappa-B-dependent gene expression in keratinocytes are modulated by a French maritime pine bark extract. *Free Radic Biol Med* 2001; **30**(2): 154-160.

Santosh, K. Grape seed proanthocyanidines and skin cancer prevention: Inhibition of oxidative stress and protection of immune system. *Mol Nutr Food Res* 2008; 52(1): S71-S76.

Satchell A, Saurajen A, Bell C, Barnetson R. Treatment of dandruff with 5% tea tree oil shampoo. *J Amer Acad Dermatol* 2002; **47**(6): 852-855.

（译者：王　睿　审阅：冯　峥）

第 12 章　绿茶精华

Neil Houston[1] and Alexa Boer Kimball[1,2]

[1]美国麻省总医院皮肤研究试验和结果临床单位（CURTIS）

[2]美国哈佛医学院

引言

茶是仅次于水的第二大消耗饮料，几个世纪以来一直为全世界所喜爱。很少有物质被认为像绿茶那样对人的健康有如此广泛的益处而不良反应却很少。绿茶是一种常用的植物性药妆，因为在精制茶叶中发现其抗氧化和抗炎的特性。尽管绿茶通常作为饮料饮用，但绿茶提取物（GTE）也可以局部应用或以药丸形式服用，以利用茶树有益健康的作用。在这一章中，我们将回顾 GTE 的主要研究和发现，并讨论尚未证实的潜在的健康益处。

活性成分

茶树最常见的有三种形式：①全发酵红茶；②部分发酵乌龙茶；③未发酵绿茶（图 12-1）。采收后，红茶和乌龙茶的叶子被晒干并开始氧化。为了生产红茶，茶叶被完全干燥和压碎，以促进其进一步的氧化，使茶具有独特的深棕色。乌龙茶是部分氧化。而绿茶则是采后立即蒸熟或加热，以防止氧化（图 12-2）。在红茶和乌龙茶加工过程中损失的许多有益成分被保留在绿茶中，从而形成了具有卓越保健效益的药妆植物。尽管红茶含有许多与绿茶相同的成分，但 Chatterjee 等进行的一项体外比较研究表明，红茶的抗氧化和抗炎潜能低于绿茶。

A

B

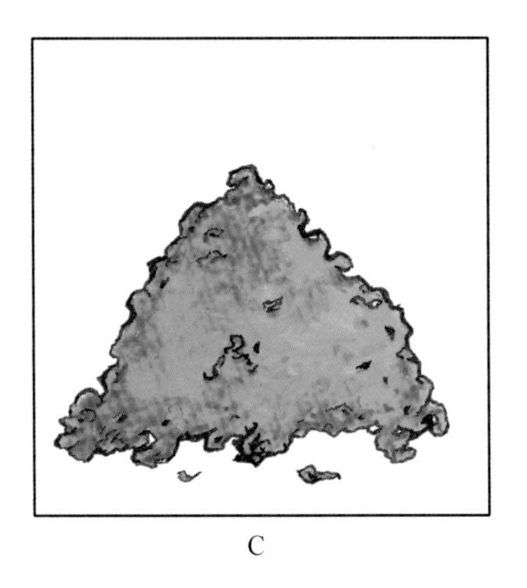

C

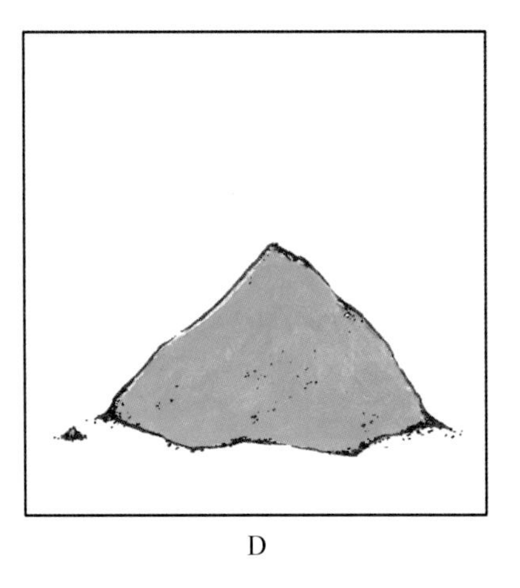

D

图 12-1 茶树

A. 种子;B. 绿茶叶;C. 晒干加工的绿茶叶;D. 磨细的绿茶叶,俗称沫茶

Source:Artwork by Ryan Denman.

图 12-2 种植收获的绿茶田

Source:Artwork by Ryan Denman.

绿茶的抗氧化特性归因于多酚类儿茶素,也被称为黄烷-3-醇。儿茶素是类黄酮的一种形式,绿茶中含有多种儿茶素,特别是表儿茶素、表儿茶素 3-没食子酸酯(ECG)和表儿茶素 3-没食子酸酯(EGCG)这三种儿茶素,说明了 GTE 对健康有好处。儿茶素占绿茶干重的 30%~35%,占绿茶中多酚总量的 90%。在红茶中,儿茶素在加工过程中被氧化,因此最终产品只含有 4%儿茶素,而绿茶中含 30%。

EGCG 是儿茶素中作用最强的一种,也是绿茶和 GTE 的活性成分(图 12-3)。迄今为止,EGCG 是绿茶中研究最多的多酚。尽管其他儿茶素也具有抗氧化作用,但 EGCG 是绿茶中最大和最丰富的儿茶素,也是所有茶类中最活跃的抗氧化剂。加工后,绿茶保留了 EGCG 的最高浓度,这使其成为理想的植物药妆产品。

图 12-3 表没食子儿茶素-3-没食子酸酯(EGCG)是绿茶提取物中的活性成分,具有较强的抗氧化作用

Source:Artwork by Ryan Denman.

GTE 中的儿茶素通过三种相关的作用机制对人体产生积极影响:①作为抗氧化剂;②作为抗炎剂;③防止紫外线(UV)辐射。所有这三种特性将概述如下。绿茶有多种使用方式,通常作为营养补充剂口服。GTE 最近被用于药妆产品中,以发挥其潜在的抗衰老特性,并在较小程度上有防紫外线作用。也有证据支持 GTE 在减少皮肤胶原分解和对抗随年龄增长而发生自然分解方面发挥作用。

作用机制

皮肤老化主要归因于自由基损伤和炎症。绿茶的抗衰老特性被认为是由于有足够的抗氧化剂来清除自由基。EGCG、EGC 和表儿茶素共同淬灭以下活性氧：单线态氧、过氧化氢、超氧自由基、羟基自由基和过氧自由基。根据 Kim 等的研究，这些多酚类物质限制了紫外线诱导的皮肤脂质过氧化。此外，Nakagawa 等发现这些多酚在体外可以降低自由基生成系统中蛋白质的氧化。

GTE 的抗氧化特性具有下游作用，为皮肤提供抗炎和紫外线保护，进一步促进 GTE 的抗衰老特性。自由基上调某些转录因子，如活化蛋白 1（AP-1）和核转录因子-κB（NF-κB），进而反过来上调促炎因子递质。

AP-1 有助于分解皮肤中胶原蛋白的金属蛋白酶的产生。NF-κB 上调白介素（IL）-1、IL-6、IL-8 和肿瘤坏死因子 α 的转录。这些细胞因子进一步激活 NF-κB 和 AP-1，后者继续循环并导致炎性损伤和胶原分解，两者均导致皮肤老化。EGCG 通过减少自由基从而下调 AP-1 和 NF-κB 的表达，减少炎症和紫外线对皮肤的损伤（图 12-4）。

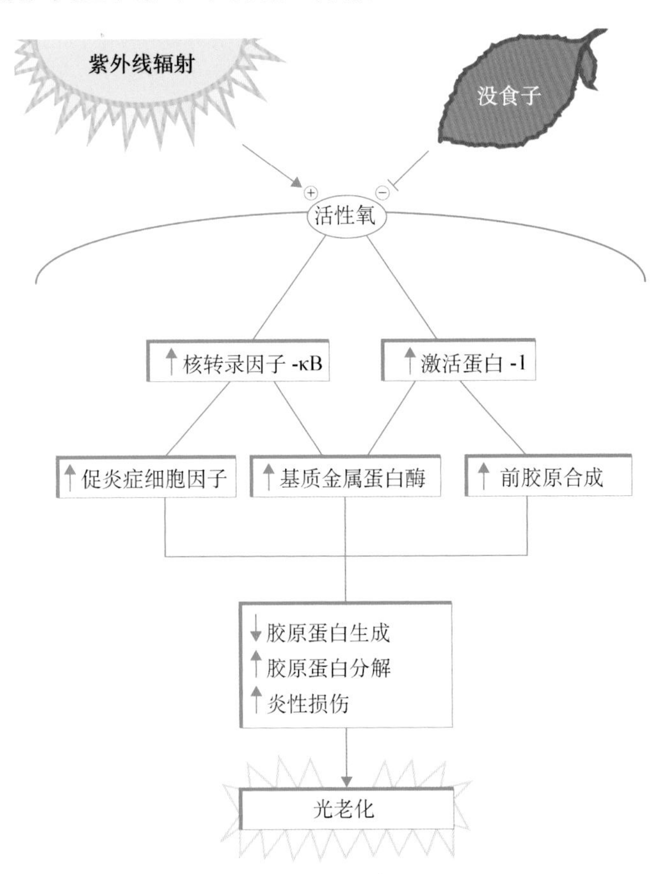

图 12-4　紫外线辐射诱导皮肤产生活性氧（ROS），ROS 可导致核转录因子-κB（NF-κB）和激活蛋白 1（AP-1）的表达上调

NF-κB 信号促炎症细胞因子增加；AP-1 导致基质金属蛋白酶（MMP）激活，以及前胶原合成减少。总的来说，这会导致胶原蛋白分解增加，胶原蛋白生成减少，炎性损伤增加，从而导致光老化。EGCG 淬火各种活性氧，下调 NF-κB 和 AP-1

Source：Artwork by Ryan Denman. Adapted from：Chen L，Hu JY，Wang SQ. The role of antioxidamts in photoprotection：a crilicd review. J Am Acad Dermatol. 2012；67(5)：1013-1024.

Elmets等对绿茶的光保护特性进行了研究，以确定EGCG和ECG对紫外线诱导红斑的影响。在这项研究中，局部GTE被证明可以提供24～72小时的光保护。在UVB照射前30分钟外用绿茶可减少66％的晒伤细胞。除UVB防护外，GTE还可预防治疗前后的补骨脂素-UVA光损伤，减少红斑、增生和角化过度。他们的结论是，GTE可以减少紫外线照射后的DNA损伤，也可以减少光老化。Katiyar等的一项研究也证实了GTE的抗紫外线性能，外用EGCG可减少UVB诱导的皮肤炎症反应和白细胞浸润(表12-1)。

表12-1 绿茶提取物的各种保健功效及其主要作用机制

保健功效	活性成分	给药途径	机制
抗氧化剂	EGCG	外用，口服	儿茶素可清除以下活性氧：单线态氧、过氧化氢、超氧自由基、羟基自由基和过氧自由基
抗炎	EGCG	外用，口服	儿茶素的抗氧化特性对抗炎有益。自由基上调某些转录因子，如激活蛋白1(AP-1)和核转录因子-κB(NF-κB)，进而上调促炎介质如白细胞介素(IL-1、IL-6、IL-8和肿瘤坏死因子α)
			EGCG通过减少自由基，从而下调AP-1和NF-κB的表达，减少对皮肤的炎性损伤
抗紫外线	EGCG	主要为局部用药，口服	儿茶素的抗氧化特性对抗紫外线有保护作用。EGCG抑制自由基，下调AP-1和NF-κB的表达，从而减少紫外线对皮肤的损伤
胶原蛋白分解减少	EGCG	主要为局部用药，口服	AP-1促进基质金属蛋白酶(MMP)的产生，这种酶可以分解皮肤中的胶原蛋白。通过减少自由基，EGCG下调AP-1，AP-1具有降低MMPs的下游作用，可以分解胶原蛋白

EGCG外用制剂的一些局限性是由多酚儿茶素的亲水性造成的。表皮的最外层-角质层是疏水性的，这使得EGCG很难渗透到所需的深度，不能充分发挥其抗氧化和抗炎作用。为了适当增加皮肤渗透的可能性，GTE中多酚的推荐浓度为90％或更高。由于药妆中GTE效价几乎没有标准化，因此很难从目前市场上的产品中识别出该浓度。GTE可以以多种方式加工，提供不同数量的EGCG。产品可能会详细描述GTE的浓度，而未提及提取液中的多酚浓度，这可能会误导产品的有效性，误导消费者(图12-5)。

绿茶中的儿茶素通常不稳定且容易氧化，进一步限制了这种不易渗透表皮的物质的有效性。因此，增加外用产品中高浓度儿茶素很重要，以便在产品被氧化或作为抗氧化剂失效之前增加皮肤渗透的可能性。尽管高浓度的儿茶素对疗效很重要，但高浓度的GTE在外观上并不优雅，它的棕绿色可能会暂时使皮肤染色。

图 12-5 晒干的绿茶
Source：Artwork by Ryan Denman.

临床应用

治疗光老化

GTE 的光保护特性与其抗氧化和抗炎特性相似，归因于绿茶中有效浓度的 EGCG 和其他儿茶素。GTE 可外用或口服作为补充。绿茶补充剂使人体利用 GTE 的抗氧化特性与局部应用不同，但许多相同的健康益处仍然适用。

外用和口服均可提供紫外线保护和减少炎症，鼓励定期补充 GTE，结合外用可减少紫外线损伤和皮肤老化。

2009 年，Janjua 等进行了一项最大规模的双盲、安慰剂对照、随机临床试验，研究了口服绿茶多酚补充剂及其对日光损伤的影响。该研究随访了 56 名妇女，治疗组在 2 年内每天 2 次，每次服用 250 mg 绿茶多酚。结果提示，12 个月时绿茶多酚可改善晒伤，但 24 个月时未见临床差异。

迄今为止，只有一项双盲、安慰剂对照、随机临床试验从外用角度研究了 GTE s 的抗衰老特性。Chiu 等对 24 名女性进行了为期 8 周的研究。治疗组每天 2 次给予 10%的 GTE 乳膏和 300mg GTE 补充剂，另一组给予安慰剂。8 周后，无明显临床差异；但治疗组弹性组织含量有改善，表明临床显效可能需要更长的时间。必须进行进一步的临床试验，以确定提供 GTE 抗氧化和抗炎潜力的最有效和最实用的方法。

胶原蛋白被认为可以保持皮肤的厚度和弹性。随着年龄的增长，胶原蛋白生成减少，现有胶原蛋白降解。GTE 可以延缓胶原蛋白随年龄增长而分解，减轻皱纹，使皮肤看起来更健康、更年轻。尽管现有的证据表明 GTE 对胶原蛋白的作用得到了一定程度的证实，并为今后的研究提供了一个更好的理由，但还需要在人体受试者中进行更多的研究，以证实这些说法。一项体外研究表明，绿茶多酚抑制人成纤维细胞胶原酶活性，提高胶原生物合成率。其他研究表明，外用 GTE 可抑制小鼠的金属蛋白酶和与年龄相关的胶原交联。

疣的治疗

15%茶多酚软膏(商品名 Veregen)，由绿茶提取而来，是美国食品和药品管理局(FDA)批准用于治疗外阴和肛周疣的首个植物产品。茶多酚软膏是儿茶素和其他绿茶成分的混合物。该软膏含有 85%～ 95% 儿茶素(按重量计)，其中 55% 的儿茶素由 EGCG 组成。虽然该软膏的疗效已得到证实，但其作用机制尚不清楚。这种软膏每天使用 3 次，治疗 16 周后，53%～58%患者的疣体完全清除，相比之下，安慰剂的清除率为 33% ～37%。

化学预防

除了以上列出的多酚类儿茶素的益处外，GTE 已被证明具有抗癌特性，并且在体内和体外都得到了广泛的研究。EGCG 对动物致癌模型、小鼠异种移植模型和各种癌细胞系中均显示出抑癌作用。通过小鼠局部和口服给药，EGCG 也显示了抗紫外线致癌的潜力。与对照组相比，在小鼠饮水中放入绿茶，其多酚类成分对紫外线诱导的皮肤癌变在肿瘤发生率、大小、多样性等方面均有显著的预防作用。

可能的不良反应

在现代医学的发展过程中，绿茶的使用方式多种多样，未发现与使用相关的严重疾病。口服 GTE 的主要不良反应与咖啡因含量直接相关，尽管可以获得无咖啡因的提取物。咖啡因会导致失眠、恶心和尿频。孕妇和对咖啡因敏感性高的人群应避免服用含咖啡因的 GTE 补充剂。局部应用未发现因 GTE 中含咖啡因而引起的不良反应。

Chow 等的两项研究对在 1～4 周每天摄入 1200mg EGCG 作为补充剂的健康成年人进行了检测。报道的不良反应包括肠胀气、恶心、胃痛、胃灼热、腹痛、头晕、头痛和肌肉痛。这些影响均被评定为轻度事件，无持续或严重不良事件的报道。Chow 等还确定 800 mg EGCG 补充剂耐受性良好，可优化茶儿茶素的生物效应。

禁忌证

GTE 已知的禁忌证很少。根据南加州大学的一项研究，绿茶中的各种儿茶素能与抗癌药物硼替佐米结合，降低其疗效。EGCG 和硼替佐米之间的相互作用具有高度特异性，可使该药物在癌症治疗中几乎无效。接受硼替佐米治疗的患者应避免饮用含有 EGCG 的绿茶产品。

小结

GTE 是一种很有前途的药妆产品，具有强大的抗氧化和抗炎特性，可以帮助对抗自由基损伤和皮肤老化。几个世纪以来，人们一直用绿茶来提神和恢复身体活力，还需要更多的研究来揭示如何最好地利用 GTE 的有益作用。GTE 可以在保湿乳霜、防晒霜、抗衰老乳霜、化妆水、保湿乳液和洗手液中找到，而且这些产品的价格可能相差很大。消费者有许多 GTE 产品可供选择，但没有明确的标准说明哪些产品有效地利用了 GTE 对健康的好处。必须通过今后的研究来确定并证实最佳浓度、剂量及给药的途径，以使 GTE 充分发挥其作为植物药妆的潜力。

延伸阅读

Chatterjee P，Chandra S，Dey P，Bhattacharya S. Evaluation of anti-inflammatory effects of green tea and black tea：A comparative *in vitro* study. *J Adv Pharm Tech Res* 2012；**3**：136-138.

Chow HH，Cai Y，Hakim IA，et al. Pharmacokinetics and safety of green tea polyphenols after multiple-dose administration of epigallocatechin gallate and polyphenon E in healthy individuals. *Clin Cancer Res* 2003；9(9)：3312-3319.

Elmets C，Singh D，Tubesing K，et al. Cutaneous photoprotection from ultraviolet injury by green tea polyphenols. *J Am Acad Dermatol* 2001；**44**：425-432.

Farris P. Idebenone，green tea，and coffeeberry extract：New and innovative antioxidants. *Dermatol Ther* 2007；**20**：322-329.

Janjua R，Munoz C，Gorell E，Rehmus W，Egbert B，Kern D，Chang AL. A two-year，double-blind，randomized placebo-controlled trial of oral green tea polyphenols on the long-term clinical and histologic appearance of photoaging skin. *Dermatol Surg* 2009；**35**(7)：1057-1065.

Katiyar S，Elmets CA，Katiyar SK. Green tea and skin cancer：Photoimmunology，antiogenesis，and DNA repair. *J Nutr Biochem* 2007；**18**：287-296.

Katiyar SK，Matsui MS，Elmets CA，Mukhtar H. Polyphenolic antioxidant (－)-epigallocatechin-3-gallate from green tea reduces UVB-induced inflammatory responses and infiltration of leukocytes in human skin. *Photochem Photobiol* 1999；**69**：148-153.

Kim J，Hwang JS，Cho YK，et al. Protective effects of epigallocatechin-3-gallate on UVA and

UVB induced skin damage. *Skin Pharmacol Appl Skin Physiol* 2001; **14**: 11-19.

LevineJ,Momin SB. How much do we really know about our favorite cosmeceutical ingredients? *J Clin Aesthet Dermatol* 2010; **3**(2): 22-41.

Ueda JI,Saito N,Shimazu Y,Ozawa T. A comparison of scavenging abilities of antioxi-dants against hydroxyl radicals. *Arch Biochem Biophys* 1996; **333**: 377-384.

（译者:王文娟 审阅:冯 峥）

第13章　燕麦和大豆相关药妆品

Jason Emer[1] and Heidi A. Waldorf[1,2]

[1]美国西奈山伊坎医学院

[2]美国华德福皮肤病和激光协会

引言

由于人们对于长期应用合成化学物质的担忧，为保护、维持和改善皮肤的质量和外观，引起了人们对“天然的”外用疗法替代治疗的兴趣。燕麦和大豆是皮肤领域中应用最广泛和最有效的两种植物药。大量的报道表明，口服和外用含这些成分的医疗用品具有光保护、抗炎和抗老化的作用，因此这些天然成分已得到人们的高度重视。本章将讨论燕麦和大豆作为药妆成分的作用机制和临床效用。

胶状燕麦

简介与历史

燕麦或普通燕麦是谷类的一种，属于禾本科。普通燕麦含有β-葡聚糖，食用这种可溶性纤维有助于心脏健康。将脱皮的燕麦粒磨成很细的粉末，煮沸后提取的胶体物质很容易溶解在水中，可用于外用。在埃及和阿拉伯半岛，民间传统食用燕麦的历史可以追溯到公元前2000年。从那时起就描述了燕麦具有舒缓、止痒和清洁的作用。经过科学研究证实，燕麦具有抗炎、抗氧化和抗组胺的作用。燕麦在1945年开始商业化销售，用于各种皮肤状况，尤其是瘙痒性炎症性发疹和烧伤。

1989年，美国食品和药品监督管理局(FDA)认证胶状燕麦是一种安全有效的非处方皮肤保护剂。2003年，FDA将燕麦片定义为一种安全有效的护肤药品成分(见于非处方用途药专著21 CFR第347部分)。其中定义胶状燕麦为：碾磨和加工整个燕麦颗粒后产生的粉末，可作为“提供临时皮肤保护及减轻因毒橡木、毒常春藤、毒漆树和昆虫叮咬引起的轻微皮肤刺激”的皮肤保护剂成分。一系列胶状燕麦的产品包括香皂、沐浴液、剃须凝胶和润肤霜。因其在美容方面的稳定性及无刺激性而成为治疗皮肤干燥、炎症或敏感皮肤常用的非药物选择。含有燕麦的产品可以减少局部处方药的使用，如用于炎症或过敏性皮肤病的糖皮质激素或钙调磷酸酶抑制剂。

作用机制

燕麦由于具有抗炎、抗氧化、抗组胺、保护皮肤屏障和修复、清洁和抗感染的多种功效而发挥对于皮肤有益的作用(表 13-1)。现代的胶状燕麦含有整个燕麦仁的成分，包括多糖、蛋白质、脂类、皂苷、酶、类黄酮、维生素和一组称为藜芦胺的多酚。多糖是最主要的成分(65%～85%)，抗氧化酶(如皂苷、维生素、类黄酮)和前列腺素合成抑制剂具有免疫调节活性。其抗炎作用是由于抑制了花生四烯酸、细胞溶质磷脂酶 A_2 和肿瘤坏死因子(TNF)-α 途径。多糖能够在水中形成凝胶状的水胶体，在皮肤上形成一层保护膜，可以延缓水分丢失，帮助修复和维持表皮屏障。蛋白质成分(10%～18%)作为乳化剂与多糖协同作用，能够增强皮肤水化和皮肤屏障功能。这些特性使胶体燕麦具有有效的止痒作用。由于燕麦蛋白还具有缓冲酸和碱的能力，使皮肤在暴露于 α-羟基酸、表面活性剂、漂白剂或其他环境损伤后能够维持和修复屏障。脂质(3%～9%)有助于减少经皮水分丢失(TEWL)、促进屏障修复、吸收和溶解水性碎屑，皂苷可吸收污垢、油和皮脂分泌物。纤维(5%)和 β-葡聚糖(5%)则负责胶体燕麦的皮肤屏障保护和保水功能。

表 13-1　燕麦的成分和作用机制

成分	机制
多糖	维持和修复屏障；抗瘙痒，保湿
蛋白质	维持和修复屏障；抗瘙痒，保湿
脂质	维持和修复屏障；抗瘙痒，保湿；清洁
β-葡聚糖	维持和修复屏障；抗瘙痒，保湿
皂苷	抗氧化；免疫调节；清洁
维生素	抗氧化；免疫调节
类黄酮	抗氧化；免疫调节
多酚类化合物	抗氧化；免疫调节；抗炎
(藜芦胺类)	抗组胺；吸收紫外线

目前认为，具有最重要治疗作用的燕麦成分是多酚类化合物——藜芦胺及维生素 A、维生素 B、维生素 E，它们均具有有效抗氧化和抗炎作用。已经证实，藜芦胺具有很强的抗炎作用，其可以抑制 kappa b(Iκb)抑制剂的降解，降低 p65 磷酸化及降低核因子 kappa b(NF-κb)基因活性，抑制促炎性细胞因子的释放。用藜芦胺处理的角质形成细胞显示出对 TNF-α 诱导的 NF-κB 活性的显著抑制和白细胞介素-8(IL-8)的降低。IL-8 是一种促炎细胞因子，在炎性皮肤中升高，是一种能诱导中性粒细胞迁移的趋化因子。已证明，藜芦胺也能以剂量依赖的方式抑制组胺释放。

在噁唑酮诱导的接触性过敏和树脂生成素诱导的神经源性炎症的小鼠模型中，局部应用 3%藜芦胺的配方可以剂量依赖性地减轻炎症，并能够在小鼠瘙痒模型中减少瘙痒原(化合物 48/80)诱导的搔抓。高浓度的藜芦胺的抗炎作用与 1%的氢化可的松外用药物相当。此外，它们的抗氧化和抗基因毒性与维生素 C 相当，具有有益的生理作用。

屏障功能障碍导致许多皮肤病，如特应性皮炎、酒渣鼻，随着年龄和光损伤而加重。已证实胶状燕麦是一种有效的润肤、保湿剂和封包剂，并有助于直接减少经皮水分丢失(TEWL)。这些作用是源于淀粉和脂质成分。将燕麦提取物应用于经月桂硫酸钠处理的皮肤，与单用赋形剂相比可减少刺激，证实了燕麦的抗炎作用及对于皮肤屏障的有益作用。

燕麦提取物也有抗病毒的特性，这可能是由于其抑制类二十烷酸的形成、细胞磷脂酶 A_2 的表达及人角质形成细胞中花生四烯酸的代谢作用所致。一项开放性研究显示，6 名儿童感染传染性软疣而使用含胶体燕麦提取物(Avena rhealba)的氧化锌软膏进行治疗，每天 1 次，连续治疗 4 周后病情有了显著改善。此外，燕麦种子提取物应用于黑麦面包时显示出高度的抗真菌活性，在一项研究中其阻止了青霉菌属菌落的形成，提示其可应用于食品保鲜。

适应证和临床疗效

燕麦制剂广泛用于保护皮肤屏障和保湿。它已成为许多治疗方案的标准组成部分，包括干性皮肤常规护理和炎症性、过敏性皮肤病(如接触性皮炎、特应性皮炎、酒渣鼻、银屑病、尿布疹、脂溢性皮炎、烧伤、痱子、剥脱性皮炎和化疗后皮肤毒性反应)的治疗(图 13-1)。

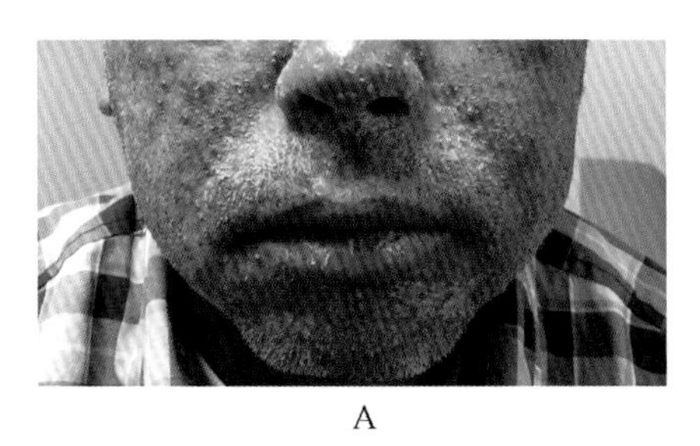

A

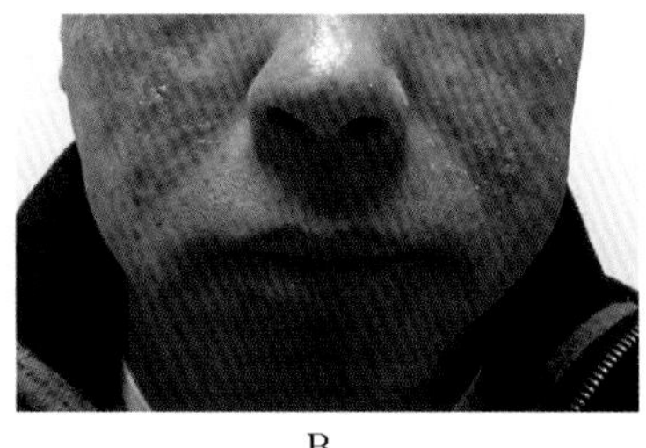

B

图 13-1 A. 患有严重肉芽肿性酒渣鼻的患者不愿接受口服药物治疗；B. 局部外用胶状燕麦制剂两周后临床症状改善

早期的研究显示，胶状燕麦对儿童和老年皮肤病具有治疗效果，对这些患者来说，尤其关注使用具有良好安全记录的产品。燕麦的胶体颗粒悬浮液是特应性皮炎治疗的重要辅助药物，它的应用可减少局部糖皮质激素和钙调磷酸酶抑制剂的使用。

近期的一项临床研究显示，使用保湿霜和含有藜芦胺的沐浴液的皮肤护理方案与基线相比，所有观察指标(湿疹的严重程度、瘙痒、红斑和鳞屑)都有所改善，这一结果可能使更广泛的人群受益。Matheson 团队的研究显示，与单独使用液状石蜡相比，添加 5%胶状燕麦的液状石蜡能显著减少烧伤患者的瘙痒及对抗组胺药的需求。在另一项成人的研究结果显示，胶体燕麦洗液能够有效控制应用表皮生长因子受体(EGFR)拮抗药和酪氨酸激酶抑制药(TKI)治疗(西妥昔单抗，厄洛替尼，帕尼单抗和索拉非尼)各种实体瘤所致的痤疮样疹，而没有相关的毒性。手足综合征是 TKI 治疗的另一个常见的、剂量限制性的不良反应，外用胶状燕麦治疗可能有效。

炎症后色素沉着(PIH)等疾病在有色皮肤的患者中更为常见，需要治疗。最近的一项研究显示，使用含有胶状燕麦的润肤霜来治疗 Fitzpatrick Ⅳ-Ⅵ型的干燥、灰暗的皮肤，结果表明应用一天可使皮肤的保湿和亮度有所改善。这项研究的结果表明，胶状燕麦可能通过减少皮肤炎症反应而间接预防炎症后色素沉着。

总之，胶状燕麦具有抗炎、抗刺激、抗氧化和免疫调节作用。这些特性使燕麦成为治疗瘙痒、过敏性疾病及皮肤屏障受损性疾病（如湿疹和酒渣鼻）的良好选择。

大豆

简介与历史

大豆是豆科蝶形花科的一员，原产于亚洲东南部，0.3～1.5 米（1～5 英尺）高，有 3～5 个豆荚，每个豆荚含有 2～4 颗豆子。它在中医药中已经使用了数千年。第二次世界大战期间，美国开始大规模种植大豆。目前，美国大豆产量占世界大豆供应量的 40％。

大豆含有主要和次要成分，在皮肤护理中各有不同的作用（表 13-2）。磷脂（45％～60％）、必需脂肪油（30％～35％）和一些次要成分，包括异黄酮、蛋白酶、大豆胰蛋白酶抑制剂（STIs）和 Bowman-Birk 抑制剂（BBIs），具有减少炎症和减少皮肤色素沉着的作用。植物甾醇有助于恢复皮肤屏障功能和补充水分。维生素 E 是一种抗氧化剂，有助于保护皮肤免受自由基等环境因素影响。此外，大豆在体外被证明可以刺激胶原蛋白的合成，并启动皮肤弹性蛋白的修复，这是由于异黄酮（染料木素和大豆苷）的作用。

大豆中各种成分的组合，使它具有广泛的治疗作用，包括减少色素沉着、增强皮肤弹性、延缓毛发再生、控制油脂分泌、滋润皮肤和改善皮肤屏障。大豆还可以通过其代谢物的雌激素和抗氧化作用来改善光老化并预防皮肤癌。

表 13-2 大豆的成分和作用机制

成分	机制
磷脂	抗炎；抗氧化；保湿；维持和修复屏障
必需脂肪油	抗炎；抗氧化；保湿；维持和修复屏障
异黄酮	抗炎；抗氧化；刺激胶原蛋白；吸收紫外线
蛋白酶	减轻色素沉着；脱毛
植物甾醇	维持和修复屏障；减轻色素沉着；植物雌激素效应
维生素	抗炎；抗氧化

作用机制

1. 抗氧化作用

目前认为，光老化的主要损害是自由基的形成。这些高反应性化合物可作为引发剂和（或）促进剂，引起 DNA 损伤、激活致癌物前体，并改变细胞抗氧化防御系统。大豆的主要代谢产物异黄酮（染料木素和大豆黄酮）在动物和人类细胞培养中均被鉴定为植物雌激素，具有弱效雌激素作用的植物化合物，具有 4 倍的抗氧化作用。

异黄酮能抑制化学致癌物诱导的活性氧、氧化 DNA 损伤和原癌基因的表达。特别是在小鼠皮肤和紫外线 B(UVB)诱导人类皮肤的红斑中，染料木素能够抑制皮肤癌的起始和发展。一项研究通过比较外用染料木素预处理和未处理的人再造皮肤暴露于 UVB 和补骨脂素加 UVA(PUVA)的不同，从而证实了外用染料木素在体外的光保护作用。这些研究表明，非变性大豆提取物能够减少紫外线诱导的胸腺嘧啶二聚体的形成，并可能作为一种有效的化学预防剂对抗光致癌作用。

2. 植物雌激素效应

更年期皮肤的变化包括胶原蛋白的流失和可测量的皮肤厚度的减少。因为雌激素受体水平在皮肤颗粒层最高，故局部外用雌激素可以逆转这些变化。大豆异黄酮具有刺激胶原蛋白、增加氨基葡萄糖水平，特别是增加老化皮肤中的透明质酸(HA)的作用。体外研究表明，染料木素能增加人成纤维细胞中胶原(COL1A2)基因的表达和新生胶原的生成，而大豆黄素则不能。纯化的异黄酮比外用整个大豆刺激胶原蛋白合成的程度要小，这表明化合物中除了异黄酮成分以外的成分对胶原蛋白刺激的作用是必需的。一项为期 12 周的随机双盲临床试验证实，一种专利大豆复合物能够刺激体外胶原合成、体内弹性蛋白修复、改善面部皮肤紧实度和减少皮肤松弛。

3. 色素沉着

植物固醇和小蛋白丝氨酸蛋白酶抑制剂(STIs 和 BBIs)通过可逆地抑制蛋白酶激活受体-2(PAR-2)途径，在体外和体内干扰黑色素小体向角质形成细胞的转运。临床前研究表明，大豆提取物中的丝氨酸蛋白酶抑制剂对 PAR-2 激活的调节可以减少黑色素小体的转运和分布，从而在体内产生剂量依赖性皮肤颜色变浅效应。因此，大豆可能是一种临床上更安全的治疗色素沉着的成分，尽管它在不能耐受对苯二酚的患者中可能比对苯二酚效果更差。

4. 减少毛发生长

大豆成分的局部润肤露，有望减少剃须的频率。大豆中大量的蛋白质可以起到保湿和降低 TEWL 的作用，使皮肤光滑柔软。此外，BBIs 还能够抑制参与毛发生长的鸟氨酸脱羧酶。临床研究表明，面部和腿部毛发的外观和质地有所减弱，减少剃须带来的刺激。

适应证和临床疗效

临床研究证实了大豆制品局部治疗色素沉着和光老化的疗效。在一项为期 12 周的安慰剂对照双盲研究中，68 名患者接受了一种含有非变性 STIs、BBIs、维生素和脂肪酸的活性大豆润肤霜，与单独使用赋形剂相比，使用该润肤霜在面部肤色、透明度、色素沉着、斑点和细纹及整体质地和外观方面都有显著改善。也有临床研究表明，每天使用大豆保湿剂和含有水杨酸和维 A 酸的全大豆提取物，可以改善包括炎症后色素沉着在内的色素异常。

已有研究评估了大豆植物甾醇类对烟酸甲酯(MN)所致红斑患者皮肤屏障修复的影响。分光光度法检测 MN 所致的红斑。用含有大豆植物甾醇配方处理过的部位与单用赋形剂处理的部位相比，在胶带剥离三天后，显示出显著的屏障修复能力。

不良反应

尽管有人担心口服大豆等植物雌激素会增加乳腺癌和子宫癌的患病风险，但流行病学数据并不支持这一观点。相反，大豆的摄入似乎对乳腺癌和前列腺癌具有保护作用，这可以归因于其抗氧化性。此外，尽管研究表明大豆确实能穿透角质层到达表皮和真皮层，但没有证据表明局部使用大豆产品会产生任何系统的效应。

小结

药妆品中的天然成分为治疗常见的皮肤病提供了选择。皮肤科医师必须了解产品所含的成分，以便更好地评估其辅助治疗作用、潜在危害或与处方药物的相互作用。例如，无论药妆品是否含有全大豆、异黄酮染料木素和大豆黄素，或非变性形式的大豆蛋白酶抑制剂，都将决定大豆潜在的脱色和(或)抗老化作用。此外，对于胶状燕麦的抗氧化和抗炎作用来说，藜芦胺成分似乎是必需的。未来的研究需要确定药妆品中天然成分的生物学和临床作用，以便更好地指导正确的治疗。

延伸阅读

Alexandrescu DT, Vaillant JG, Dasanu CA. Effect of treatment with a colloidal oatmeal lotion on the acneform eruption induced by epidermal growth factor receptor and multiple tyrosine-kinase inhibitors. *Clin Exp Dermatol* 2007; **32**: 71-74.

Fowler JF Jr, Woolery-Llyod H, Waldorf H, et al. Innovations in natural ingredients and their use in skin care. *J Drugs Dermatol* 2010; **9**: S72-S81.

Grais ML. Role of colloidal oatmeal in dermatologic treatment of the aged. *AMA Arch Derm Syphilol* 1953; **68**: 402-407.

Kurtz ES Wallo W. Colloidal oatmeal: History, chemistry and clinical properties. *J Drugs Dermatol* 2007; **6**: 167-170.

Paine C, Sharlow E, Liebel F, et al. An alternative approach to depigmentation by soybean extracts via inhibition of the PAR-2 pathway. *J Invest Dermatol* 2001; **116**: 587-595.

Pazyar N, Yaghoobi R, Kazerouni A, et al. Oatmeal in dermatology: A brief review. *Indian J Dermatol Venereol Leprol* 2012; **78**: 142-145.

Sur R, Nigam A, Grote D, et al. Avenanthramides, polyphenols from oats, exhibit anti-inflammatory and anti-itch activity. *Arch Dermatol Res* 2008; **300**: 569-574.

Wallo W, Nebus J, Leyden JJ. Efficacy of a soy moisturizer in photoaging: A double-blind, vehicle-controlled, 12-week study. *J Drugs Dermatol* 2007; **6**: 917-922.

Wei H. American Academy of Dermatology 1998 Awards for Young Investigators in Dermatology. Photoprotective action of isoflavone genistein: Models, mechanisms, and relevance to clinical dermatology. *J Am Acad Dermatol* 1998; **39**: 271-272.

Wei H, Saladi R, Lu Y, et al. Isoflavone genistein: Photoprotection and clinical implications in dermatology. *J Nutr* 2003; **133**: 3811S-3819S.

（译者：解　方　审阅：冯　峥）

第14章　生物活性肽

Katie Rodan[1], Kathy Fields[1], and Timothy Falla[2]

[1]美国斯坦福大学

[2]美国罗丹 & 菲尔兹有限责任公司

引言

天然存在的生物活性肽，如血管紧张素、抗利尿激素、缩宫素和缓激肽在40多年前首次被发现。随着创伤愈合和抗菌肽（如三胜肽GHK-铜和蛙皮素）的临床发展，对用于皮肤科药物治疗的多肽的鉴定和应用上的发展也紧随其后。然而，尽管进行了许多尝试，没有一种生物活性肽被成功开发和批准成为任何皮肤疾病临床上的局部治疗。因此，该技术转向到化妆品行业，三胜肽GHK-copper（铜三肽-1Copper Tripeptide-1）和五胜肽（棕榈酰五肽Palmitoyl Pentapeptide-3）成为第一批被加入到护肤品配方中的多肽。这些第一批被商业化的多肽的作用靶点一般是刺激细胞外基质成分（如胶原蛋白的合成）或者与刺激创伤愈合相关的生物学过程（如细胞增殖）。21世纪初以来，大量的多肽进入市场，为皮肤美容产品创造了的大量可被选择的配方成分（表14-1）。在这里，我们对多肽成分的类别给出定义并进行特征描述，并综述它们天然的作用机制、研发的过程、临床上的疗效和其局限性。

表14-1　市场上作为护肤品成分的生物活性肽综述

公司	名称	活性	预混合产品	来源
Atrium	三肽-2	通过抑制MMP-1刺激ECM	ECM-protect®	未知
Atrium	三肽-1	通过生长因子刺激ECM	Kollaren®	肝细胞生长因子
Atrium	乙酰基四肽	减少胸腺因子的损失	Thymulen®	促胸腺生成素
Atrium	乙酰肽-1	黑色素通过MSH调节而增加	Melitane®	促黑激素受体激动剂
Atrium	九肽-1	抑制酪氨酸酶活性	Melanostatine®	促黑激素拮抗剂
Evonik	四肽-21	刺激ECM	TEGO® PEP 4-17 ECM	细胞外基质
Evonik	四肽-30	调控炎症	TEGO® PEP 4-EVEN	先天免疫

（续 表）

公司	名称	活性	预混合产品	来源
Grant Industries	六胜肽-14	修复真皮	Matrix Rebuilder™	先天免疫
Grant Industries	寡肽-10	保护真皮	InvisaSkin-64™	先天免疫
Grant Industries	四肽-14	调控炎症	Granactive AR-1423™	先天免疫
Grant Industries	五肽-21	防护紫外线	Granactive 1518™	先天免疫
Lipotec	六胜肽-38	上调脂肪生成	Adifyline™	未知
Lipotec	乙酰基六肽-3	上调氨基己酸盐	AMPs Bodydefensine™	先天免疫
Lipotec	三肽-9 瓜氨酸	金属螯合作用	deGlyage™	未知
Lipotec	六胜肽-37	上调水通道蛋白表达	Diffuporine™	未知
Lipotec	六胜肽-30	通过激酶抑制使肌肉放松	Inyline™	未知
Lipotec	乙酰基四肽-22	上调热休克蛋白的保护	Thermostressine™	未知
Lipotec	六胜肽-39	抑制脂肪细胞的分化	Silusyne™	未知
Lipotec	乙酰精氨酰色氨酰二苯甘氨酸	弹性蛋白酶抑制	Relastase™	未知
Lipotec	棕榈肽-40	上调黑色素	Melatime™	未知
Lipotec	三肽-1	抑制胶原蛋白糖化	Aldenine®，Trylagen™	人血清
Lipotec	三肽-10	胶原纤维生成瓜氨酸	Decorinyl，Trylagen™	蛋白聚糖
Lipotec	乙酰四肽-5	通过 ACE 抑制减轻水	Eyeseryl®	未知
Lipotec	五肽-3	通过模仿脑啡肽类肉毒杆菌毒素作用	Leuphasyl®	未知
Lipotec	六胜肽-3(8)	通过 SNARE 抑制起类肉毒杆菌毒素作用	Argireline®	SNAP-25
Lipotec	乙酰八肽-1	通过 SNARE 抑制起类肉毒杆菌毒素作用	SNAP-8	SNAP-25
Lipotec	六肽-10	增加细胞增殖和层粘连蛋白	V Serilesine®	层粘连蛋白
DSM/Pentapharm	棕榈酰二肽-5	二氨基丁酰真皮表皮连接刺激	Syn®-tacks	蛇毒

（续 表）

公司	名称	活性	预混合产品	来源
DSM/Pentapharm	棕榈酰三肽-5，六肽脂质体-10	增加细胞增殖和层粘连蛋白	V Serilesine®	层粘连蛋白
DSM/Pentapharm	棕榈酰二肽-5二氨基丁酰	真皮表皮交界处刺激	Syn®-tacksSyn	蛇毒
DSM/Pentapharm	棕榈酰五肽	通过TGF-beta合成胶原蛋白	Syn®-coll，Regu®-stretch，Regu®-CE	血小板反应蛋白
DSM/Pentapharm	五肽二氨基丁酰苄酰胺	通过乙酰胆碱受体起类肉毒杆菌毒素作用	Syn ®-ake	蛇毒
DSM/Pentapharm	五肽-20	MMP抑制剂通过TIMP	Pepha®-timp	基质金属蛋白酶2抑制因子
DSM/Pentapharm	五肽-3	通过乙酰胆碱受体起类肉毒杆菌毒素作用	Vialox®	未知
PhotoMedex	Copper GHK/AHK	创面愈合品牌案例	Neova®	人血清
Sederma	棕榈肽-38	通过信号传导的ECM刺激	Matrixyl®	synthe'6 ECM
Sederma	二肽	通过血管紧张素转换酶抑制淋巴引流	Eyeliss®	油菜籽
Sederma	棕榈酰寡肽	信号合成胶原蛋白	Eyeliss®，Matrixyl®	3000 人血清
Sederma	棕榈酰肽7	通过IL-6还原的弹性	Matrixyl 3000®，Rigin ®	免疫球蛋白/马曲金汰
Sederma	棕榈酰五肽-3	信号传导刺激胶原蛋白	Matrixyl ®	原骨胶原
Sederma	棕榈酰寡肽	视黄酸活性	Biopeptide-CL ™	胶原
Sederma	棕榈酰寡肽	增加胶原和玻尿酸	Biopeptide-EL ™	弹性蛋白

ACE. 血管紧张素转换酶；ECM. 细胞外基质；MMP. 基质金属蛋白酶；MSH. 促黑色素细胞激素；SNARE. 可溶性NSF附着受体（NSF-n-乙基马来酰亚胺敏感因子）；TGF-beta. 转化生长因子-β

公司：Atrium Biotechnologies（Quebec City，Canada）：Atrium生物科技（加拿大魁北克市）

Grant Industries（Elmwood，NJ）：格兰特工业公司（新泽西州埃尔姆伍德）

Evonik Industries AG（Essen，Germany）：Evonik Industries AG（德国埃森）

Lipotec（Barcelona，Spain）：Lipotec（西班牙巴塞罗那）

Pentapharm（Basel，Switzerland）：Pentapharm（瑞士巴塞尔）

PhotoMedix（Montgomeryville，PA；宾夕法尼亚州蒙哥马利维尔）

Sederma（Le Perray en Yvelines，France）：Sederma（Le Perray en Yvelines，法国）

多肽的定义

多肽是氨基酸单体的短聚合物，由一个氨基酸的羧基与下一个氨基酸的氨基共价键形成的肽键连接而成。每个肽在其末端（除了环肽）具有 N-末端氨基酸（未连接末端的氨基）和 C-末端氨基酸（未连接末端的羧基）。因为人体内有 21 种天然氨基酸，每一种都有独特的化学结构和反应活性，多肽序列中的每一个位置都可以是 21 种不同氨基酸中的任意一种，多肽序列存在巨大的潜力。由于在结构上可以形成多样性，使多肽易于根据目标靶点进行修饰和通过修饰调节其生物学活性和生物学利用性及其特异性。

多肽与其他蛋白质的区别在于其大小，通常含有少于 50 个氨基酸。由于长度较短，它们通常缺乏蛋白质所有的较为复杂的二级和三级结构。最短的肽是二肽，由两个氨基酸和一个肽键连接而成。肽键较坚固，相对耐热、耐光和耐 pH 值，但易受蛋白酶降解的影响。蛋白酶是存在于所有生物体内的一大类酶，它催化肽键的水解反应。一些蛋白酶将末端氨基酸从肽链上分离出来（肽外酶，如氨基肽酶、羧基肽酶 A），另一些蛋白酶则攻击肽内键[肽内酶（如胰蛋白酶、胰凝乳蛋白酶、肽酶、木瓜蛋白酶）]。皮肤含有大量的蛋白酶，包括胶原酶、弹性蛋白酶和纤溶酶。银屑病和红斑痤疮等皮肤状况可能与某些蛋白酶活性的显著上调有关。

多肽在皮肤中的作用

在皮肤中多肽的来源主要有两种，第一个来源是作为具有特定功能的完整独立分子，多肽被特定合成和表达。其中最重要的例子是传统上称为抗菌肽（AMP）的多肽，但我们现在理解了它们更广泛的调节功能，由此被称为“宿主防御肽”“警报素”或“天然免疫肽”。在整个进化过程中这些多肽起着保护所有生物体的重要作用，并且超过 1200 个独特的多肽序列在自然界中被鉴定出来。在哺乳动物和其他高等生物中，这些多肽进化成具有保护暴露性和上皮表面的作用，如胃肠道、呼吸道、眼和皮肤。组织蛋白酶抑制药（抗菌肽）和人 β-防御素（hBDs）是人类皮肤中表达的最具特征的肽，这些类型的先天免疫肽表现出与抗病原体入侵、调节伤口愈合、血管生成和调控炎症相关的广泛的调控功能。这些肽类可持续不间断地表达或在受到病原体感染、创伤或疾病时被诱导表达。此外，某些皮肤状况可调控这些多肽的表达情况，或者相反，它们的表达异常可能是某些皮肤状况的致病原因。例如，大家所熟知的，在银屑病病灶中抗菌肽和人 β-防御素被强烈诱导到与皮肤损伤相同的表达水平。然而，在与金黄色葡萄球菌的定植有关的特应性皮炎中，尽管存在炎症，这些多肽没有出现上调。在红斑痤疮中，组织抗菌肽 LL-37 水平的提高与炎症相关，并被认为在一定程度上参与造成了这种皮肤病理过程。因此，与先天免疫相关的多肽调节为增强外用抗感染药物、痤疮、红斑痤疮和伤口愈合活性再生等领域的产品配方创造了丰富的可能性。

生物活性肽的第二个来源是由炎症、创伤、紫外线照射或应激等生理事件触发的更大的肽或蛋白质的分解。在这些过程中，多肽是通过胞外基质蛋白水解降解产生的。这些肽片段随后以反馈环的形式刺激细胞外基质的修复和重建，由此在细胞迁移、增殖和基因调控中起着关键的调控作用。在这些肽序列中，被称为基质因子的是由弹性蛋白酶水解弹性蛋白而得到的六肽 VGVAPG，由前胶原蛋白水解而得到的五肽 KTTKS，以及由胶原蛋白 1 水解而得到的三肽 GHK。在体外实验中，在细胞外基质中引入这些多肽发现角质形成细胞的迁移上调由此促进伤口愈合，细胞的趋化性增强和促进有丝分裂。

多肽活性的研究进展

序列起源

用于皮肤科和皮肤护理产品的多肽的氨基酸序列可能来自上述描述的天然肽段或是大的肽和蛋白质的某个组成部分的短序列重复，本身并不作为独立的肽段存在于自然之中。这一类别包括模拟蛋白的结合位点、酶的活性位点或结合其他分子的酶的配体。这些多肽可以是激动剂或者拮抗剂，因此可以引发或阻止反应的发生，能够减轻炎症、减少黑色素的生成和神经递质传递等不合需求的事件，也可以增加强脂肪生成、水通道蛋白的表达水平或增强 DNA 保护等符合需求的事件。

易于获取和搜索的蛋白质和 DNA 数据库的出现，使科学家能够显著加快和扩大他们识别感兴趣的序列及结构功能域的能力。不同蛋白质共同的序列和结构、结合位点和配体可以很容易地进行比较，从而指导合理的设计，提供具有潜在生物学活性的多肽序列。

多肽修饰

多肽成分最终序列的确定可能是从自然机制来看为了增强在其配方中的应用。例如，可以通过置换氨基酸来改变多肽的序列以提高期望的活性，或者通过改变溶解度或增加多肽活性增强其达到靶向目标的能力。这种作用可以通过改变电荷分布、疏水和亲水性分布或者改变肽的折叠电位来实现。经常出现的情况是合成肽的易设计和易修饰性使其在应用性上往往大大优越于天然肽衍生品。

对天然存在的肽段序列的另一个常见修饰是减少氨基酸数目。如果原始序列中的部分片段就可以保持期望的生物活性，那么总长度可以缩短，这可以在配方、成本和皮肤渗透方面有所帮助。序列还可以通过添加特定的化学基团，如脂肪酸（产生棕榈酰基的棕榈酸，通常写成 PAL）来修饰，以改变多肽的化学特征和性质。

组合化学的发展，数千多肽文库可以被合成并与高通量功能筛选结合在一起，这使得研究人员能够撒下非常广泛的网来优化序列为获得有益的临床价值和做产品开发。此外，微阵列分析（针对特定基因产物的 mRNA 定量）的出现，为作用机制的验证提供了工具，也为早期开发指导结构设计提供了工具。

验证

体外实验和体内测试的结合已经成为评估潜在活性成分的标准方法。当考虑到多肽的某种特定益处价值时，基于细胞的转录组数据和蛋白翻译组数据能互相验证是非常重要的。在人体研究中，多肽必须单独在临床上使用，到达临床试验终点的数据都必须呈现，研究作用机制的数据必须包括蛋白质水平和 mRNA 水平的检测。在评估多肽成分时，这种严格烦琐的检验特别重要，由于多肽是大分子物质并对蛋白降解酶非常敏感性，体外观测到的数据不一定能转化为相应的体内活性。

临床价值

如上所述，对广泛的皮肤病学和护肤上的应用已经开发了许多肽。开发用于靶向抗衰老终点的肽的一个实例是四肽-21，一种已经有完全表征描述并在同行评审期刊上发表的护肤成分。

分离四肽-21的前提是基于Ⅰ型胶原羧基末端前肽扩增细胞外基质(ECM)的生成。这些亚片段的胶原合成诱导活性位于由KTTKS组成的五肽序列中(如上所述)。基于这些观察结果，有人提出一个调节回路，从周围细胞外基质释放肽刺激成纤维细胞的活性。这一推理思路被扩展到识别具有调控细胞外基质生物合成潜力的肽序列，假设在胶原蛋白分解时，细胞外基质组分(如胶原蛋白)中高度重复的序列可能具有很高的信号传导作用潜力。

翻译和转录水平的体外验证

用于50ppm四肽孵育的人皮肤成纤维细胞进行15次多重发生的四肽序列的初始筛选24小时和48小时，并评估上清液的总可溶性胶原。Tetrapeptide-21(GEKG)，一种在胶原蛋白Ⅰ至Ⅴ中多次发现的序列，证明在两个时间点都能诱导胶原蛋白的产生。当使用暴露于1ppm和10ppm肽的原代人皮肤成纤维细胞重新测试24小时时，四肽分别使胶原合成增加80%和170%($P<0.01$)

通过反转录聚合酶链反应(RT-PCR)分析，证实胶原在mRNA水平上调。四肽-21使皮肤胶原蛋白COL1A1增加2.8倍，浓度为1ppm。此外，同样在1 ppm时，纤维连接蛋白增加24倍，透明质酸合成酶(has1)增加5.7倍。

体内概念验证

为了确定这些调节作用是否可以在体内重复，在一项双盲、随机、有安慰剂对照研究中，10名健康志愿者的皮肤局部注射四肽-21，每天1次，为期8周，对照组仅使用载体或含有50ppm肽的相同载体。

从治疗区域(主要是臀部皮肤)活检中提取RNA，进行反转录，RT-PCR分析基因表达。8周后，两种治疗方法均显著增加了COL1A1的表达，安慰剂治疗组增加了2.0倍，四肽载体组比未治疗组增加了3.1倍。两组治疗组间差异有统计学意义($P=0.02$，Wilcoxon符号秩检验)。

免疫组织化学切片用胶原1、透明质酸和纤维连接蛋白的单克隆抗体染色(图14-1)。所有结果都显示出明显的上调。

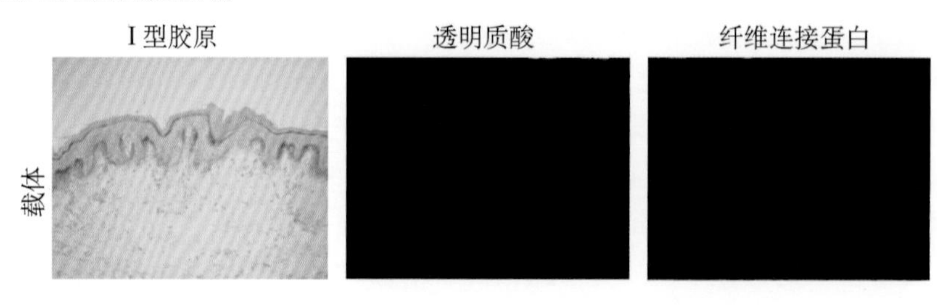

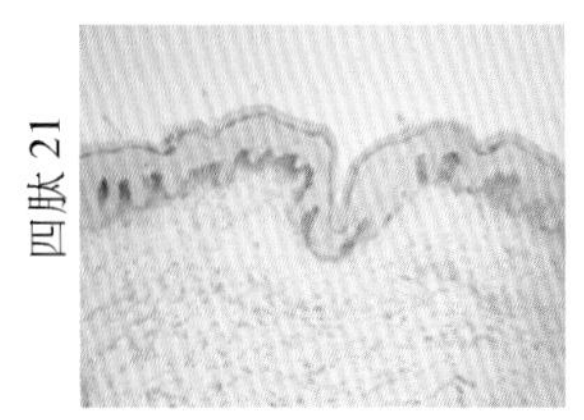

图 14-1　10 名健康志愿者(女性 6 名,男性 4 名,40－65 岁,平均年龄 48.2 岁;女性为 45 岁,男性为 54 岁)经书面知情同意后进入双盲、安慰剂对照研究。在臂部皮肤用 50ppm GEKG 或 O/W 载体(＝安慰剂 1)治疗 60 天后,活检进行免疫组化评估Ⅰ型胶原(红色)、透明质酸(红色)和纤维连接蛋白(绿色)

在 8 周研究的开始和结束时测量皮肤弹性并计算弹性膨胀(R1)。四肽-21 在体内 R1 改善至 34.1%($P=0.002$,配对 t-检验对比基线)。在第二项研究中,我们招募了 60 名志愿者,以 10ppm 或 100ppm 的浓度,每天 2 次,持续 8 周施用,观察四肽-21 对皮肤弹性膨胀(R1)、皮肤体积和皮肤粗糙度的皮肤生理影响。在 8 周内,10 ppm 四肽-21 对前臂内侧皮肤的弹性增加到 41.3%。为了评估四肽的抗老化效果,使用 Visioscan™ 在 8 周应用期前后拍摄受试者皮肤的照片。观察到 10ppm 和 100ppm 四肽-21 的皮肤体积,分别减少 8%和 12.2%。用 10ppm 处理后平滑度提高了 19%,100ppm 肽进一步提高到 41.9%。当在眶周区域使用 10ppm 四肽-21(每周 2 次,持续数周)重复该研究时,可以观察到细纹和皱纹的美学改善(图 14-2)。此外,这与由 Primos Pico 系统测定的皮肤粗糙度的相应统计学显著性相关($P<0.01$)。

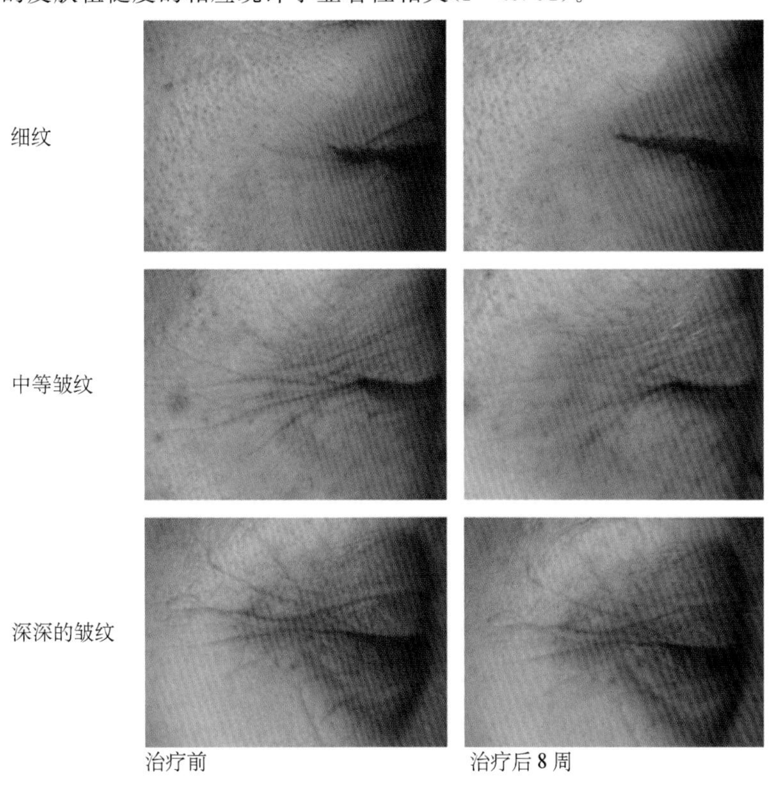

图 14-2　在面部皱纹研究($n=30$)中,与 O/W 载体相比,50 ppm gekg 对面部皱纹的影响进行了评估。眼眶周围皱纹的典型例子在每天 2 次、8 周治疗前后

小结

多肽技术在皮肤病学应用中的优势

体内各种来源的肽在皮肤内和皮肤上引起广泛的作用。由于这一事实，它们作为局部治疗和药妆护肤成分的使用非常有意义，因为应用到皮肤上的肽应该和宿主肽一样被身体处理。因此，它们是非免疫原性的，主要基于短的天然存在的序列并且由天然存在的氨基酸组成。此外，它们不倾向于具有化学活性，因为它们的活性在本质上是生物学活性的（即信号和结合），在理论和实践中都降低了刺激性或不良反应的可能性。

重要的是，肽合成提供了创造以前不存在的“设计师”护肤成分的机会和能力。通过合成和筛选几乎无穷无尽的氨基酸序列组合并优化活性肽成分的化学结构，用于活性、传递和配制，肽为药物活性成分和化妆品成分的未来开辟了一个可能的世界。

肽技术在皮肤病学应用中的局限性

在治疗皮肤中使用多肽的最显著的缺点在于传递和到达靶目标。在皮肤外层递送超500mw的分子是非常困难的，透皮药物传递领域证明了这一点，其已经应用了大量资源来解决这个问题。如果没有来自诸如电流和注射策略的渗透增强剂或诸如靶向脂质体或纳米颗粒的传递系统的帮助，超过500mw的多肽将不可能到达真皮或表皮靶标。这首先取决于皮肤的物理性质及蛋白酶的存在。

肽合成虽然不是一个复杂或困难的过程，但可能是昂贵的。利用衍生植物氨基酸合成多肽（固相或液相化学）是生产治疗肽和成分肽的标准生产工艺。重组多肽的生产已经研究了多年，虽然它更具有成本效益，但最终产品不太可能像目前合成肽那样纯度高。

展望

为了充分利用这一技术，生物活性肽的设计、开发和验证必须采取合理的方法。这需要考虑到被提出的作用机制和多肽作用的位点。位于皮肤表面的目标很容易给药，为多肽提供了可行的应用。例如，目前市场上销售的一种肽，寡肽-10被设计用来结合脂磷壁酸（革兰阳性细菌表面的毒素），脂磷壁酸会导致痤疮和红斑痤疮的炎症。该毒素的结合可以非常接近皮肤表面发生，因此不需要皮肤渗透。另一个例子是四肽-14，能够下调角质形成细胞中的IL-8，进而降低成纤维细胞中的MMP-1表达。在这种情况下，肽不需要接近成纤维细胞，而是通过信号传导进行操作，这些策略避免了多肽应用上的关键缺点。当多肽的靶点位于皮肤的下层时，必须有非常全面的数据支持将该多肽在皮肤病学或皮肤护理上的应用，如上所述。

真正发挥验证过的多肽技术在皮肤病学中的应用潜力需要其与传统成分和非处方药相结合。多肽在设计上是通过特定的传递方式，特定的结合过程，对特定的靶点起到特定的活性作用。为了使产品配方具有卓越的性能，多肽的作用机制和功能应辅以其他技术手段，尽可能广泛和全面地解决临床终点问题，无论是在同一产品或配套产品中。深入分析成分活性，如微阵列数据可以为相容性分析提供一个很好的工具。

体内，特别是皮肤系统，对于触发性事件多肽可以迅速被合成以做出应对，并可以被迅速降解掉。它们是许多生物系统的步兵，能够模拟皮肤的自然生物过程也许是生物活性肽最有吸引力的特征。

延伸阅读

Abu NH，Heard CM. Topically applied KTTKS：A review. *International Journal of Cosmetic Science* 2011；**33**：483-490.

Farwick M，Grether-Beck S，Marini A，et al. Bioactive tetrapeptide GEKG boosts extracellular matrix formation：In vitro and in vivo molecular and clinical proof. *Exp Dermatol* 2011；**20**：602-604.

Fields K，Falla TJ，Rodan K，et al. L bioactive peptides：Signaling the future. *Journal of Cosmetic Dermatology* 2009；**8**：8-13.

Katayama K，Seyer JM，Raghow R，et al. Regulation of extracellular matrix production by chemically synthesized subfragments of type I collagen carboxy propeptide. *Biochemistry* 1991；**30**：7097-7104.

Nakatsuji T，Gallo RL. Antimicrobial peptides：Old molecules with new ideas. *Journal of Investigational Dermatology* 2012；**132**：887-895.

Yamasaki K，Gallo RL. Rosacea as a disease of cathelicidins and skin innate immunity. *J Investig Dermatol Symp Proc* 2011；**15**：12-15.

Zhang L，Falla TJ. Cosmeceuticals and peptides. *Clinics in Dermatology* 2009；**27**：485-494.

Zhang L，Falla TJ. Potential therapeutic application of host defense peptides in antimicrobial peptides. *Methods Molecular Biology* 2010；**618**：303-327.

（译者：陈　瑛　审阅：陈　阳）

第 15 章　药妆中的生长因子

Sabrina G. Fabi[1] and Hema Sundaram[2]

[1] 美国 Goldman, Butterwick, Fitzpatrick, Groff & Fabi, 美容激光皮肤科

[2] 美国 Sundaram 皮肤美容和激光外科

引言

皮肤组织的机械性能、保护功能和自我修复特性会随着年龄的增长而下降。每天暴露于外在的环境压力因素下，包括紫外线（UV）和香烟烟雾，导致氧化应激状态的增加，皮肤组织由于抗氧化剂的耗竭并同时产生大量活性氧物质（ROS，也称为自由基）而导致组织损伤。多种生化信号通路会因为活性氧物质的过载而被激活，导致转化生长因子 β（TGFβ-R2）的抑制，过量表达胶原酶基质金属蛋白酶（MMPs），激活核因子（NKκB）途径增加炎症反应。紫外线也会对皮肤的结构蛋白造成直接损害。

这些效应加剧了皮肤内在的退行性变化，是一种与年龄相关的抗氧化能力逐渐下降及皮肤细胞氧化代谢产生的活性氧增加有关的过程。由此造成活性氧物质过载和上述生化作用效应。衰老细胞的分析显示进行性端粒缩短，这也是造成组织损伤的因素。图 15-1 总结了皮肤

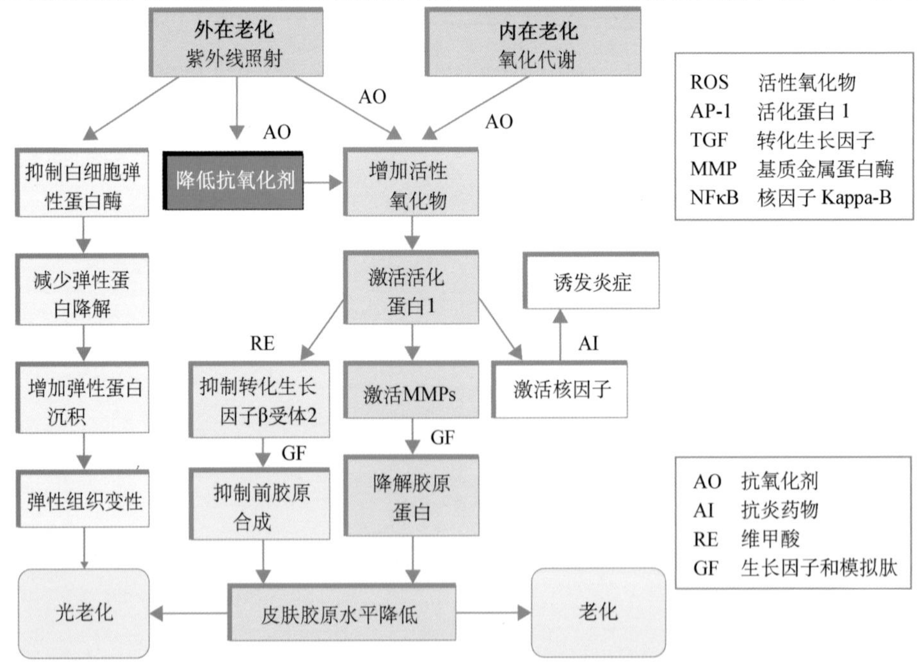

图 15-1　皮肤老化的外部和内部生化途径的简化概述

Source: Courtesy of SkinMedica, Inc

老化过程中涉及的主要信号通路途径。

基于这些外在和内在的因素，皮肤老化导致细胞内和细胞外损伤及真皮中胶原蛋白和弹性蛋白网络的破坏。表现为干燥症，失去弹性，萎缩，变色，以及细和深的皱纹。寻求安全非侵入性治疗以减缓或逆转衰老皮肤中的这些变化非常具有挑战性。

对光损伤皮肤的病理生理学研究表明，它与急性和慢性伤口愈合的某些方面有关。具体来说，一些内在的和外部因素导致的皮肤老化过程中的生化改变与伤口形成及其后续愈合过程中发生的变化相类似。因此，对伤口愈合过程的理解可以增强对皮肤老化过程的理解和增加对试图减缓甚至逆转这一过程的干预措施的认识。

生长因子和细胞因子（以下称为 GFs）是一大类调节蛋白通过结合细胞表面受体调节细胞间和细胞内信号传导途径，调控细胞生长、增殖和分化。在皮肤组织中，一般由成纤维细胞、角质形成细胞、淋巴细胞和肥大细胞合成。GFs 是化学信使，调节特定的重要的细胞活动，如细胞增殖、趋化性和细胞外基质的形成。表 15-1 和表 15-2 列出了关键的和补充性的生长因子和细胞因子的主要作用机制。

表 15-1　主要生长因子和细胞因子

· 血管内皮生长因子（VEGF）
－内皮细胞趋化和有丝分裂，促进血管生成
－增加血管通透性，改善组织营养
· 血小板源性生长因子（PDGF AA，PDGF BB）
－促进成纤维细胞趋化和有丝分裂
－被认为在伤口愈合中调节细胞生长和分裂
· 转化生长因子（TGFβ1，TGFβ2，TGFβ3）
－促进成纤维细胞趋化和有丝分裂
－调节基质蛋白，包括胶原蛋白和蛋白聚糖
· 组织金属蛋白酶抑制（TIMP1，TIMP2）
－调节酶的活性，防止胶原蛋白和透明质酸的分解

Source：Sundaram et al(2009). Reproduced with permission of the Journal of Drugs in Dermatology.

表 15-2　补充生长因子和细胞因子

· 成纤维细胞生长因子：bFGF (FGF-2)，FGF-4，FGF-6，KGF (FGF-7)，FGF-9
－促进皮肤细胞生长和组织修复
· 肝细胞生长因子：HGF
－被认为能促进三系组织生长
· 胰岛素样生长因子 1：IGF1，IGFBP1，IGFBP2，IGFBP3，IGFBP6
－促进细胞生长和增殖
· 胎盘生长因子：PLGF
－促进内皮细胞生长
· 骨形态形成蛋白：BMP7
－在发育组织中促进神经细胞的发育
· 白细胞介素：15 种不同的白细胞介素，包括 IL10 和 IL13
－被认为在炎症和伤口愈合中起着至关重要的作用

（续 表）

• 胎盘生长因子：PLGF – 促进内皮细胞生长 • 菌落刺激因子 GCSF、GM-CSF、M-CSF – 被认为能诱导其他细胞因子的分泌

Source：Sundaram et al(2009). Reproduced with permission of the Journal of Drugs in Dermatology.

当皮肤受伤时，GFs 在损伤部位积聚并协同作用以启动和协调伤口愈合。GFs 可以逆转胶原酶的作用，增加胶原蛋白水平，减少组织炎症。在临床研究中，外用人或动物衍生的生长因子被证明可减少皮肤老化的体征和症状。结果包括统计学上细纹和皱纹的显著减少和真皮层胶原蛋白合成的增加。

GFs 可以从多种来源获得，包括人、动物、微生物、酵母和植物。外用 GFs 已经成为一种非常有吸引力的治疗方式，可以用于美学和医学目的。据推测，外用 GFs 和细胞因子可以一起发挥作用产生预期的效果。随着我们对 GFs 制剂作用机制认识的增加，在临床环境中充分应用其潜在益处的能力也在增强。

皮肤老化的病理生理学

内在的和外部因素导致的皮肤老化是同时发生的、逐步累积的过程。随着时间的推移，它们会导致皮肤胶原蛋白水平降低，也会导致弹性退变。日光损伤皮肤的组织学评估显示，真皮-表皮界面变平，真皮乳头消失，真皮成纤维细胞活性降低，真皮厚度减少，真皮血管减少，排列不规则，弹性蛋白纤维碎裂。与年轻皮肤相比，日光损伤皮肤的总弹性蛋白含量降低，合成Ⅰ型前胶原的能力降低。与防晒皮肤相比，光损伤皮肤的胶原总量明显减少(20%)，而随年龄的增长防晒和光损伤皮肤的平均表皮厚度都会下降。此外，内在的皮肤老化会导致皮肤中生长因子合成和水平下降。

皮肤老化与伤口形成和愈合的对比

一些内在的和外部因素导致的皮肤老化过程中的生化改变与创伤出现时观察到的变化相类似。众所周知，GFs 对复杂的多步骤决定的伤口愈合至关重要。GFs 水平在青春期达到峰值，随后下降。因此，我们可以假设，皮肤老化可以类比为一个伤口，其范围涉及程度使皮肤内在自我修复机制不足以完全弥补，而这种机制会随着年龄的增长而减弱。这为局部应用 GFs 来修复伤口提供了理论依据，其目的是补充皮肤自身的损耗水平，减缓甚至逆转皮肤老化。理论基础可以延伸到医源性皮肤损伤，如在激光治疗和其他皮肤年轻化过程中；假设外用 GFs 也可以促进这种情况下的皮肤愈合，甚至可能增强最终的治疗效果。

一旦皮肤损伤发生，创面愈合反应就会启动，以促进新细胞生长，减少创面收缩和瘢痕形成。伤口愈合一般分为四个阶段：止血、炎症、增殖和重塑。不同的阶段由 GFs 控制，如同一个阶段衔接到下一个阶段也是由 GFs 控制。皮肤损伤和皮肤老化的相似之处在于，受伤皮肤的初始炎症是 ROS 介导的，就像老化皮肤的变化一样。值得注意的是，虽然内在老化与炎症无关，但急性光损伤与 ROS 介导的炎症有关。增生期，即肉芽形成阶段，以血管生成、纤维增生和细胞外基质沉积为特征，所有这些都导致了再上皮化。重塑期，又称成熟期，是晒伤皮肤肉芽形成、创面再上皮化或炎症后脱屑后创面愈合的最后阶段。在伤口修复的成熟期，细胞外基质沉积和重塑，伤口愈合最初过程中产生的强度较低、结构性相对较差的Ⅲ型胶原蛋白和弹性蛋白被强度更好的Ⅰ型胶原蛋白和结构化弹性蛋白纤维取而代之，从而恢复真皮的强度和韧性。这个重构阶段可以持续几个月。图 15-2 显示了在伤口愈合的三个主要阶段中起的关键作用的 GFs：最初的、ROS 介导炎症期，随后的伤口肉芽形成期，最后是伤口重塑期。

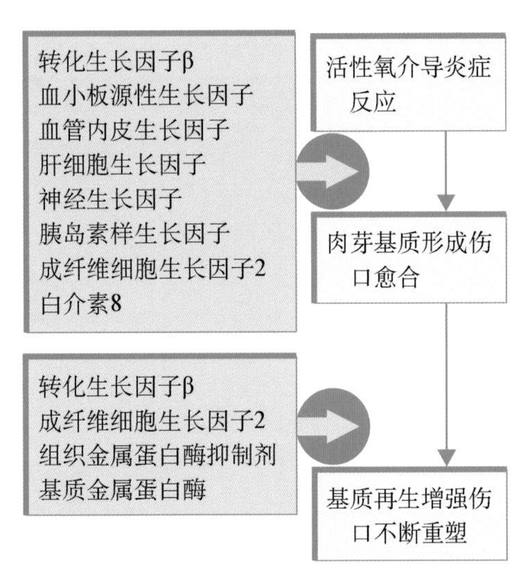

图 15-2　在伤口愈合过程中起作用的关键 GFs，GF 是一个复杂的蜂窝通信网络的组成部分，彼此协调工作

炎症发展与消退之间的平衡涉及多种生长因子和细胞因子，包括 PDGF，VEGF，HGF，TGF-β，EGF，G-CSF，KGF，IL-6 和 IL-8，最终能够让伤口成功愈合。

皮肤老化中的生长因子和细胞因子

伤口愈合依赖于不同 GFs 之间的复杂相互作用。与伤口愈合相关的 GFs 可诱导新的胶原蛋白、弹性蛋白和糖胺聚糖的形成，并介导血管生成。也许某些这样的效用成分提供给老化皮肤中负责细胞外基质产生和重塑的细胞，它们可以介导皮肤年轻化。

研究表明，超过 500Da 分子量的亲水性分子对完整的角质层的渗透性极低。GFs 是一种大分子量亲水性分子，分子量＞15 000Da。因此，GFs 不太可能大量穿透完整的表皮产生临床显著性效果。据认为，GFs 在真皮中发挥作用的机制之一是通过毛囊和汗腺的渗透。老化的皮肤由于屏障功能有些受损也许可能允许更好的渗透作用。一旦 GFs 穿透角质层，它们可以与角质形成细胞上的特定受体相互作用，并启动一个细胞因子信号级联，影响真皮中的成纤维细胞和其他细胞。在伤口愈合过程中表皮-真皮之间的交互可能反映了外源性的局部使用的 GFs 的作用。当角质形成细胞刺激成纤维细胞合成生长因子，生长因子反过来可以刺激角质形成细胞的增殖，局部外用的 GFs 的初始效应由此可能会放大(图 15-3)。细胞外基质胶原的

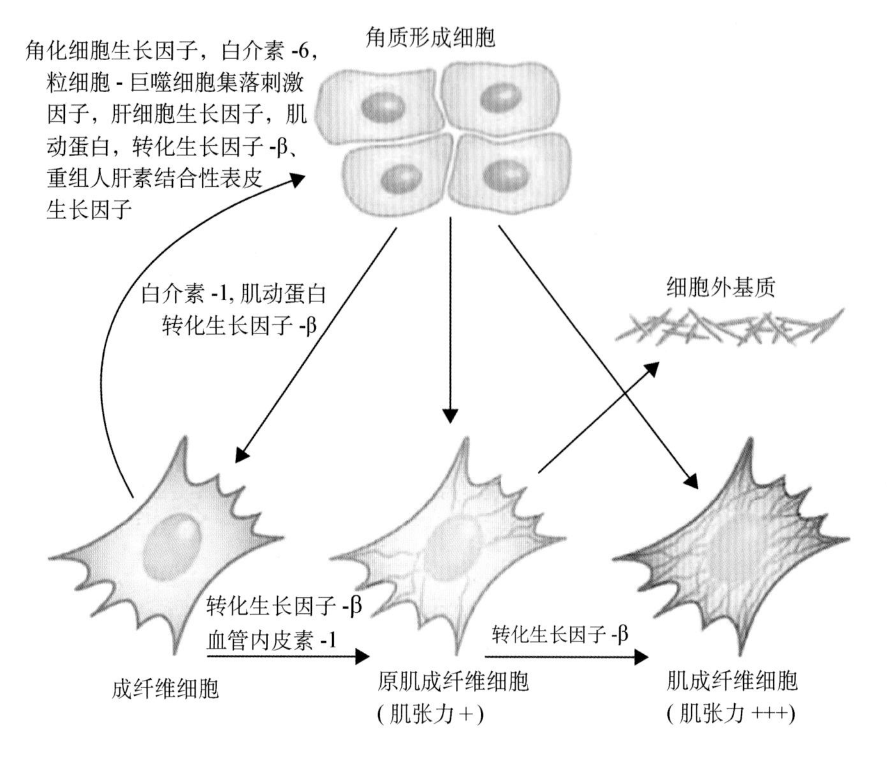

图 15-3 皮肤老化的外在和内在生化途径的简化概述

生成和重塑在组织学上可以被观察到,并可与下面详述的临床结果相关联。

临床疗效及适应证

市面上出售的外用人源 GFs 是从新生儿包皮(SkinMedica Inc. ,Carlsbad,CA)培养的成纤维细胞(TNS™ Recovery Complex,SkinMedica Inc,Carlsbad,CA)和加工过的皮肤细胞蛋白(PSP™,Neocutis,Lausanne,swiss)中提取的,含有从胎儿细胞系中提取的细胞因子、生长因子和抗氧化剂的混合物。来源于蜗牛隐孢子虫(SCA)分泌物的 GFs 也已经被商业化(Tensage™,Biopelle,Inc. ,Ferndale,MI,by Industrial Farmaceutica Cantabria,SA)。

在一项目标为刺激皮肤重塑的临床研究中,从人成纤维细胞(TNS 恢复复合物)中提取的多种 GFs 混合物应用于 14 例患者,每天 2 次,持续 60 天。通过光学轮廓测量法和对治疗后的皮肤进行穿刺活检,对患者进行 9 分制的临床光损伤分级评估,以评估 Grenz 区厚度和组织病理学的变化。约 78.6%的光损伤皮肤患者在 60 天内临床症状得到改善(图 15-4)。镜检显示 37%的人在 Grenz 区出现新的胶原蛋白形成,27%的人表皮增厚。

一项对 60 个平均年龄为 55 岁,面部光损伤相同,接受相同 GFs 混合物的受试者 (48 名受试者轻度至中度,12 名受试者重度)进行的随机、供药载体做对照、双盲研究显示,眼周细纹、肤色、质地和色素沉着均有改善(3 个月时 $P=0.012$)(图 15-5)。在基线、3 个月和 6 个月时对患者和医师进行评估。硅酮皮肤表面印痕的光学轮廓测定显示皮肤粗糙度有所改善(3 个月时 $P=0.045$)(图 15-6 和图 15-7)。

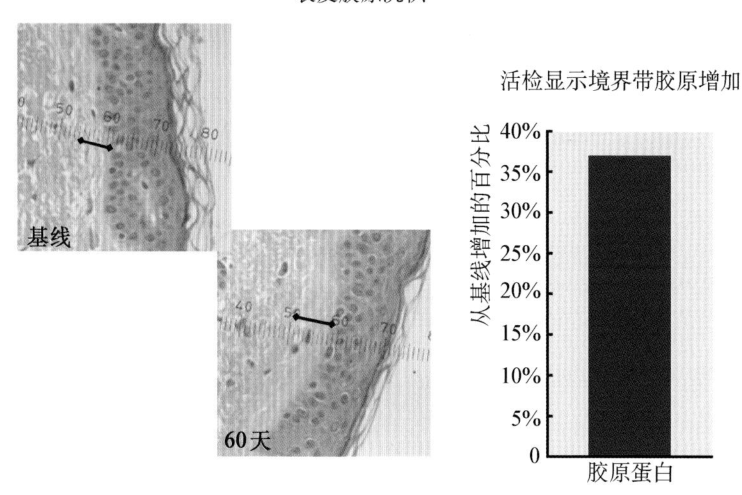

图 15-4　在14名患者中每天2次施用局部生长因子和细胞因子混合物(TNS恢复复合物,SkinMedica)60天后的结果

显微照片上的黑条显示真皮Grenz区的厚度。条形图显示,在所研究的14名患者中,Grenz区的厚度平均增加超过35%

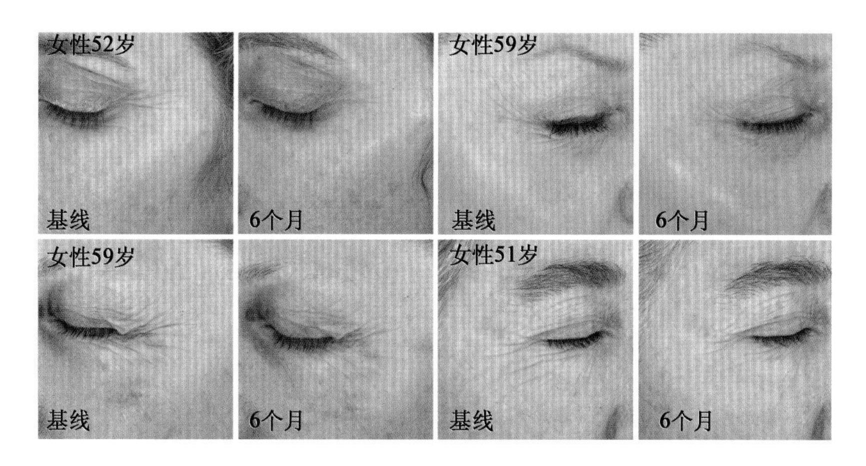

图 15-5　在60名患者中每天2次局部施用人源生长因子和细胞因子混合物(TNS恢复复合物)60天后的临床结果。可以看到细小的皱纹和斑驳的色素沉着过度的改善

眶周皮肤表面印痕

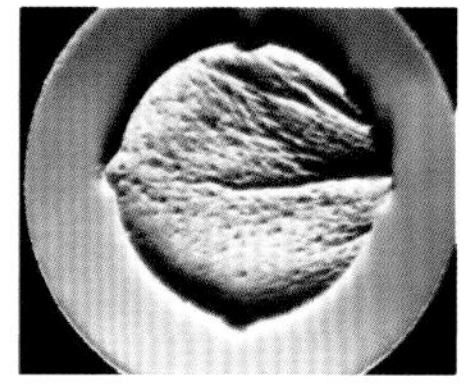

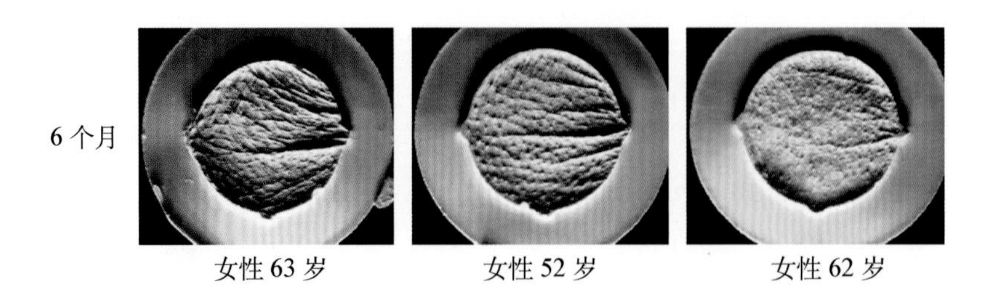

图 15-6 局部施用人源 GF 混合物治疗患者的眼周区域的硅氧烷皮肤表面印模(使用 6 个月后,皱纹的数量和深度明显减少)

一项单中心研究评估了来自 PSP(Biocream,New Coritis,Lausanne,Switzerland)的多种人源性 GFs 的临床、组织学和超微结构变化。12 名受试者在 6 个月内每天 2 次将面霜涂抹在整个面部。治疗前和治疗后的穿孔活检均取自耳前皮肤。进一步的评估包括面部皮肤皱纹的摄影和临床评估。眼眶周围和口腔周围皱纹的临床改善率分别为 33%和 25%。组织学评估显示,在 6 个月治疗期结束时表皮厚度有轻度的变化及浅表真皮中的成纤维细胞密度增加。电子显微镜证实了组织学上的变化,显示了与新胶原形成一致的发现。

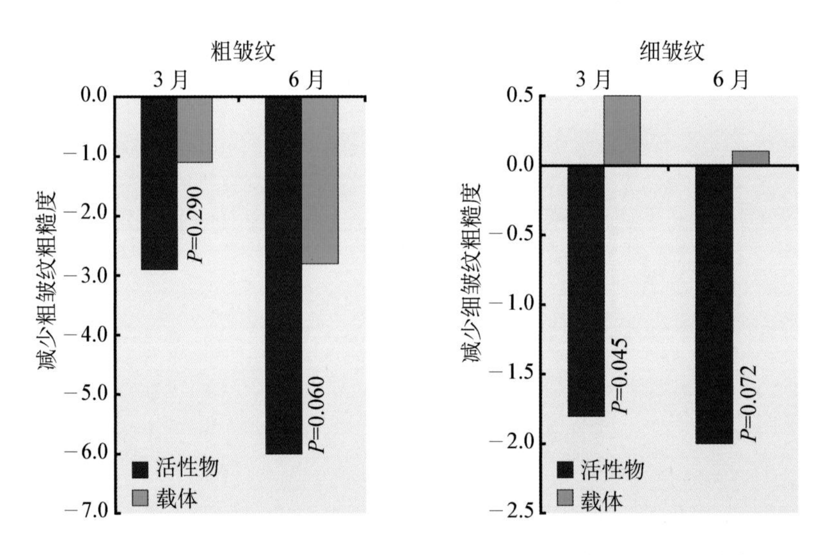

图 15-7 用光学轮廓术测量活性物(局部人源性生长因子混合物)降低皮肤表面粗糙度

(N=26 活性物,N=29 载体)

在一项为期 14 周的双中心、双盲、随机的研究中,25 名中度至重度面部光损伤患者接受了为期 12 周的治疗。治疗期间,患者的一侧面部使用含 8% SCA 的乳液和含 40% SCA(Tensage)的液体血清,另一侧使用安慰剂霜。在基线和治疗 12 周后进行眼周皱纹的硅氧烷皮肤印模。在基线和第 8、12 和 14 周进行患者和医师评估。在 12 周时,用 GFs 活性物治疗的一侧的粗眼周期皱纹有显著改善($P=0.03$)。皮肤质地在 8 周和 12 周时也得到改善,并且在停止产品后 2 周(14 周)仍有改善(图 15-8)。

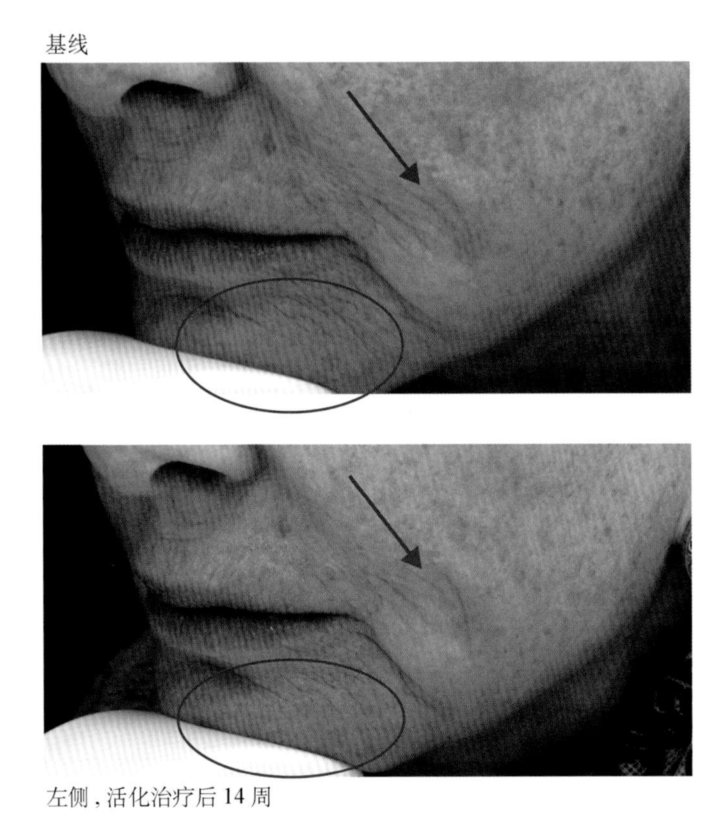

图 15-8　在 25 名患者中局部应用动物来源的生长因子和细胞因子混合物(Tensage)14 周后的临床结果。基线(上图)和 14 周(下图)的白人女性。面部左侧接受 GFs；右侧接受安慰剂霜。Courlesy of Joel Cohen，MD.

新进展

一个有趣的新进展是，从培养的新生儿人真皮成纤维细胞中生成的 GFs，在模拟胎儿环境的缺氧条件下表现出多功能的特性。这些成纤维细胞表达和分泌包括 KGF、VEGF 和 IL-8 在内的 GFs 及干细胞相关蛋白。据推测，这可能导致胶原再生模式，与Ⅰ型胶原相比Ⅲ型和Ⅴ型胶原的表达更高，如在皮肤愈合无瘢痕的胎儿中所见。49 名接受 Erbium 激光消融治疗的受试者铒激光重修眼周和口周区域，并对含有由这些多能成纤维细胞(ReGenica，Suneva Medical)产生的条件培养基的洗液进行了开放标签比较研究。通过对照片的盲法临床评估和测量仪测量，在激光表面换肤后第 7 天眼周和口周红斑比安慰剂组有显著的减少。使用有效成分的受试者对凡士林的使用也有统计学意义上显著降低($P = 0.0004$)。通过组合消融和非消融激光手术对 42 名受试者进行的分平面评估显示，经皮水分损失指数表明使用含有活性 GFs 制剂的凝胶可以更快地恢复正常的皮肤屏障功能($P \leqslant 0.05$)。

安全性和有效性考虑

所有皮肤外用产品都有刺激性或接触性过敏性皮炎的风险。由于某些恶性细胞可能表达某些 GFs 的受体，而 GFs 可能会增加细胞增殖，因此关于 GFs 是否会诱发肿瘤或促进细胞异型性的潜能一直存在争议。关于特定 GFs 对动物皮肤和人类肿瘤细胞影响的研究结果喜忧参半。将这些数据外推到 GFs 混合物外用于人类皮肤的有效性仍有待澄清。

在一项研究中，将 EGF、TGF-α 和 Suramin（生长因子抑制剂）应用于小鼠皮肤 9 天，然后处死小鼠。结果发现，TGF-α 可提高肌酸激酶（CPK）活性，EGF 和 TGF-α 均诱导了 CPK-MM 向 CPK-BB 同工酶的转化。这些发现的意义在于，磷酸肌酸（CPK）系统被认为在皮肤的正常生理和病理生理条件（如银屑病和致癌）中起着重要作用。组织病理学检查显示角质形成细胞分化和分布异常。在一项使用反转录酶聚合酶链反应对人类肿瘤细胞进行的研究中，在所有 15 个被检测的细胞系中都发现了血管内皮生长因子的表达，而血管内皮生长因子受体（kdr）只在 3 个黑色素瘤细胞系中检测到。外源性添加的血管内皮生长因子（10 ng/ml）能够刺激高达 40％的黑色素瘤细胞增殖。相反，Graeven 等发现外源性血管内皮生长因子对黑色素瘤细胞增殖或血管内皮生长因子转录靶点的产生无显著影响。另一项对人类肿瘤细胞的研究，包括头颈部的鳞状细胞癌和黑色素瘤，发现对表达该受体的肿瘤细胞的 VEGF-1 的治疗实际上抑制了细胞的增殖和迁移。

迄今为止，没有数据或报道表明外用 GFs 对人类癌症的发病具有刺激或抑制作用。基于证据的方法需要对外用于完整人类皮肤的 GFs 进行对照研究，而不是使用超生理学浓度的 GFs 的轶事报道或动物研究。应用高浓度的一种或几种 GFs 的效果是否可以推断到使用较低浓度的含有多种 GFs 的混合物的临床条件是有争议的。体内内源性 GFs 的产生和活动受到正反馈机制的严密调控。天然分泌的 GFs 混合物可以达到类似生理性的平衡状态，同时也受到一些相同调控机制的调节。

和许多蛋白质一样，GFs 在非生理条件中是不稳定的。含有表面活性剂、油和其他赋形剂的配方可能使蛋白质变性和失活。因此，GFs 混合物的临床功效只能通过使用完整制剂，而不是单个组分的研究来进行准确评估。

小结

生长因子和细胞因子（GFs）促进细胞的愈合和再生。外用生长因子可以刺激新的胶原蛋白的形成，使表皮变厚，从而改善临床上的皱纹和皮肤粗糙度。GFs 也可与抗氧化剂和类视黄醇协同作用。评估 GFs 临床效果的循证方法，包括与其他抗衰老活性剂结合时的活性，需要更多更深入对照性的研究，理想情况下应该是药物载体控制的对照试验。与所有药妆制造工艺一样，GFs 产品的稳定性和质量仍然是优先考虑的因素。

延伸阅读

Babu M, Wells A. Dermal-epidermal communication in wound healing. *Wounds* 2001; **13**: 183-189.

Eming SA, Krieg T, Davidson JM. Inflammation in wound repair: molecular and cellular mechanisms. *J Invest Dermatol* 2007; **127**: 514-525.

Fabi SG, Peterson JD, Kiripolsky MG, Cohen J, Goldman MP. The effects of filtrate of the secretion of the cryptomphalus aspersa (SCA) on photoaged skin. *J Drugs Dermatol* 2013;**12**(4): 453-457.

Fitzpatrick RE. Endogenous growth factors as cosmeceuticals. *Dermatol Surg* 2005;**31**:827-831 [discussion 831].

Fitzpatrick RE, Rostan EF. Reversal of photodamage with topical growth factors: A pilot study. *J Cosmet Laser Ther* 2003; **5**: 25-34.

Hussain M, Phelps R, Goldberg D. Clinical, histologic, and ultrastructural changes after use of human growth factor and cytokine skin cream for the treatment of skin rejuvenation. *J Cosmet Laser Ther*, **10**:2,104-109.

Kellar R, Hubka M, Lawrence A Rheins, Fisher G. Naughton G. Hypoxic conditioned culture medium from fibroblasts grown under embryonic-like conditions supports healing following post-laser resurfacing. *J Cosmet Dermatol* 2009; **8**: 190-196.

Liu B, Earl HM, Baban D, et al. Melanoma cell lines express VEGF receptor KDR and respond to exogenously added VEGF. *Biochem Biophys Res Commun* 1995; **217**: 721-727.

Mehta RC, Fitzpatrick RE. Endogenous growth factors as cosmeceuticals. *Dermatol Ther* 2007;**20**(5): 350-359. Review.

Moulin V. Growth factors in skin wound healing. *Eur J Cell Biol* 1995; **68**(1):1-7.

Sundaram H, Mehta RC, Norine JA, Kircik L, Cook-Bolden FE, Atkin DH, Werschler PW, Fitzpatrick RE. Topically applied physiologically balanced growth factors: a new paradigm of skin rejuvenation. *J Drugs Dermatol*. 2009; **8**(5 Suppl. Skin Rejuvenation): 4-13. Review.

Zemtsov A, Montalvo-Lugo V. Topically applied growth factors change skin cytoplasmic creatine kinase activity and distribution and produce abnormal keratinocyte differentiation in murine skin. *Skin Res Technol* 2008; **14**(3): 370-375.

Zimber M, Mansbridge J, Taylor M, Stockton T, Hubka M, Baumgartner M, Rheins L, Hubka K, Brandt E, Kellar R, Naughton G. Human cell-conditioned media produced under embryonic-like conditions result in improved healing time after laser resurfacing. *Aesth Plast Surg* 2012; **36**(2): 431-437.

（译者：陈 瑛 审阅：陈 阳）

第16章 白藜芦醇和去乙酰化酶的合成激活剂

Patricia K. Farris
美国杜兰大学医学院

引言

通过观察发现,饮食限制(DR)可以延长寿命,减少与年龄有关的疾病,由此发现了一类命名为去乙酰化酶(sirtuins)的酶家族。去乙酰化酶是由沉默信息调节因子(SIR)基因编码的。SIR 基因几乎存在于所有物种中,并调控其他基因的功能。SIR 基因家族最早是在酿酒酵母中发现的,这一新的基因被命名为沉默交配型信息调节因子 2 (Sir2),后来在果蝇和蛔虫中都被发现。在这些生物体内,Sir2 在多种代谢途径的调节中发挥重要作用,包括那些影响衰老和寿命的代谢途径。目前已在哺乳动物中鉴定出 7 个去乙酰化酶基因(SIRT1－SIRT7)。第一个基因,也就是沉默交配型信息调控因子 2 同源基因(SIRT1),在生物学功能上被认为等同于 Sir2。每个 SIRT 基因编码一个特定的去乙酰化酶并依次编号,SIRT1 基因的相应产物是 SIRT1 酶。

哺乳动物的去乙酰化酶蛋白在细胞核、细胞质和线粒体中被发现。SIRT1、SIRT2、SIRT6 和 SIRT7 位于细胞核内,同时 SIRT1 和 SIRT2 也存在于细胞质内,SIRT3、SIRT4 和 SIRT5 在线粒体中被发现。去乙酰化酶除了表达于细胞内不同的腔隙,在不同的组织中表达量也有所不同。SIRT1 可能是所有去乙酰化酶蛋白中研究最深入的,它在多种组织中表达,包括下丘脑、心脏、胰腺、肾、肝、骨骼肌和脂肪。SIRT2 在脂肪组织中含量最多,但也表达于大脑和神经系统。SIRT3 在骨骼肌、褐色和白色脂肪、肾、肝和心脏中表达。SIRT4 在胰腺中表达,SIRT5 在心脏、大脑、肌肉、肾和肝中表达。SIRT6 在心脏、大脑、肌肉、肾和肝中表达,而 SIRT7 在心脏和脂肪组织中表达(表 16-1)

表 16-1 去乙酰化酶及其作用位点

去乙酰化酶	作用位点	
去乙酰化酶 1	细胞核,细胞质	下丘脑、心脏、胰腺、肾、肝、肌肉和脂肪
去乙酰化酶 2	细胞核,细胞质	脂肪、大脑、神经系统
去乙酰化酶 3	线粒体	骨骼肌、褐色和白色脂肪、肾、肝和心脏

（续　表）

去乙酰化酶	作用位点	
去乙酰化酶 4	线粒体	胰腺
去乙酰化酶 5	线粒体	心脏、大脑、肌肉、肾和肝
去乙酰化酶 6	细胞核	心脏、大脑、肌肉、肾和肝
去乙酰化酶 7	细胞核	心脏和脂肪组织

大多数 sirtuin 酶被归类为第Ⅲ类组蛋白脱乙酰酶。这些酶在依赖于烟酰胺腺嘌呤二核苷酸(NAD＋)的反应中去乙酰化各种蛋白质上的赖氨酸残基修饰，一旦组蛋白中乙酰化的赖氨酸残基上的乙酰基团被移除就被转移到 NAD＋的 ADP-核糖上。通常，当组蛋白是处于非乙酰化的状态时转录不会发生，因此去乙酰化酶的主要功能是作为基因沉默因子。此外，一些 sirtuins 参与非组蛋白的脱乙酰化反应，而其他去乙酰化酶具有单腺苷二磷酸核糖转移酶(mono-ADP-ribosyltransferases)的活性。

去乙酰化酶基因的表达受环境和饮食变化的影响，限制热能可以改变去乙酰化酶的表达，从而提高生物体对压力性环境的适应能力和延长寿命。研究表明，对 SIRT1 缺陷型小鼠限制热能摄入不会延长其寿命。人类的数据也证实了去乙酰化酶的作用，对健康人群在限制热能或隔日禁食前后收集血清，限制热能或禁食后收集的血清加入培养细胞后可以提高 SIRT1 的表达。对超重的人类志愿者进行的 SIRT1 研究表明，与摄入 100％能量的对照组相比限制 25％的热能摄入或限制 12.5％的热能摄入并增加 12.5％的运动量可以增加 SIRT1 的表达。同样有趣的是，在一项对肥胖女性的研究中，在遵循低脂(高糖类)或中脂(低糖类)低能量饮食的 10 周饮食后，包括 SIRT3 在内的 5 个基因在脂肪组织中的表达增加。这两种节食饮食可诱导相类似的体重减轻及大多数生物性指标改变也类似，除了和血脂相关的各种指标会有所不同。

由此可见，饮食限制引起的去乙酰化酶表达的变化及其调节的生物学效应是对饮食应激的适应性反应。去乙酰化酶可调节细胞存活、DNA 修复、糖异生、细胞周期调节、脂质代谢、胰岛素敏感性、脂肪动员和寿命。禁食可诱导肝、骨骼肌和白色脂肪组织中 SIRT1 的表达。在肝中，SIRT1 通过 PGC-1α 和 FOXO1 的脱乙酰化增加关键糖异生基因的转录来促进糖异生。除促进糖异生外，去乙酰化酶活化还增加胰岛素敏感性。SIRT1 的这些综合生物学效应是有助于在禁食期间维持血糖水平的适应性机制。肝 SIRT1 通过正向调节过氧化物酶体增殖物激活受体 α(PPARα)调节脂平衡，PPARα 是一种调节禁食和饥饿的适应性反应的核受体。PPARα 促进脂肪分解和游离脂肪酸动员，可在禁食期间用作能量来源。

白藜芦醇：去乙酰化酶的激活剂

鉴于去乙酰化酶的重要性及其在健康和长寿方面的作用，人们对能够模拟其作用的分子产生了极大的兴趣。对潜在化合物的筛选发现，白藜芦醇是最高效的 sirtuin 激活分子之一。白藜芦醇(3,4,5-三羟苯乙烯)是一种多酚类抗氧化剂，存在于各种浆果、坚果和其他植物中。葡萄和红葡萄酒含有高浓度的白藜芦醇，常被列为营养物质。红酒中的白藜芦醇被认为与法国悖论里所见的心脏病的低发病率有关，非常明确地体现出白藜芦醇对健康益处的科学价值。

白藜芦醇已在动物模型中进行了广泛研究，并已被证明可改善胰岛素抵抗和心血管健康，保护神经元退行性变，减轻炎症，预防癌症和延长寿命。由于代谢综合征和热能限制在能量谱的两端，白藜芦醇被提出作为治疗代谢综合征的一种药物并不奇怪。随后，大量的体外和动物研究表明，白藜芦醇可以减少脂肪积累，提高胰岛素敏感性，提高葡萄糖动态平衡。由于这些是代谢综合征的主要组成部分，未来的研究将阐明白藜芦醇的这些有益作用能否在人体试验中被重复。

白藜芦醇:光保护和化学预防

白藜芦醇在皮肤中具有重要的生物活性，包括光保护和化学预防。作为一种抗氧化剂，白藜芦醇已被证明可以减少紫外线 UVA 诱导的氧化应激，并增加 UVA 暴露后的细胞存活率。白藜芦醇通过影响癌症发生过程中所历经的三个阶段，包括起始、促进和进展，发挥抗肿瘤活性。暴露于 UVB 前 30 分钟或暴露于 UVB 后 5 分钟给予外用白藜芦醇预处理的无毛小鼠显示出对肿瘤发生的抑制作用。UVB 暴露于 28 周后，两组白藜芦醇治疗小鼠的发病时间均有所延迟，肿瘤形成的发生率均有所降低。由于治疗后的保护作用类似于预处理，因此不认为白藜芦醇的益处是由于防晒的结果。白藜芦醇发挥抗肿瘤活性部分是通过下调凋亡抑制基因家族成员去乙酰化酶的表达和功能。白藜芦醇还通过增加肿瘤抑制基因，包括 P53 基因的表达来诱导细胞凋亡。白藜芦醇还被证明是一种增敏剂，可以增强电离辐射对癌细胞的治疗效果。

白藜芦醇作为抗老化剂

白藜芦醇作为治疗皮肤老化的外用制剂具有很大的潜力，在一项比较研究中发现，含有 1%白藜芦醇(FAMAR，Athens，Greece)的市售护肤产品的抗氧化能力比 1%艾地苯醌乳膏(Prevage MD，Allergan，Inc，Irvine，CA)更有效。通过氧自由基吸收能力测试(ORAC)，白藜芦醇护肤品的抗氧化能力是艾地苯醌产品的 17 倍。白藜芦醇下调在皮肤衰老的发病机制中非常重要的转录因子激活蛋白 1 (AP-1)和核因子 kappa beta (NF-κB)。AP-1 负责胶原降解金属蛋白酶(MMPs)的合成，而 NF-κB 负责多种炎症介质的合成。因此，下调这两个转录因子可以保护皮肤胶原蛋白减轻导致皮肤老化的炎症。白藜芦醇也作为一种皮肤美白剂可以和其他皮肤美白化合物协同工作。其抑制酪氨酸酶的能力被认为是基于苯乙烯结构的双键，这些综合作用使得白藜芦醇作为一种治疗光损伤皮肤的外用成分引起了人们的兴趣。

最近的一项研究评估了含有白藜芦醇-原花青素混合物的营养制剂对光老化皮肤的疗效。该产品含有 8mg 白藜芦醇和 14.63mg 原花青素(Revidox®，GMC Pharma，Milan; Actafarma，Laboratorios，Madrid)。在一项对 50 名患者进行的双盲安慰剂对照研究中，受试者服用补充剂 60 天，观察到与安慰剂对照组相比，他们的皮肤和血浆抗氧化能力、皮肤含水量、弹性、皱纹和黄褐斑在统计学上有显著改善。

白藜芦醇作为植物雌激素

绝经后，缺乏雌激素会严重影响皮肤，低雌激素水平与年龄相关的变化加速皮肤衰老。由于真皮胶原蛋白的损失皮肤变薄，皱纹产生和变得很脆弱。绝经后成纤维细胞稀少，同时胶原蛋白合成减少。白藜芦醇的二苯乙烯化学结构与合成的雌激素二乙基己烯雌酚化学结构相类似。植物雌激素白藜芦醇是天然雌激素β受体(ERβ)的激动剂,以此发挥作用并不奇怪。ERβ是防止光老化和皮肤肿瘤生长的重要靶点。ERβ的激动剂已经被表明可以降低与光老化相关的炎症标记物的水平并抑制金属蛋白酶表达。因此,白藜芦醇具有作为药妆活性物质的巨大潜力,可以为老化的皮肤提供天然的雌激素作用。

白藜芦醇的给药途径

白藜芦醇口服后的生物利用度较差。因为这种分子高度亲脂性,所以被认为只有少量的循环白藜芦醇对皮肤有益。外用已获得成功并被建议作为一种向皮肤提供白藜芦醇的替代方法。包括水凝胶和纳米悬浮剂在内的外用配方已经取得一些成功的应用。最近的研究对几种能否产生稳定白藜芦醇纳米悬浮液的稳定剂和表面活性剂进行了评估,从而鉴定出两种有效的非离子型稳定剂,这些纳米悬浮液在室温下可以保持30天的稳定性,所以是适合用于药妆配方。尽管许多含有白藜芦醇的营养药物和药妆品被作为抗衰老药物出售,但仍需要进一步的研究来确定最佳剂量、给药方式和治疗时间。

合成的去乙酰化酶激活剂(STACs)

2007年,与白藜芦醇结构相似的合成化合物(SRT1720,SRT2183)被筛选出有活化SIRT1的活性。这些合成化合物,现在称为STAC,被证明可以亚微摩浓度激活SIRT1,并使SIRT1催化活性增加数百倍。当口服给药时,这些SIRT1的小分子活化剂改善了喂食高脂饮食和糖尿病动物模型的小鼠的代谢参数。正在进行的关于这些和其他分子为我们提供有卓越临床效益的合成替代品。

去乙酰化酶、白藜芦醇和合成的去乙酰化酶激活剂:争议

尽管关于白藜芦醇一直存在争议,但最近发表的研究证实这种多酚确实能上调SIRT1。尽管对sirtuins及其延长人类寿命的能力仍存在一定程度的质疑,但这一领域的研究仍在继续。由于白藜芦醇通过调节众多的细胞信号通路和直接结合靶分子来发挥其活性,因此白藜芦醇的活性并不仅仅依赖于sirtuin的激活(表16-2)。

表16-2 白藜芦醇的生物学效应

去乙酰化酶-激活剂	调节细胞存活、DNA修复、糖异生、细胞周期调节、脂质代谢、胰岛素敏感性、脂肪动员、寿命
抗氧化剂	降低UVA诱导的氧化应激,增加UVA辐射后的细胞活力
化学预防	抑制肿瘤发生、加重和发展,抑制存活素和通过P53表达诱导的凋亡
抗衰老	抑制转录因子AP-1、NF-κB和植物雌激素的作用
植物雌激素	天然雌激素受体激动剂

酵母生物肽作为去乙酰化酶激活剂

一种独特活性被发现可以增加 sirtuin 表达是来自克鲁维酵母的酵母生物肽。体外研究表明，这些生物肽在人表皮细胞和真皮成纤维细胞中激活 SIRT1。它们也被证实可以减少 UVB 介导的细胞衰老和 DNA 碎片化。一种含有 1%酵母生物肽的商品化产品是马达加斯加野豆蔻籽的提取物和其他 9 种抗衰老成分，在 33 名女性受试者身上进行了光损伤测试。每天在面部和颈部涂抹 4 周后，皮肤含水量得到改善，细纹和皱纹、色素沉着、光泽和皮肤纹理也有所改善。这项研究没有具体确定酵母生物肽治疗衰老皮肤的功效，产品含有多种有益成分为治疗皮肤老化提供了一种互为补充的方法。

小结

含有白藜芦醇的营养药物和药妆品现已广泛使用，它们被消费者热情接受为可以减缓衰老和预防与年龄有关的疾病的产品。白藜芦醇是一种有效的抗氧化剂，具有光保护、化学预防、促进健康和抗衰老的功效，使皮肤科医师和其他临床医师感兴趣。需要更多更进一步的研究来阐明这种独特的多酚化合物的全部潜力。

延伸阅读

Aziz MH, Reagan-Shaw, S, Wu J, Longley BJ, Ahmad N. Chemoprevention of skin cancer by grape constituent resveratrol: Relevance to human disease. *FASEB J* 2005; **19**: 1193-1195.

Barger JL, Kayo T, Vann JM, Arias EB, Wang J, Hacker TA, et al. A low dose of dietary resveratrol partially mimics caloric restriction and retards aging parameters in mice. *PLoS One* 2009; **3**: e2264.

Baur JA. Resveratrol, sirtuins and the promise of a DR mimetic. *Mech Ageing Dev* 2010; **131**: 261-269.

Baxter RA. Anti-aging properties of resveratrol: review and report of a potent new antioxidant skin care formulation. *J Cosmet Derm* 2008; **7**: 2-7.

Buonocore D, Lazzeretti A, Tocabens P, et al. Resveratrol-procyanidin blend: nutraceutical and anti-aging efficacy evaluated in a placebo-controlled, double-blind study. *Clin Cosm Invest Derm* 2012; **5**: 159-165.

Dali-Youcef N, Lagouge M, Froelich S, et al. The "magnificent seven": Function, metabolism and longevity. *Ann Med* 2007; **39**: 335-345.

Frescas D, Valenti L, Acoili D. Nuclear trapping of the Forkhead transcription factor FOXO1 via Sirt-dependent deacetylation promotes expression of glucogenetic genes *J Biol Chem* 2005; **280**; 20589-20595.

Huber JL, McBurney MW, Distefano PS, McDonagh T. SIRT1-independent mechanisms of the putative sirtuin enzyme activators SRT1720 and SRT2183. *Future Med Chem* 2010;**2**: 1751-1759.

Kundu JK, Shin YK, Surh YJ. Resveratrol modulates phorbol ester-induced proinflammatory signal transduction pathways in mouse skin in vivo: NF-kappa B and AP-1 as prime targets. *Biochem Pharmacol* 2006; **72**: 1506-1515.

Marques FZ, Markus MA, Morris BJ. Resveratrol: Cellular actions of a potent natural chemical that confers a diversity of health benefits. *Int Journ Biochem Cell Biol* 2009; **41**: 2125-2128.

Moreau M, Neveu M, Stéphan S, et al. Enhancing cell longevity for cosmetic application: a complementary approach. *J Drugs Dermatol* 2007; **6**: 14-19.

Ndiaye M, Philippe C, Mukhtar H, Ahmad N. The grape antioxidant resveratrol for skin disorders: Promise, prospects and challenges. *Arch Biochem Biophys* 2011; **508**(2): 164-170.

Pirola L, Fröjöd S. Resveratrol: One molecule, many targets. *IUBMB Life* 2008; **60**: 323-332.

（译者:陈　瑛　审阅:陈　阳）

第 17 章　皮肤老化、糖化和糖化抑制剂

Patricia K. Farris
美国杜兰大学医学院

引言

老化是一个多因素的过程，包括内在因素和外在因素。尽管日晒、吸烟和污染会导致外部衰老，但最近的研究集中在营养作为一种环境因素，可以通过改变基因表达来影响衰老。众所周知，热能限制可以延长寿命，减少与年龄有关的疾病的发生率。热能限制影响衰老的确切机制仍是目前研究的主题，但潜在的上游靶点包括下调 mTor 信号和上调 Sir1 基因表达。虽然热能限制对健康的好处已经得到了很好的证明，但它通常被认为是一种不现实的改善健康和长寿的方法。与其改变我们的营养摄入量，不如提高食物质量，这是一种更现实的做法。

本章将讨论限制饮食糖分对改善整体健康和外貌的重要性。近年来，随着越来越多的科学研究表明，高添加糖和精制糖类的饮食会导致代谢综合征、2 型糖尿病和其他与年龄有关的疾病的发生，糖基化老化理论得到了人们的青睐。本文将综述膳食糖在皮肤老化中的作用及利用营养衍生化合物抑制糖基化的研究进展，还将讨论抗糖基化护肤产品的新兴类别。

糖与晚期糖基化终产物

糖基化最初是由美拉德(Maillard)提出的，他观察到氨基酸在还原糖存在的情况下加热会使食物发生典型的褐变。美拉德反应不仅对食物的颜色有影响，而且对食物的气味和风味也有影响，这使得美拉德反应对食品科学具有至关重要的意义。在 20 世纪 60 年代末，医师们确认美拉德反应也通过一个称为糖化的过程发生在糖尿病患者。糖尿病患者糖基化最显著的副产品是糖化血红蛋白或糖化血红蛋白 A_{1c}，糖化血红蛋白(A_{1c})目前被用作长期血糖控制的指标，可用于评估糖尿病患者发生并发症的风险。蛋白质的糖基化在糖尿病患者的许多组织中发生，引起常见的糖尿病并发症，如心血管疾病、肾病、视网膜和神经病变。

糖基化的化学过程现在已经很清楚了。糖化通过非酶促过程发生，最终导致晚期糖基化终产物(AGEs)的不可逆形成(图 17-1)。糖基化的第一步发生在还原糖的醛或酮基与蛋白质上的游离氨基结合，形成不稳定的希夫碱，这些希夫碱然后经过阿马多里重排，形成阿马多里

产物。进一步的修饰可以产生高活性的二羰基化合物，其充当 AGE 前体。二羰基也可通过希夫碱氧化发酵（纳米基途径）、金属催化的葡萄糖自氧化（沃尔夫途径）或脂质过氧化（乙酰托尔途径）形成，一旦形成，这些二羰基化合物与各种细胞内和细胞外的蛋白质相互作用，导致形成稳定但不可逆的 AGE，一些 AGEs 如戊糖素具有黄褐色，可以通过包括皮肤在内的组织中的自体荧光检测到。

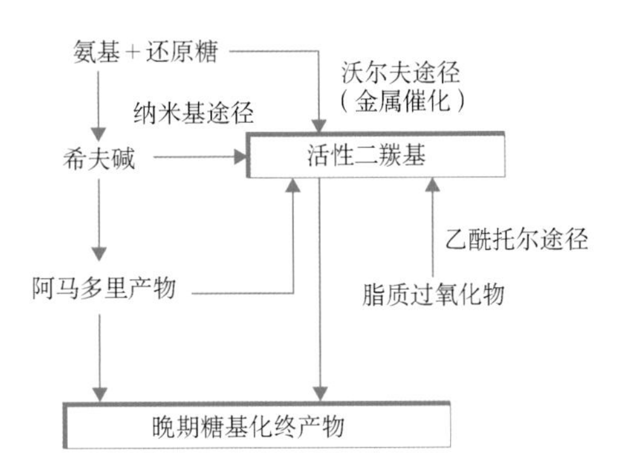

图 17-1　活性二羰基和晚期糖基化终产物（AGEs）生成的多个途径

Source：Adapted from Peng X，Ma J，Chen F，Wang M. 2011. Reproduced with permission of the Royal Society of Chemistry.

糖基化与皮肤老化

我们现在知道，糖基化是内在和外在皮肤老化的一部分。糖基化开始于 35 岁左右，影响胶原蛋白和弹性蛋白分子。外部因素，如太阳暴晒加速了日光弹性纤维变性区域 AGE 的沉积。据认为，这些晚期糖基化终产物导致皮肤出现光化损伤的黄色外观。胶原蛋白和弹性蛋白纤维的交联使它们变得僵硬和无弹性，导致皮肤失去柔韧性，导致老化表型。一旦沉积在组织中，糖化胶原蛋白和弹性蛋白就不能被分解，因此预防仍然是最好的策略。糖基化的速率可以通过降低膳食糖的摄入量和维持严格的血糖控制来改变。

除了它们对组织的直接作用外，糖化蛋白通过与 AGEs 受体（RAGE）结合而增加氧化应激和上调炎症。RAGE 是免疫球蛋白家族的细胞表面受体，主要表达于心脏、肺和骨骼肌。AGEs 诱导后受体信号传导，激活转录因子核因子 κB（NF-κβ）。NF-κβ 增加促炎细胞因子的产生，导致皮肤老化和炎症。AGEs 自身在所谓的糖氧化过程中上调氧化应激，进一步促进 AGEs 的形成。

糖化抑制剂

糖基化可在早期和晚期被抑制，AGE 抑制剂可通过清除糖基化产生的二羰基、自由基和氮，阻断糖对蛋白质的附着，减轻氧化应激和糖氧化反应。金属离子在 AGE 的形成中起着重要的作用，所以金属螯合剂是有益的。后期的抗糖基化策略包括抑制交联和阻断 AGEs 受体，所有这些方法都有抑制 AGE 形成的巨大潜力。药妆品已经上市，目的是防止皮肤糖基化，这些产品含有多种活性成分，包括植物提取物、藻类提取物和其他天然抗氧化剂，在体外显示出抑制血糖的活性。

植物来源的糖基化抑制剂

植物提取物是最受欢迎的药妆成分（表 17-1），深受消费者的欢迎，被认为是天然的，对化妆品化学家来说很有价值，因为它们含有大量的有益成分，包括抗氧化剂。在一项有趣的研究中，人们在活体皮肤外植体上测试了民间传说中有助于治疗糖尿病的植物提取物，以检测它们抑制甲基乙二醛诱导的糖基化的能力。用葛根、杜仲叶提取物，对一种有效的糖基化抑制剂氨基胍盐酸盐进行测试。葛根含有葛根素异黄酮和耐寒橡胶树叶片绿原酸，这三种药物都被证明是有效的，当局部应用于人皮肤以防止 AGE 形成。虽然这些特殊的提取物在护肤品中没有发现，但本研究为测试植物提取物和其他化合物抑制皮肤糖基化的能力提供了一个有价值的模型。

表 17-1 抑制糖基化的植物

迷迭香	肉桂色
鼠尾草	绿茶
马约兰	姜黄
塔拉贡	石榴
生姜	苹果
多香果	蓝莓

药妆成分

绿茶（茶多酚）

绿茶已被广泛用于医学。绿茶多酚（GTPs）包括：儿茶素-3-O-没食子酸盐（EGCG），表儿茶素-3-O-没食子酸酯（ECG），表没食子儿茶素（EGC），其中 EGC 是最有效的抗氧化剂之一。GTPs 被证明可以抑制糖基化，动物实验证实，饮用绿茶提取物可以有效地阻断胶原蛋白的交联，抑制与衰老相关的 AGE 积累。绿茶提取物抑制糖尿病大鼠尾腱胶原的糖基化和交联，提示 GTPs 对糖尿病并发症有治疗价值。

同样值得注意的是，最近的研究表明茶多酚也可能清除中间反应羰基，这表明抗氧化性能可能不仅仅是 GTPs 抑制 AGE 形成的唯一机制。研究表明，局部绿茶提取物可以预防紫外线引起的炎症、氧化应激和抑制致癌，是保护和治疗老化皮肤的重要成分。

水飞蓟素（水飞蓟）

水飞蓟素是一种黄酮类化合物，可以从乳蓟植物的种子中提取。水飞蓟素含有抗氧化剂水飞蓟素 A、水飞蓟素 B、异水飞蓟素 A、异水飞蓟素 B、水飞蓟素和水飞蓟宁。这些黄烷类抗氧化剂自古以来就被吹捧为治疗肝和胆囊疾病的药物。已观察到，水飞蓟素全身或局部给药对人体都有益处。最近的研究表明，口服水飞蓟素对由链脲佐菌素（STZ）诱导的糖尿病小鼠通过捕获活性羰基物质和阻断交联来抑制其晚期糖基化。该研究还发现，水飞蓟素可减少 AGE 积累，尾胶原和抗炎介质的交联。局部应用的水飞蓟素已被证明具有光保护作用，包括防止紫外线引起的致癌、氧化应激和免疫抑制。因此，水飞蓟素作为一种药妆成分有望提供一种多机制的方法来治疗皮肤老化。

根皮素和根皮苷（苹果）

众所周知，苹果对健康有很多益处，包括预防癌症、心脏病和糖尿病。根皮素是一种只存在于苹果和苹果产品中的根黄酮。根皮苷是根皮素的糖苷形式，最近的研究表明这两种化合物都有抗糖尿病作用。这些化合物通过捕获活性二羰基化合物，抑制肠道对葡萄糖的吸收，防止 AGE 的形成。间苯二酚联合维生素 C 和阿魏酸外用已经被证明对皮肤有光保护作用，改善光老化的外观。因此，根皮素作为一种具有光保护、抑制糖基化和治疗皮肤老化作用的药妆剂，仍然受到人们的关注。

槲皮素

槲皮素是我们饮食中最丰富的黄酮醇之一，存在于绿茶和红茶、刺山柑、红苹果、红洋葱、红葡萄和一些浆果中，与其他类黄酮一样，槲皮素具有广泛的生物活性，包括抗炎和化学预防作用。槲皮素在实验模型中被证明可以抑制 DNA 的糖基化。体外研究表明，这种多酚对成纤维细胞和酪氨酸酶抑制活性具有复活作用，使它成为独一无二的抗衰老成分。表明对成纤维细胞具有恢复活力和酪氨酸酶抑制活性的体外研究使得这种多酚作为抗衰老成分是独特的。含有槲皮素的药妆品在市场上用于治疗光老化，尽管尚未进行精心设计的临床研究。

蓝莓

蓝莓提取物含有抗氧化剂类黄酮，在实验模型中已被证明具有抑制糖基化的作用。含有蓝莓提取物和其他皮肤再生成分的药妆品已被证明可以改善皮肤外观（图 17-2 和图 17-3）。在一项临床研究中，研究人员评估了一种含有蓝莓提取物和 C-木糖苷的专利药妆产品对 2 型糖尿病女性患者的糖基化抑制和改善轻度至中度光老化的能力。选择 C-木糖苷刺激糖胺聚糖产物和蓝莓提取物作为研究对象是基于它们的抗糖化性能。在每天 2 次使用该测试产品 12 周后，研究人员发现，在皮肤水化、皮肤厚度、皮纹、紧致度、光泽、皱纹和整体外观方面都有显著改善。采用皮肤自发荧光法测量 AGE 抑制，并且贯穿整个研究过程。虽然在为期 3 个月的研究中，糖基化的抑制作用并没有在试验产品中被证实，但作者认为，可能需要更长的研究来证实 AGE 积累的变化，本研究设计为抗糖基化药妆的体内试验提供了一个很好的模板。

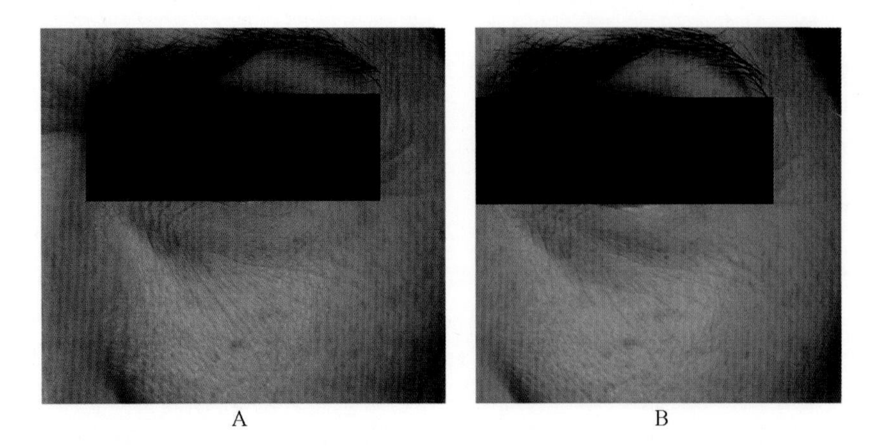

图 17-2 (A)和(B)分别为使用含有 4%蓝莓提取物、30%丙氧嘧啶及 0.2%植物皂苷的药妆治疗 12 周前后面部照片(SkinCeuticals A. G. E. Interrupter)。注意观察皱纹、松弛度和皮肤纹理方面的改善

Source:Courtesy of SkinCeuticals.

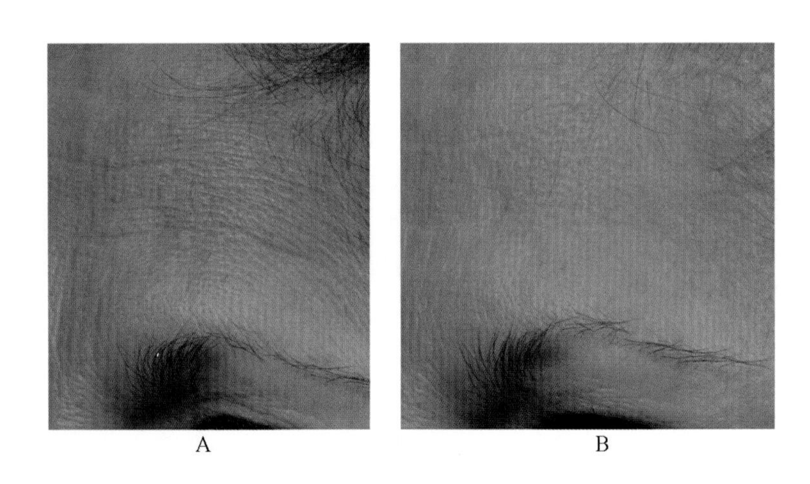

图 17-3 (A)和(B)分别为使用含有 4%蓝莓提取物、30%丙氧嘧啶及 0.2%植物皂苷的药妆治疗 12 周前后额部照片(SkinCeuticals A. G. E. Interrupter)。注意观察皮肤纹理、细纹和前额皱纹的改善

Source: Courtesy of SkinCeuticals.

石榴

石榴是一种具有药用和美容功效的古老水果。这种水果的果皮以其涩味而闻名,石榴籽油富含水合脂肪酸。石榴含有多酚类化合物,存在于籽油、果汁和果皮中,它们具有强大的抗氧化、抗糖、抗炎和抗癌活性。石榴籽油能促进培养中的角质形成细胞增殖,石榴皮提取物可刺激原胶原蛋白Ⅰ的生成和抑制金属蛋白酶活力。最近的一项研究表明,一种从石榴皮中的多糖提取的成分能抑制酪氨酸酶活性,中和自由基,从而抑制 AGE 的形成。作者认为,果汁生产过程中产生的这种副产品可能作为化妆品工业中有用成分的原料。石榴提取物存在于各种药妆品中,旨在使衰老的皮肤恢复活力并减轻色素沉着。

药草和香料

在一项比较研究中，对 24 种植物和香料的提取物进行了体外抑制白蛋白糖基化的能力测试。一般来说，香料提取物比草药提取物更能抑制糖基化，其中姜、肉桂、多香果和丁香的作用最强。鼠尾草、马郁兰、龙蒿和迷迭香提取物也有效，但程度较低，下面将讨论对药妆品感兴趣的抑制血糖的植物性药物。

迷迭香

迷迭香是一种常见的家庭草本植物，以其独特的香味和风味而闻名。迷迭香含有酚类化合物，包括卡那索、玫瑰醇、咖啡因酸、迷迭香酸、卡诺辛酸和熊果酸。迷迭香提取物具有强大的抗氧化作用，具有抗菌活性和抑制紫外线诱导的金属蛋白酶。迷迭香叶的乙醇提取物(Rosm1)，被证明可以抑制皮肤表面脂质的氧化变化，保护皮肤免受自由基的伤害。此外，体外研究证实迷迭香提取物具有抑制胶原糖基化的能力，使其具有抗糖基化药妆活性。

姜黄

姜黄是一种药用植物，长期以来一直被用于中药。姜黄的根被磨成粉末，产生香料姜黄。姜黄被用作食物的调味料，如咖喱。姜黄含有活性成分姜黄素，一种多酚类抗氧化剂，使其呈黄色。姜黄素在抗菌、化学预防、化学治疗、创伤愈合、抗增殖等方面具有多种生物活性。尽管姜黄素有许多有益的作用，但其在人体中的药用价值受到其摄入后生物利用度较低的限制。目前正在研究利用纳米颗粒、脂质体和其他传递系统来提高姜黄素的吸收和维持其生物活性。研究表明，姜黄素具有抗糖基化活性。动物实验表明，姜黄素口服可提高糖尿病大鼠的胰岛素敏感性，降低血糖，减少炎症，抑制衰老和胶原交联。

局部姜黄素凝胶已经在临床环境中进行了研究，姜黄素凝胶用于银屑病患者的治疗，显示其抑制银屑病皮肤磷酸化酶激酶活性。在一项对 647 名银屑病患者的大型研究中，局部类固醇与姜黄素凝胶联合使用，在 16 周的治疗后，70％以上的患者皮疹达到完全消退。在一项对 220 名患者的研究中发现，较高浓度的同类姜黄素凝胶可以预防和减少术后瘢痕组织的形成。研究人员还发现，外用姜黄素凝胶治疗光损伤的患者，3～6 个月后许多光老化指标参数呈现出临床改善，包括光化性角化病、雀斑、皮肤纹理的改善和皱纹的减少。姜黄素具有多种作用机制，可以改善光老化皮肤，包括抗氧化、抗炎、抑制激活蛋白 1 (AP-1)和防止糖基化作用。

海洋源性糖基化抑制剂

人们对海洋生物作为药妆活性物质的来源越来越感兴趣。褐藻含有间苯二酚类抗氧化剂，具有多种生物活性。褐藻多酚包括间苯三酚、双酚羟基卡麦洛尔、鹅掌菜酚和二鹅掌菜酚，在褐藻中含量丰富。这些化合物是有效的抗氧化剂，通过下调 NF-κB 介导具有抗炎活性。E. cava 的提取物是金属蛋白酶和酪氨酸酶抑制剂，并抑制活化蛋白 1 (AP-1)，成为治疗皮肤老化的有效药物。间苯三酚是褐藻多酚的组成单位，在体外具有抑制糖基化的作用。此外，海藻多糖、岩藻多糖能阻断 AGE 受体，抑制 AGE 的积累及其引发的进一步组织损伤。在红藻中发现的类胡萝卜素、虾青素也被证明可以抑制糖基化。因此，以海洋为基础的成分可能作为阻断 AGE 早期和晚期反应的抑制剂。

其他重要的糖基化抑制剂

α-硫辛酸

α-硫辛酸是一种天然存在的抗氧化剂，具有脂溶性和水溶性。α-硫辛酸及其还原型二氢硫辛酸(DHLA)能清除自由基，帮助再生维生素 E 和维生素 C，螯合金属，并具有抗炎活性。对 STZ 诱导的糖尿病大鼠的研究表明，口服 α-硫辛酸可以降低血清和肾组织的 AGEs，并通过降低氧化应激抑制 RAGE 的表达。用果糖喂养的大鼠进行的动物研究表明，高糖饮食引起的胶原蛋白异常，包括胶原蛋白交联和胶原蛋白生成减少，可通过同时口服 α-硫辛酸减轻。含有 α-硫辛酸的药妆非常丰富，通常作为抗氧化剂销售，具有抗衰老的功效。有关含 α-硫辛酸的药妆品的研究有限，在一项随机、安慰剂对照、双盲的研究中，33 名女性在半张脸上涂 5%的 α-硫辛酸乳膏作为治疗组，持续 12 周，另一侧只涂制药载体作为对照组，该载体含有 0.3%辅酶 Q_{10} 和 0.03%乙酰卡诺汀。与对照组相比，激光皮肤轮廓技术测量显示了 α-硫辛酸治疗侧眶周皱纹显著改善。临床和摄影评估显示，使用 α-硫辛酸乳膏组的皮肤老化整体评估有显著改善。

肌肽

肌肽是二肽 β-丙氨酸-L-组氨酸，存在于肌肉和大脑中。它作为一个胞内缓冲，发挥清除羰基重和保护蛋白质交联的作用。肌肽是一种多用途的抗氧化剂，表现出锌和铜的螯合活性，并与葡萄糖竞争，以抑制蛋白质糖基化。这种双肽已被证明可以延缓培养的人成纤维细胞的衰老和衰老加速小鼠的衰老。肌肽补充剂广泛可用的，并已被提出用于治疗阿尔茨海默病，预防糖尿病并发症和作为抗衰老剂。研究表明，与安慰剂对照组相比，口服补充肌肽能改善皮肤外观，减少细纹和皱纹。鉴于这些生物效应，含肌肽的药妆品已被开发用于预防糖基化和治疗皮肤老化。

小结

抗糖基化护肤品是药妆领域的一个新领域。这些产品在大众和知名市场都有销售，并含有各种创新的植物抗氧化剂和其他糖基化抑制剂。糖基化的重要性及其在皮肤老化中的作用是一个新兴的概念，受到美容医师和消费者的青睐。使用功能性食品、补充剂或局部皮肤护理产品来预防糖基化，对于患者来说，这可能代表着一种新的策略，他们希望皮肤再生。

延伸阅读

Babizhayev MA, Deyev AI, Savel'yeva El, et al. Skin beautification with oral nonhydrolized versions of carnosine and carcinine: Effective therapeutic management and cosmetic skincare solutions against oxidative glycation and free-radical production as a causal mechanism of diabetic complications and skin aging. *J. Dermat Treat* 2012; **23**(5): 345-385.

Beitner H. Randomized, placebo-controlled, double blind study on the clinical efficacy of a cream containing 5% alpha lipoic acid related to photoageing of facial skin. *Br J Derm* 2003; **149**: 841-849.

Danby FW. Nutrition and aging skin: Sugar and glycation. *Clin Dermatol* 2010; **28**: 409-411.

Dearlove RP, Greenspan P, Hartle DK, et al. Inhibition of protein glycation by extracts of culinary herbs and spices. *J Med Food* 2008; **11**: 275-281.

Draelos ZD, Yatskayer MS, Raab MS, Oresajo C. An evaluation of the effect of a topical product containing C-xyloside and blueberry extract on the appearance of type II diabetic skin. *Journ Cosmet Dermatol* 2009; **8**: 147-151.

Gasser P, Arnold F,Peno-Massarino L, et al. Glycation induction and antiglycation activity of skin care ingredients on living human skin explants. *Int J Cos Sci* 2011; **33**: 366-370.

Heng MC. Curcumin targeted signaling pathways: basis for anti-photoaging and anticarcinogenic therapy. *Int J Dermatol* 2010; **49**: 608-622.

Jeanmarie C. , Danoux L, Pauly G. Glycation during human dermal intrinsic and actinic ageing: an in vito and in vitro model study. *Br J Derm* 2001; **145**: 10-18.

Peng X, Ma J, Chen F, Wang M. Naturally occurring inhibitors against the formation of advanced glycation end-products. *Food Funct* 2011; **2**: 289-301.

Reddy VP, Garrett MR, Perry G, Smith MA. Carnosine: A versatile antioxidant and antiglycating agent. *Sci Aging Knowledge Environ* 2005; **18**: pe12.

Rout S, Banerjee R. Free radical scavenging,anti-glycation and tyrosinase inhibition properties of a polysaccharide fraction isolated from the rind from *Punica granatum*. *Bioresource Technology* 2007; **98**(16): 3159-3162.

Semba RD, Nicklett EJ, Ferrucci L. Does accumulation of advanced glycation end products contribute to the aging phenotype? *J Gerontol A Biol Sci Med Sci* 2010; **65**: 963-975.

Ulrich P,Cerami A. Protein glycation, diabetes, and aging. *Recent Prog Horm Res* 2001; **56**: 1-21.

Yamauchi M,Prisayanh P, Haque Z, Woodley DT. Collagen cross-linking in sun-exposed and unexposed sites of aged human skin. *J Invest Dermatol* 1991; **97**: 938-941.

（译者：陈　阳　审阅：冯　峥）

第18章　皮肤护理中至关重要的离子和生物电

Ying Sun[1], Elizabeth Bruning[1], Susan H. Weinkle[2], and Samantha Tucker-Samaras[1]

[1]美国约翰逊消费公司

[2]美国南佛罗里达大学

离子流和生物电

生物电是所有生命过程中的电现象，表现为离子在身体各个部位的不均匀分布和定向迁移。跨膜电位就是生物电的一个众所周知的例子。在人类中，生物电调控细胞水平的生理活动的信号传导过程。因此，生物细胞使用生物电来发挥功能，触发内部变化，储存代谢能量，并通过细胞间信息相互传导信号。这种固有的电信号系统借助带小的正电荷或负电荷的离子运动来调控细胞水平上的生理功能，如钠离子（Na^{+}），钾离子（K^{+}），氯离子（Cl^{-}）和钙离子（Ca^{2+}），移入和移出细胞以产生浓度梯度并由此产生电势梯度。这些离子在细胞内外的不对称浓度形成了细胞膜上的电跨膜电位。同样，活的表皮也存在着跨膜电位。

众所周知，低电平信号与伤口愈合有关。在皮肤伤口中，愈合是通过细胞迁移到伤口部位和转运必要的离子和蛋白质到伤口完成的。在皮肤伤口中，通过细胞迁移到伤口部位并将必需离子和蛋白质运输到伤口来完成愈合。通过增强人体的电信号过程，增加修复细胞向伤口部位的迁移，可以加速伤口愈合。Zhao等的研究表明，电信号作为一种方向性提示，在引导上皮细胞在创面愈合过程中的细胞迁移方面，作用可能比之前认为的要重要得多。他们发现，有两种蛋白质对电场诱导的细胞反应很重要。一个是磷脂酰肌醇3激酶（PI3K），在一个称为电趋向性的过程中，指导人类细胞跨越电梯度的迁移。另一种是脂质磷脂酰肌醇3，4，5-三磷酸（PIP3），这是一种聚集在细胞前缘的关键分子，信号元件与之结合。这些信号元件反过来导致肌动蛋白的局部聚合，在迁移方向形成突起。据报道，生物电场通过显著增加或减少400多个转录本的基因表达，在控制人成纤维细胞活性方面发挥着重要作用。其中包括在特定的细胞信号通路，如TGF-β，G蛋白和抑制细胞凋亡。表皮产生一种跨上皮电位，其内部电荷带正电。Nuccitelli等测量了两组实验对象皮肤的生物电创面电流，以研究内源性电场在年轻和老年人体创面愈合中的作用。Nuccitelli等测量两个受试者组的人皮肤中的生物电创伤电流，以研究内源电场在年轻和老年受试者的伤口愈合中的作用。对40例成人手臂和腿部刺穿伤口的角质层和表皮之间的外侧表面损伤场进行了测量，在18—29岁年龄组中，10名女性和10

名男性的平均电场强度为 163±59mV/mm，而在 65－80 岁年龄组中，10 名女性和 10 名男性的平均电场强度仅为 78±15mV/mm。老年人的平均电场只有年轻人的一半，这表明即使是很小的皮肤伤口，电场也会随着年龄的增长而急剧下降。由于伤口电势与愈合速度成正比，伤口电势的降低可能是导致老年人组织修复减少和伤口愈合能力下降的一个重要因素。另一方面，可以想象，如果施加一个类似于皮肤自身创面愈合电信号的生理量级的外部电势，可能会增强老年人创面愈合。同样，如果将低电信号应用于老年皮肤，以模拟与伤口愈合有关的生物电信号，则可增强组织再生和年轻化过程，从而达到抗衰老的目的。同样，如果将低电平的电信号应用于老化的皮肤，以模拟与伤口愈合相关的生物电信号，组织再生和再生过程可能会增强，从而获得抗衰老的好处。

因此，推测在未受损伤的老化皮肤暴露在仿生电信号，也就是说，在受伤时一种模拟皮肤生物电信号的外用电信号。同样地，皮肤修复和修复机制在受伤时可以被激活，导致皮肤再生和明显的抗衰老好处。

必需的矿物质离子与皮肤

众所周知，人体必需的矿物质离子在皮肤健康中具有重要的作用，如锌在人体的生理功能中发挥关键的作用，尤其是作为皮肤的重要抗氧化剂。表皮中的锌浓度随着皮肤老化而下降：65 岁以上的受试者的平均锌浓度约为 35 岁以下受试者的一半，但是两组之间组织间质中锌浓度没有存在显著差异。两组的(间质)液体，表明血浆锌与表皮锌之间没有相关性。锌和铜都参与皮肤炎症过程和与老化有关的疾病。

用于皮肤护理的锌铜络合物和仿生电

生物电及其与皮肤护理益处的关系，以及利用电偶粒子产生的低电平电流模拟生物电的应用，最近得到了评估。已报道一种由锌和铜元素组成的双矿物络合物应用于皮肤护理，如减少光老化迹象的出现。元素锌铜颗粒的电偶作用在金属颗粒表面的锌和铜畴之间产生电势，在存在水分的情况下，锌离子是电偶过程的副产品。

Southall 等报道了使用元素锌和铜的电偶粒子(Zn-Cu)通过市场上销售的皮肤记录器以判定低电平电刺激对完整皮肤生理的影响。锌铜诱导完整皮肤的记录电位，具有促进原始角质形成细胞产生 H_2O_2、激活 p38 MAPK 和 Hsp27Zn-Cu 的作用。还发现，采用 Zn-Cu 电偶粒子处理具有减少多种类型细胞受 PHA(植物血凝素)或痤疮丙酸杆菌刺激后促炎性细胞因子的产生，如 IL-1α，IL-2，NO 和 TNF-α。通过用双荧光素酶启动子法测定，发现 Zn-Cu 络合物对角质形成细胞中的 TNF-α 诱导的 NF-κB 水平具有剂量抑制作用；通过免疫荧光观察，发现它还具有阻止 p65 向细胞核内迁移的作用。通过与 p38 MAPK 的串联以抑制 NF-κB 活性可能是锌铜络合物发挥其炎症作用的潜在途径之一。局部应用锌铜络合物可有效减轻组织多肽抗原(TPA)诱发的皮炎和噁唑酮诱发的小鼠耳水肿模型的过敏反应。锌铜电偶诱发的抗炎活性似乎是通过产生低水平过氧化氢介导的，至少在一定程度上是这样，因为过氧化氢酶的加入可以逆转这种活性。总的来说，这些结果表明，含有锌铜的电偶极显著降低了完好皮肤的炎症和免疫反应，为电刺激在非损伤皮肤中的作用提供了证据。

Chantalat 等进行了一项随机、双盲、安慰剂对照的临床试验，以评估锌铜络合物对改善光老化特征的疗效和耐受性。在这项为期 8 周的研究中,轻度至中度光老化的女性(40－65 岁)被随机分为两组,一组使用安慰剂,另一组使用三种 Zn-Cu 络合物(凝胶和活性保湿剂) 中的一种。疗效评估包括临床分级、专科临床影像学和受试者在治疗开始、治疗后 15～30 分钟、1 周、2 周、4 周和 8 周进行的自我评估。根据不良反应和产生刺激的临床分级来评估其耐受性,治疗组与治疗起始时比较,$P<0.05$ 为差异具有统计学显著意义,这项研究由 124 名女性完成。含锌铜络合物的成分与安慰剂和治疗后 15～30 分钟组相比,在应用 8 周后,临床表现存在统计学上显著改善。临床分级显示,与安慰剂组相比,首次使用 15～30 分钟后皮肤亮度和黑眼圈有显著改善,并持续改善至第 8 周;在整体光损伤中,改善细纹、眼周皱纹、提升眼部外观的疗效,从治疗 2 周后开始,一直持续至第 8 周。试验组合物耐受性良好,与安慰剂组相比,这种锌铜电络合物在光老化皮肤方面提供了快速和持久的改善作用,支持其在局部抗衰老配方中的应用。图 18-1 显示了每天使用 1 次安慰剂或预混合锌铜配方的眼睑提升/平滑效果随着时间的推移而改善。

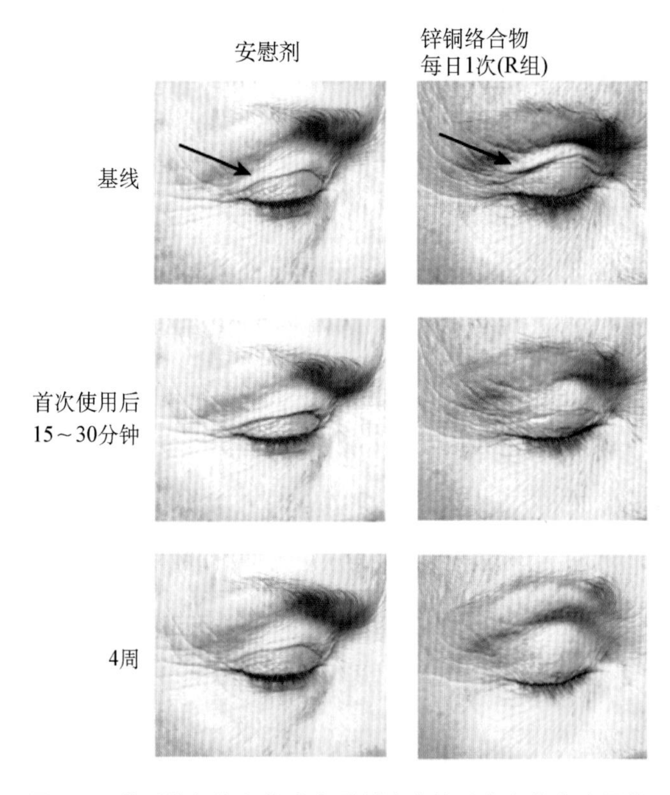

图 18-1 接受锌铜络合物或安慰剂治疗的反应者的临床图像显示,眼睑的提升得到立即和持续的改善

Nollent 等报道了锌铜络合物对眼部皮肤抗衰老效果的临床评估。这是一项非介入性、开放性、基线对照的临床研究,包括 30 天的洗脱期和 8 周的治疗期,研究对象为 34 名菲茨帕特里克(Fitzpatrick)皮肤类型Ⅰ－Ⅳ型皮肤的健康白人女性,年龄在 35 岁及以上。连续 8 周,每天早晨应用锌铜络合物配方进行试验。主观和客观评估均显示,在使用锌铜络合物治疗的 8 周内,面部光损伤的迹象有显著改善。临床分级(表 18-1)和自我评估(表 18-2)的结果对比治疗起始、第一次治疗(T imm)后即刻、第 1、4 周(T4)和第 8 周(T8)这几个评价指标，包括鱼尾纹、细纹和皱纹，眼部细纹和眼袋、眼睑水肿和黑眼圈，以及皮肤纹理(即皮肤光泽和色调)的改善具有显著统计学意义($P<0.05$)。客观评价方法体现出皮肤复制品治疗后皱纹总表面积及平均长度的减少。在 8 周的治疗过程中，测试配方对眼部周围敏感皮肤耐受性良好，无不良反应。

表 18-1　临床分级结果显示与基线对比改善的百分比

	第 1 次(%)	4 周(%)	8 周(%)
皱纹(鱼尾纹)	24	19	23
细纹(鱼尾纹)	37	31	40
眼下细纹	34	28	39
眼睑褶皱	17	23	23
黑眼圈	21	33	69
眼裂高度	5	14	16
上眼睑水肿	58	45	70
眼袋	34	31	43
皮肤柔软度	68	43	49
皮肤光泽度	17	46	52
肤色暗黄	52	40	82

注：与安慰剂组比较，除第 1 次组眼裂高度外，其余各时间点各参数均有显著性差异($P<0.05$)

表 18-2　自我评价结果

	(%)改善项目*		
	第 1 次	4 周	8 周
鱼尾纹减少	12.9	51.72	64.29
鱼尾纹、细纹减少	17.65	71.88	75.00
眼下细纹减少	29.41	75.00	59.38
下眼袋减轻	25.00	64.00	56.00
眼下黑眼圈减轻	32.14	55.17	66.67
眼睑皱褶减少	16.67	53.85	58.62
眼裂高度增加	26.47	51.52	65.63
上睑浮肿减轻	41.67	75.86	56.67
眼部明亮度增加	32.35	51.52	65.63
皮肤光泽度增加	35.29	63.64	75.00
皮肤湿润度增加	91.18	93.94	96.88
皮肤柔软度改善	70.59	87.88	87.50
产品良好的耐受性?	100.00	100.00	100.00

注：* %自我评价为“完全同意”或“相当同意”的受试者

Bruning 等描述了一项临床研究，该研究使用含有锌铜络合物的唇部外用组合物对人类嘴唇具有抗衰老作用。一项小规模、随机、双盲、安慰剂对照和基准对照的临床研究评估了含有带电微粒的组合物对嘴唇相关益处的影响，如抗衰老、嘴唇美容和嘴唇健康。研究人群包括40—65 岁的女性，Fitzpatrick 皮肤类型Ⅰ－Ⅳ，在入组时（基线），经历了专家打分和自我报告：中度到重度的唇部轮廓线、细竖线、嘴唇失去了应有的色泽/看起来苍白、唇边缘不清晰、嘴唇变薄/不太丰满、唇出现口红样出血和轻度至中度干燥。

本研究采用四种基本配方的润唇膏/唇膏棒的唇部组合物，其中两种含有带电微粒（产品1，锌铜络合物；产品 2，基准＋锌铜复合物），另两种不含有带电微粒（对比产品 A，安慰剂；对比产品 B，基准）。每组有 11 名受试者，受试者每天使用产品 3 次：上午、下午（午餐后）、晚上。

在基线、第 1 周和第 8 周对受试者进行评估。在每个时间点完成受试者自评问卷，拍摄高分辨率的唇部数字图像，并进行唇部光谱成像。

高分辨率的数字图像由专家评分员（对治疗组盲法）进行评分，以客观评估嘴唇的变化，专家评级员使用八个视觉定级参数对数字图像进行定级。

专家评分结果表明，产品 1（锌铜络合物）唇部成分明显优于对照品（$P<0.05$）产品 A（安慰剂）改善嘴唇周围的线条。在第 8 周时，嘴唇轮廓和线条方向性明显改善（$P<0.10$），产品 2（基准＋ Zn-Cu 络合物）的唇线组成优于比较产品 B（单用基准），在嘴唇丰满度、均匀色调、唇线方向等方面都比基线有明显改善，而比较产品 B 则没有。

总的来说，数码图像显示，仅在 1 周内，使用产品 1 和产品 2 两者治疗的受试者在唇色、细纹和丰满度方面都有明显的改善，在第 8 周所有评价指标持续改善。

氧血红蛋白分析采用光谱成像法（每组 7～9 名受试者），如图 18-2 所示，产品 1 的嘴唇成分在第 8 周氧血红蛋白水平较基线水平增加了近 25%（$P=0.05$），而比较产品 A 未显示出明显变化。这种氧血红蛋白水平的增加被认为是自我评估和专家评分数据中所显示的唇色明显改善的原因。

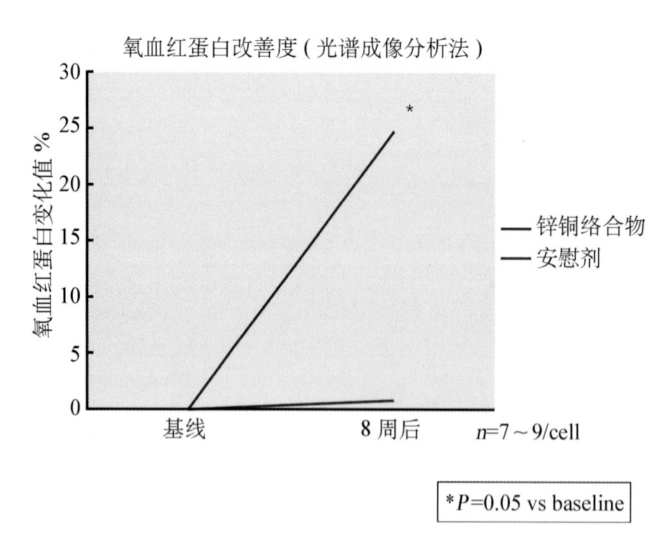

图 18-2 光谱成像氧-血红蛋白分析显示，第 8 周锌铜络合物产物 1（上线）较安慰剂对照产物 A（下线）增加近 25%（$P=0.05$）

受试者自评问卷的结果显示，从第 1 周开始，产品 2 的评分始终高于其他所有治疗。产品 2 也是治疗间差异最大的，也是唯一一个在第 8 周时所有唇参数的自我评价与基线相比有显著改善（$P<0.05$）的唇成分。

受试者自我评估问卷的结果表明，从第 1 周开始，产品 2 的排名始终高于所有其他治疗。产品 2 是治疗间差异最大的，也是唯一一个在第 8 周时所有唇参数的自我评价与基线相比有显著改善（$P<0.05$）的唇成分。

延伸阅读

Bruning E，Chantalat J，Maitra P. Lip compositions comprising galvanic particulates. United States Patent Application US20110195100.

Chantalat J，Bruning E，Sun Y，Liu J-C. Application of a topical biomimetic electrical signaling technology to photo-aging：A randomized，double-blind，placebo-controlled trial of a galvanic zinc-copper complex. *J Drugs Dermatol* 2012；**11**(1)：30-37.

Dreno B. Evolution du zinc cutane au cours du vieillissement cutane [Changes in cutaneous zinc during skin aging]. *Ann Dermatol Venereol* 1992；**119**(4)：263-266.

Driban JB，Swanik CB，Huxel KC，Balsubramanian E. Transient electric changes immediately after surgical trauma. *J. Athletic Training* 2007；**42**：524-529.

Encyclopedia Britannica. Bioelectricity. Available at：http://www.britannica.com /EBchecked/topic/65834/bioelectricity#ref=ref40797 (accessed August 27，2009).

Encyclopedia Britannica. Cell. Available at：http://www.britannica.com/EBchecked/topic /101396/cell/37442/Cell-to-cell-communication-via-chemical-signaling#ref =ref313825 (accessed August 27，2009).

Huttenlocher A，Horwitz AR. Wound healing with electric potential. *N Engl J Med* 2007；**356**：303-304.

Jennings J，Chen D，Feldman D. Transcriptional response of dermal fibroblasts in direct current electric fields. *Bioelectromagnetics* 2008；**29**：394-405.

Kaur S，Lyte P，Garay M，Liebel F，Sun Y，Liu J-C，Southall，M. Galvanic zinccopper microparticles produce electrical stimulation that reduces the inflammatory and immune responses in skin. *Arch Dermatol Res* 2011；**303**(8)：551-562.

Lee BY，Wendell K，Butler G. Ultra-low microcurrent therapy：A novel approach for treatment of chronic resistant wounds. *Advances in Therapy* 2007；**24**：1202-1209.

Martinsen OG，Grimnes S. *Bioimpedance and Bioelectricity Basics*. 2nd ed. St. Louis，MO：Elsevier Science & Technology Books，2008.

New World Encyclopedia. Cell membrane. Available at：http://www.newworld encyclopedia.org/entry/Cell_membrane (accessed August 27，2009).

Nollent V，Lanctin M，Nkengne A，Bertin C. Clinical evaluation of a zinc- and copperbased eye area anti-aging complex. *Cosmetics & Toiletries*，2012；**127**(10)：718-725.

Nuccitelli R，Nuccitelli P，Li C，et al. The electric field at human skin wounds declines sharply with age. 18th Annual Meeting of the Wound Healing Society, San Diego, CA, April 24-27, 2008.

Ojingwa JC, Isseroff RR. Electric stimulation of wound healing. *J Invest Derm* 2003; **121**: 1-12.

Rostan EF, DeBuys HV, Madey DL, Pinnell SR. Evidence supporting zinc as an important antioxidant for skin. *Int J Dermatol* 2002; **41**: 606-611.

Schwartz JR, Marsh RG. Draelos ZD, Zinc and skin health: Overview of physiology and pharmacology. *Dermatol Surg* 2005; **31**(2): 837-847.

Sun Y, Liu J-C. Bioelectricity. In: Baran R, Maibach HI, *Textbook of Cosmetic Dermatology*, 4th ed. New York: Informa Healthcare, 2010, 466-481.

Vasto S, Mocchegiani E, Candore G, Listi F, Colonna-Rmano G, Lio D, Malavolta M,Giacconi R, Cipriano C, Caruso C. Inflammation, genes and zinc in ageing and age-related diseases. *Biogerontology* 2006; **7**(5-6): 315-327.

Zhao M, Song B,Pu J, et al. Electrical signals control wound healing through Phosphatidylinositol-3-OH Kinase-γ and PTEN. *Nature* 2006; **442**: 457-460.

（译者:陈　阳　审阅:冯　峥）

第19章　干细胞药妆品

Mark V. Dahl
美国马克·达尔·梅奥诊所和马库塞尔公司

引言

老化的皮肤不同于年轻的皮肤。老化的表皮缺乏角质形成细胞，结构也更薄，皮脊变平。真皮也缺乏正常数量的细胞与组织成分，如胶原蛋白、弹性蛋白、层粘连蛋白、黏多糖和纤维连接蛋白。真皮也缺乏弹性、强度、血管和透明质酸基质。除了变薄和脆弱，老化的皮肤愈合缓慢。表皮代谢周期延长，皮肤屏障功能相对薄弱。皮肤显得菲薄、皱纹多、青肿和粗糙。

为了以自然的方式恢复正常的强度和功能，皮肤需要再生更多的细胞和组织成分以补充由于正常磨损、晒伤和老化而损失的细胞和成分。角质层必须以更正常的速度自我更替，表皮必须相应变厚。表皮必须确保基底细胞向角质形成细胞、颗粒细胞和角质细胞的有序分化。同样，真皮成纤维细胞的数量也需要增加以保证其合成诸如弹性纤维、胶原蛋白和透明质酸之真皮基质材料的增加。血管必须保持正常的数量和功能。神经、毛囊、皮脂腺和汗腺都必须保持足够的数量以生成适量和足够的递质产物。按照定义，新生的皮肤应该在外观和功能上显得更像年轻时的皮肤。

令人遗憾的是，皮肤表面单纯应用真皮成分物质无法充分重建正常的真皮。它们要么无法穿过表皮屏障，即使通过了表皮屏障，也未能有效地在表皮下积聚。多数情况下，只是单纯地向表皮补水，使表皮变光滑或柔顺。一个完全成功的皮肤年轻化策略应该包含重建具有正常细胞数量与功能的表皮和真皮，也包括正常的细胞产物及其正常的化学组成成分。干细胞在皮肤中提供细胞储库，以复原或修复老化或受损的皮肤。在表皮中，干细胞位于毛囊隆凸部和滤泡间上皮，在这里它们与基底细胞在形态学上无法区分。而真皮中干细胞则位于血管周围、发根的乳突和其他部位。当干细胞被进入细胞核的信号激活后，分裂并分化成特定谱系的细胞，如角质形成细胞、成纤维细胞、黑色素细胞、脂肪细胞或其他细胞系。其中成纤维细胞能合成皮肤的组成成分，如胶原蛋白。

激活细胞以恢复皮肤活力的策略

药妆品以活细胞为治疗靶向。活细胞不仅是构成皮肤的组成要素，而且它们可以协调活动，将这些要素以正确的数量、正确的时间、正确的方向和形式置于适当的位置。表19-1列出了通过诱导细胞维持皮肤年轻化的可能策略。

表 19-1 诱导细胞维持皮肤年轻化的可能策略

诱导细胞维持皮肤年轻化的可能策略
诱导真皮细胞产生更多的细胞外结构和基质
协助存留的皮肤组织各要素维持功能
诱导局部应用的细胞进入皮肤
将自体分化细胞注入真皮或皮下
诱导成体/间质干细胞从血液迁移到皮肤
通过抑制细胞凋亡来延长细胞寿命
诱导皮肤干细胞增殖(对称)分裂
诱导皮肤的瞬时放大细胞增殖分裂
诱导皮肤中的干细胞分化(不对称)分裂

诱导真皮细胞产生更多的细胞外结构和基质

真皮中的细胞接受激发后将更快或更好地运作起来。一般来说，刺激因子是由周围组织细胞和浸润的炎症细胞产生的细胞因子。细胞因子或某种小分子成分可能是启动细胞及其产物合成的刺激因子。药妆品主张能刺激胶原蛋白的及类维生素 A、维生素 C、铜素胜肽、转化生长因子 β、棕榈酰五肽-3、某些寡肽、类黄酮和雌二醇。皮肤剥脱剂或皮肤浅层的激光治疗造成的轻微损伤似乎也能刺激胶原蛋白的产生。

帮助皮肤组织存留的组织要素维持功能

表皮有助于形成健康、正常的再生皮肤。化妆品和药妆润肤霜确实有助于使皮肤光滑饱满。药妆品可以提供保湿剂，使散乱的角质层恢复正常，促进自然保湿因子的释放，并使用油脂或二甲氧基酮使皮肤平滑，这些保湿剂可以涂抹在皮肤鳞状上皮的表面。由于皮肤屏障和表皮限制了经皮吸收，而且皮肤的淋巴引流往往会将这些化学物质带走，因此药妆品很难向真皮和皮下脂肪层的细胞提供正常的因子。

诱导局部应用的细胞进入皮肤

这个策略看起来像是科幻小说，但真的是这么回事吗？细胞具有随机移动和定向移动的特性(趋化性)。诱导细胞穿透角质层进入表皮和真皮是可能的，就像白细胞在各种感染性病原体、过敏原和刺激物的作用下从其下方进入表皮层一样。成纤维细胞或前体细胞(干细胞)能被诱导从皮肤表面进入皮肤吗？角质层是一个巨大的屏障，但或许可以通过胶带或其他方法将角质层粘贴剥除。

将自体分化的细胞或干细胞注入真皮或皮下

目前，注射的自体干细胞和分化的细胞主要充当填充物，使组织在短时间或长时间内膨胀。除非细胞存活下来，并在注射后进行复制和(或)合成液体或组织物质，否则它们只是暂时增加组织的体积。干细胞和分化的组织细胞需要周围细胞和结构的引导才能正常复制和发挥功能。它们需要信号引导发挥功能。因此，细胞注射策略的成功可能需要借助药妆品来提供所需的信号或改变干细胞的生态位置。例如，脂肪细胞来源的干细胞被诱导形成成纤维细胞时，提供了赖氨酸的成分。

诱导成体/间质干细胞从血液迁移到皮肤

骨髓来源干细胞可以迁移到皮肤中。患有隐性遗传性大疱性表皮松解症的患者在基因上缺乏将表皮固定在皮肤基底膜上的固定纤维。它们之所以缺乏这种固定纤维是因为患者在基因上缺乏合成Ⅶ型胶原的能力。在没有固定纤维的情况下，即使是轻微的创伤，表皮也会从真皮层脱落。在这些皮肤受损的患者中，同种异体骨髓来源的干细胞已经迁移到皮肤中并分化成合成Ⅶ型胶原的细胞。

在某些情况下，来自血液的干细胞缓慢地迁移到皮肤中，以重建皮肤干细胞群。在正常的生命周期中，皮肤中的干细胞数量保持相当稳定。这主要是由于干细胞分裂不频繁和寿命长造成的原因。然而，在受伤后，干细胞可以通过快速的对称分裂，以迅速愈合伤口。如果伤口处皮肤干细胞耗尽，则来自血液的干细胞可以恢复愈合皮肤中干细胞的数量。

一些产品声称干细胞可以识别受损的皮肤并修复它。一些药妆品中提供的干细胞特异性趋化因子和细胞因子可能有助于干细胞从血液转移到皮肤。然而，即使干细胞从血液中迁移到皮肤中，它们也可能不会使皮肤恢复活力。未受伤的老化皮肤中的干细胞，无论数量多少，似乎都保持相对静止。只有通过适当的信号转导，干细胞才能合成胶原Ⅰ纤维和弹性组织纤维等再生结构。

通过抑制细胞的破坏(凋亡)延长细胞寿命

细胞凋亡能保护机体免受癌症之类疾病的侵袭。包括干细胞在内的细胞能够识别到DNA受到无法修复的损伤并自我毁灭。它们也会在细胞毒性T细胞或细胞毒性抗体攻击时死亡，如当细胞感染病毒或其他细胞间有机体时，以及在细胞表达与恶性生长相关的特定肿瘤抗原后死亡。然而，干扰这一正常的凋亡保护过程的药妆品可能会导致危险的不良反应。如果药妆品削弱了对感染细胞或癌细胞的杀灭作用，就可能导致临床感染和癌症的发生。

诱导皮肤干细胞增殖(对称)分裂

表皮细胞和真皮细胞的寿命有限。当它们死亡或脱落时，它们被从干细胞中分化出来的新细胞所取代。干细胞有两种分裂方式：对称的增殖分裂；或不对称的细胞分化分裂。对称的增殖性分裂产生两个干细胞或两个瞬态扩增细胞，每个细胞都经历更对称的分裂，然后有丝分裂后分化形成功能性终末细胞，如成纤维细胞，黑色素细胞和角质形成细胞。相反，一个不对称的、可分化的分裂产生一个干细胞来替代它自己，和一个瞬态扩增细胞来进一步分裂和分化。如果干细胞更频繁地复制，皮肤中的细胞密度势必增加。如果每个分化的子代细胞正常运作，细胞产物的密度也应该增加(如胶原蛋白，弹性纤维，基质)。随着年龄的增长，皮肤中的干细胞数量保持相对稳定，它们的功能大部分被保留下来。随着衰老，干细胞复制的频率降低。为此推测，当信号或对信号的反应不能维持正常的增殖和分化活动时，通过添加生长因子或增强信号通路，可恢复年轻时正常的增殖和分化，使皮肤恢复青春活力。

然而，旨在促进皮肤细胞增殖的药妆品面临许多潜在障碍。首先，过度增殖是有害的。过度增殖活动会产生过多的组织或皮肤肿瘤。其次，干细胞的增殖分裂最终也会耗尽自己，因为分裂的干细胞没有得到更新或保存。第三，正常的调控途径可能会抵消任何旨在增加干细胞数量的策略。

生长因子必须适时用在合适的部位，以避免出现细胞过度增殖之“安全失控”状况。细胞自静止期进入细胞复制周期是细胞增殖的一个关键时期。过多的增殖会导致过多的组织或细胞。过少的增殖则不会产生所需的效果。是否启动细胞复制，皮肤干细胞需要监测其周围环境，涉及空间、细胞极性、细胞因子、可利用的营养物质、氧张力，或许还有数百种其他因素。药妆品一方面可能具有提供启动细胞复制信号的功效，另一方面也可能毫无这方面的作用。另外，还存在其他主导细胞不增殖、不分化的信号，它们的抑制作用可超过药妆品促进细胞分裂的作用。

诱导皮肤瞬态扩增细胞增殖分裂

已有报道，生长因子(如表皮生长因子，转化生长因子 β 和神经生长因子)被配制入药妆品，它们能成功刺激干细胞或瞬态扩增细胞，但其在人体内使用的真实数据大多缺乏。大多数生长因子分子量巨大，无法穿透入皮肤。在脂质体或微球中加入生长因子则可以克服这个难题。大多数生长因子对温度敏感且不稳定。然而，一种含有生长因子作用的小分子药妆品可以成功逆转或最小化与衰老相关的变化。

诱导皮肤干细胞分化(不对称)分裂

干细胞因子(又名 SCF)是一种特殊的分子，也被称为“基配体”或“钢因子”。该分子与干细胞因子受体(CD117)相结合，由成纤维细胞和内皮细胞产生，其分子量相当大(MW 18kDa)，发挥维护造血和干细胞功能的作用。它的大分子量限制皮肤的吸收。成黑色素细胞表达 c-Kit 受体。干细胞因子可能有助于在组织中定位黑色素细胞，也有助于控制黑色素细胞的增殖与存活。

一些药妆品除了单独含有干细胞成分(“干细胞释放分子”)外，还加入生长因子。这些药剂包括液化胎盘、未受精人卵、牛胚胎液、脐带衍生物、细胞因子、白细胞介素、抗氧化剂、分子伴侣蛋白和微小片段 RNA。但它们局部应用于乳霜中的有效性证据很少。干细胞自身(除外药妆品中干细胞的其他组成成分)能产生瞬态扩增细胞，它们是一群分化程度更高、具有谱系特异性的皮肤细胞。除干细胞外，药妆品中其他组成成分似乎与干细胞的增殖或分化过程无关。即使它们能够进入皮肤，干细胞释放的因子也可能不具有生长因子或干细胞增殖活性。干细胞释放分子被认为是它们自分泌或旁分泌的活性产物，以滋养干细胞生态位。

由于植物干细胞可以修复其受损组织，因此植物干细胞提取物的应用被认为可以促进老化皮肤的修复。人们发现，在苹果、瓜类、番茄、树木、玫瑰或大米等植物中，这些被称为“分生组织干细胞”的化学物质具有抗氧化特性。

在器官培养过程中，发现来自于摩洛哥坚果树(刺阿干树)的细胞发生了去分化。与对照组相比，这些细胞的匀浆增强了取自切除毛囊的真皮细胞中 Sox2(一种干细胞标记物)的表达。此外，摩洛哥坚果树提取物培养的细胞传代增加了真皮 Sox2 细胞在培养过程中形成的次生球的数量，说明该提取物具有提高真皮干细胞活力的功能。一项临床试验表明，与安慰剂相比，乳状液中萃取物乳剂增加了真皮上部的回声(提示密度增加)，并降低了鱼尾纹的深度。

针对信号通路下游进行干预将可能是一种更有效的策略。支持干细胞复制的信号通常沿着 Wnt(读 wint)信号通路传递。当细胞监测其环境时，Wnt 蛋白与细胞膜受体结合。如果只有少量的信号到达，那么细胞就会保持其首选的静止、非增殖、非分化状态，并保持其“干性”。

增加信号量有利于分化干细胞的分裂。干细胞分裂产生一个干细胞(从而维持自身和多能性以备用)和一个分化的、功能较弱的细胞(一个瞬态扩增细胞)。生物体利用瞬态扩增细胞产生功能分化的谱系细胞,如角质形成细胞和成纤维细胞。当瞬态扩增细胞相对减少时,需要另一种不对称的干细胞分裂(图19-1)。

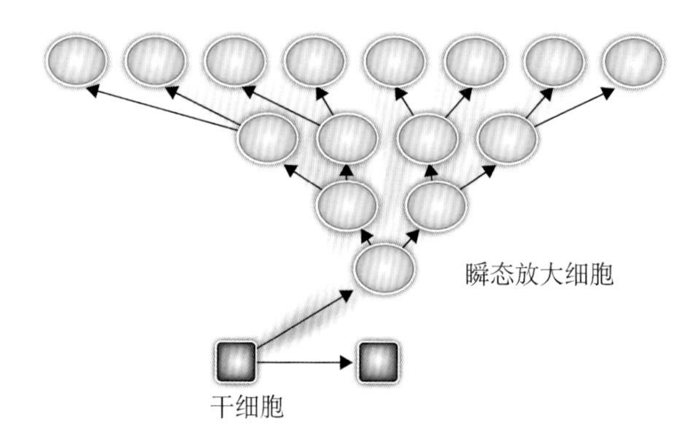

图19-1　在不对称(分化)分裂中复制干细胞分裂成两种类型的细胞。它通过自我更新来创造一个新的干细胞,它通过自我分化来创造一个瞬态放大细胞。瞬时扩增细胞将经历对称分裂,产生大量特定谱系的分化细胞,如成纤维细胞

Source: Dahl MV. 2012. Reproduced with permission of JohnWiley & Sons Ltd.

皮肤中的干细胞数量通常不会随着年龄的增长而减少。它们不太可能发生不对称分裂,分化成皮肤成分细胞,如成纤维细胞和角质形成细胞。化妆品添加可促进细胞不对称分裂的成分,以促进干细胞的正常分裂、分化。这种促进细胞不对称分裂的成分启动β-连环蛋白与所谓的p300的共激活蛋白相结合,而不是与结构类似于p300的共激活蛋白CBP相结合来推动信号沿着Wnt通路向下游传递,干细胞得以分化(不对称)分裂。干细胞的不对称分裂增加了正常皮肤细胞数量与细胞合成的基质。这种策略的可取之处是显而易见的,不对称分裂有助于皮肤干细胞如年轻时那样有活力。这种成分有助于皮肤恢复正常。促进细胞不对称分裂的成分使用于皮肤局部似乎是安全的。此外,该成分抑制增殖性对称分裂,这减轻了对过度增殖或诱发皮肤肿瘤的担忧。

小结

干细胞最终产生皮肤细胞及其成分。随着年龄的增长,信号传递的不充分或不恰当使得干细胞不太可能发生不对称分化的细胞分裂,而这恰是维持正常分化细胞数量所必需的。老化的干细胞似乎对来自Wnt通路的信号反应较弱。促进和支持正常干细胞分化的药妆品应该做到能阻断或逆转与皮肤老化有关的改变。

延伸阅读

Dahl MV. Stem cells and the skin. *J Cosmetic Dermatol* 2012; **11**: 297-306.
Fenske NA, Lober CW. Structural and functional changes of normal aging skin. *J Am Acad*

Dermatol 1986; **15**: 571-585.

Giangreco A, Qin M, Pintar JE, Watt FM. Epidermal stem cells are retained in vivo throughout skin aging. *Aging Cell* 2008; **7**: 250-259.

Kahn M. Symmetric division versus asymmetric division: A tale of two coactivators. *Future MedChem* 2011; **3**: 1745-1763.

Kohl E, Steinbauer J, Landthaler M, Szeimies RM. Skin aging. *J Eur Acad Derm Venerol* 2011; **25**: 873-884.

Montano I. Dermal stem cells are the target of the latest treatments for deep-seated skin rejuvenation. info@mibellebiochemistry. com, www. mibellebiochemistry. com.

Pera MF, Tam PPL. Extrinsic regulation of pluripotent stem cells. *Nature* 2010; **465**: 713-720.

Sethi J, Videl-Puig A, Wnt signaling and the control of cellular metabolism. *Biochem J* 2010; **427**: 1-17.

Wu Y, Zhao RCH, Tredget EE. Concise review: Bone marrow-derived stem/progenitor cells in cutaneous repair and regeneration. *Stem Cells* 2010; **28**: 905-915.

Zouboulis CC, Adjaye J, Akamatsu H, et al. Human skin stem cells and the aging process. *Exp Gerontology* 2008; **43**: 986-991.

（译者：陈　阳　审阅：冯　峥）

第 20 章　海洋生物的药妆应用

Sung-Hwan Eom[1] and Se-Kwon Kim[1,2]

[1]韩国釜山普庆国立大学海洋生物过程研究中心

[2]韩国釜山普庆国立大学海洋生物化学实验室

引言

化妆品常用来改善皮肤和保养皮肤。近年来，出现了含有生物活性和天然成分的化妆品，在改善皮肤状况的同时，还用来治疗各种皮肤病。

海洋生物为化学提供了丰富多彩的资源，可设计和开发未来用于治疗的产品。研究表明，许多海洋化合物都是前景广阔的药妆原料，因为它们具有抗氧化、抗炎症、抗过敏、抗衰老、抗皱、抑制酪氨酸酶、抑制基质金属蛋白酶（MMP）和防紫外线（UV）等特性。现阶段的研究主要是有关海洋化合物作为营养补品和药妆产品的治疗用途，并对其进行功效和安全方面的临床评价。

在各种海洋衍生的化合物中，多酚类、类胡萝卜素和类孢菌素样氨基酸是著名的有效植物化学成分。众所周知，这些生物效应与药妆的应用有着密切的关系。因此，本章重点探讨海洋化合物的药妆效应及其治疗潜力。希望本章能提高人们对以海洋化合物为基础的药妆产品在功能性和营养成分的开发利用方面的兴趣。

来自海洋生物的海洋衍生化合物

海藻多酚

藻类已成为生物活性代谢物的重要来源，它们在许多国家的沿海地区分布广泛，数量丰富。它们也是有用的次生代谢物的来源，如琼脂、角叉菜胶和海藻酸钠，具有有趣的药物特性。在海生藻类中，褐藻作为海洋酚类化合物，据称有很高的间苯二酚含量。间苯三酚由间苯三酚（1,3,5-三羟基苯）单元的聚合物组成，形成于海生藻类的乙酰亚胺途径中。这些间苯三酮含有高度亲水性成分，分子量丰富（126Da～650kDa）。

从褐藻中提纯的几种海藻多酚，如昆布醇、褐藻门昆布、匍匐珊瑚目、昆布属氧化酶、澳洲艾森菌、羽叶藻（Eisenia bicyclis，“荒布”）、铁钉菜和鹿角菜，具有抗氧化、抗炎症、抗病毒、抗肿瘤、抗糖尿病、抗癌等多种药理作用。来自昆布属氧化酶的鹅掌菜酚、二鹅掌菜酚和间苯三酚具有潜在的降血压效果。昆布褐藻多酚（Ecklonia cava phlorotannins）含有其他的新型多酚，包括 6,6′-二昆布酚、8,8′-二昆布酚、8,4‴-二鹅掌菜酚、二噁英脱氢醇（dioxinodehydroeckol）、鹅掌菜酚-G、7-间氯雷醇-A、三氯乙醇-A。此外，褐藻门昆布和羽叶藻（Eisenia bicyclis）含有鹅掌菜酚、间苯二酚-A 和二鹅掌菜酚等海藻多酚化合物，并分离出 8,8′-二昆布酚，也门铁的海藻多酚具有很强的抗过敏作用，其结构被鉴定为鹅掌菜酚、6,6′-二昆布酚、6,8′-二昆布酚、8,8′-二昆布酚、间苯二酚-A 和间苯二酚-B。从褐藻石菖蒲中分离得到 6,6′-二昆布酚、二噁英脱氢醇、间苯三酚。总的来说，海藻多酚可用于药妆产品和制药产品的功能性制剂。

类胡萝卜素

类胡萝卜素是自然界中最常见的色素，由植物、藻类、真菌和微生物合成。其特性取决于各种水果、蔬菜、花卉、鸟类、鱼类和甲壳类动物中的黄色、橙色和红色等强烈的分子。类胡萝卜素是一种强效的猝灭剂，具有保护作用，可防止活性氧的生成，并使单线态氧的生成失活。特别是藻黄质和虾青素是海洋类胡萝卜素的主要成分，具有较强的抗氧化活性（图 20-1）。

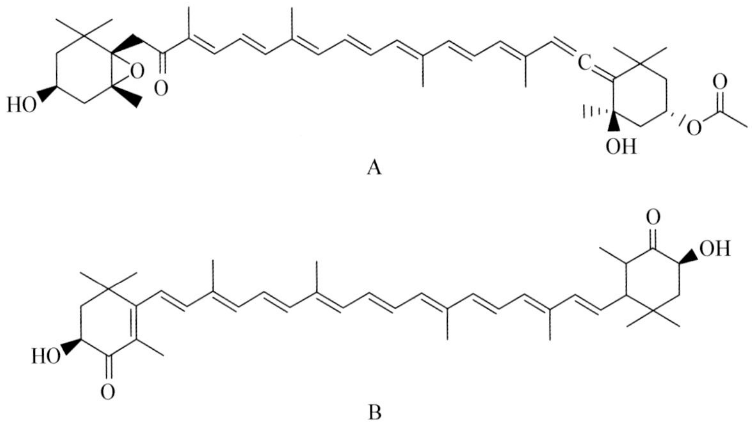

A

B

图 20-1 墨角藻黄素(A)和虾青素(B)的化学结构

类菌孢素氨基酸

在自然界中，海洋生物通过合成诸如类菌孢素氨基酸（MAAs）等紫外线吸收化合物，产生一系列的光保护机制来保护它们免受有害的紫外线辐射（UVR：280～400 nm）。类菌孢素氨基酸（MAAs）是一种小的（<400 kDa）无色水溶性化合物，环己酮的显色团与氨基亚胺醇的氮基偶联。MAAs 在 310～360nm 具有高吸光度，具有较强的保护作用。因此，它们被认为具有在海洋生物中类似 UV 吸收剂的保护作用。此外，像 MAAs 一样的紫外线吸收化合物可以抵抗非生物压力因素，如温度、紫外线辐射和 pH 值。由于具有这些特性，MAAs 被认为是以防晒为主的化妆品和药物制剂的理想选择。

海洋生物的药妆潜能

海藻多酚的酪氨酸酶抑制活性(皮肤美白特性)

酪氨酸酶(polyphenols oxidase,EC 1.14.18.1)是影响黑色素沉着程度和多酚氧化的重要美容因子。因此,酪氨酸酶抑制剂因其美白和脱色作用在制药行业中具有重要的作用。蘑菇酪氨酸酶(EC1.14.18.1)是一种含铜氧化酶,它能催化酪氨酸羟基化成二羟基苯丙氨酸(L-DOPA),并将 L-DOPA 氧化成多巴醌。这种苯二酚在褐变过程中可转化为褐色黑色素。这种酶促褐变反应可以通过捕获邻多巴醌中间体来阻止。一些酪氨酸酶制剂,如曲酸、熊果苷、儿茶素、对苯二酚和壬二酸是常用的皮肤美白和皮肤病用药。有数据表明,在化妆品中包含的一些人工防腐剂和添加剂如果被消费者长期使用,对各种细胞和器官都有毒,并且会转化为诱变剂和肿瘤促进剂。因此,近年人们对寻找新的天然成分产生了极大的兴趣。研究表明,褐藻中的海藻多酚在药妆业和制药业中具有潜在的酪氨酸酶制剂的作用。

此外,报道还发现了三氯乙醇-A,8,8′-二昆布酚和 8,4‴-二鹅掌菜酚,这些分离的褐藻多酚被证明具有酪氨酸酶抑制作用,即具有美白和去色素作用(表 20-1)。2012 年,Kang 等发现从昆布褐藻中纯化的二鹅掌菜酚具有酪氨酸酶抑制活性。二鹅掌菜酚以受体-配体相互作用的结合和对接方式表现出强大的酪氨酸酶抑制活性。运动学分析表明,二鹅掌菜酚是一种非竞争性抑制剂。在分子模型模拟中,二鹅掌菜酚 (His208,Met215,Gly46)的结合残基可以与酪氨酸酶的活性位点相互作用,作为受体-配体相互作用的主要贡献者。2004 年,Kim 等研究了昆布褐藻中的褐藻多酚的抑制活性。从昆布褐藻中的乙酸乙酯萃取物(EtOAc)中分离出间苯三酚①,鹅掌菜酚②,新型多酚间苯二酚-A③,6,6-二昆布酚④和二鹅掌菜酚⑤。半抑制浓度(IC 50)表示为抑制 50%所需的浓度。酪氨酸酶抑制活性的结果显示:对于②,④和⑤而言,其 IC 50 值分别为 20.00±0.46,7.60±0.90 和 8.70±0.23μg/ml(表 20-1)。他们发现,抑制活性与熊果苷(IC50 值为 65.00±0.61μg/ml)和曲酸(IC50 值为 1.10±0.53μg/ml)相当。此外,昆布属氧化酶的甲醇提取物显示酪氨酸酶抑制活性(IC50 值为 354.00μg/ml)。从 EtOAc 级分中分离出五种化合物。其中,二鹅掌菜酚⑤显示出强烈的酪氨酸酶抑制活性,IC50 值为 2.16μg/ml。其他化合物如间苯三酚①二噁英脱氢醇⑥,鹅掌菜酚②和间苯二酚-A③的 IC50 值分别为 92.80、126.00、33.20 和 177.00μg/ml。将它们与熊果苷和曲酸进行比较(IC50 值分别为 112.00 和 6.32μg/ml),通过 Lineweaver-Burk 的动力学分析图显示,间苯三酚①和二噁英脱氢醇⑥是蘑菇酪氨酸酶的 L-酪氨酸的竞争性抑制剂。而鹅掌菜酚②,二鹅掌菜酚⑤和间苯二酚-A③为非竞争性抑制剂。Yoon 等研究了从昆布褐藻中分离出的间苯三酚①,二噁英脱氢醇⑥和 7-间氯雷醇⑦的潜在酪氨酸酶抑制活性。7-间氯雷醇⑦具有良好的酪氨酸酶抑制活性,IC50 值为 0.85μg/ml,具有竞争性抑制作用。其他鉴定成分,如间苯三酚①,二噁英脱氢醇⑥,IC50 值分别为 300.00μg/ml 和 222.94μg/ml,与之相比,熊果苷 IC50 值为 243.16μg/ml 曲酸 IC50 值为 40.28μg/ml。2010 年,Heo 等从石斛中分离出羟基卡马洛作为酪氨酸酶抑制剂。与熊果苷(IC50 值为 342.82μg/ml)相比,评估羟基卡马洛酪氨酸酶抑制活性,IC50 值为 142.20 μM。虽然目前人们对这些活跃的褐藻多酚的结构和活性的认知还非常有限,但其生理活性可能取决于褐藻多酚衍生物的聚合度。因此,间苯三酚酪氨酸酶活性可能与间苯三酚的聚合程度有关。此外,把酪氨酸酶的抑制活性与作为陆生植物衍生物的儿茶素作比较，根据其显著结果，来自蚁母树的没食子儿茶素、没食子儿茶素没食子酸酯、没食子酸甲酯和槲皮苷的IC50值显示分别为4.80、30.2和37.30μg/ml。从褐藻多酚分离的可食用褐藻的酪氨酸酶抑制活性与来自陆生植物的儿茶素类似。

因此，专家认为从褐藻中提取的褐藻多酚作为增白剂在食品和制药工业中具有重要的应用价值。此外，褐藻还含有多种促进健康的化合物，如藻黄素、硫酸盐多糖、甾醇、多不饱和脂肪酸和可溶性纤维。

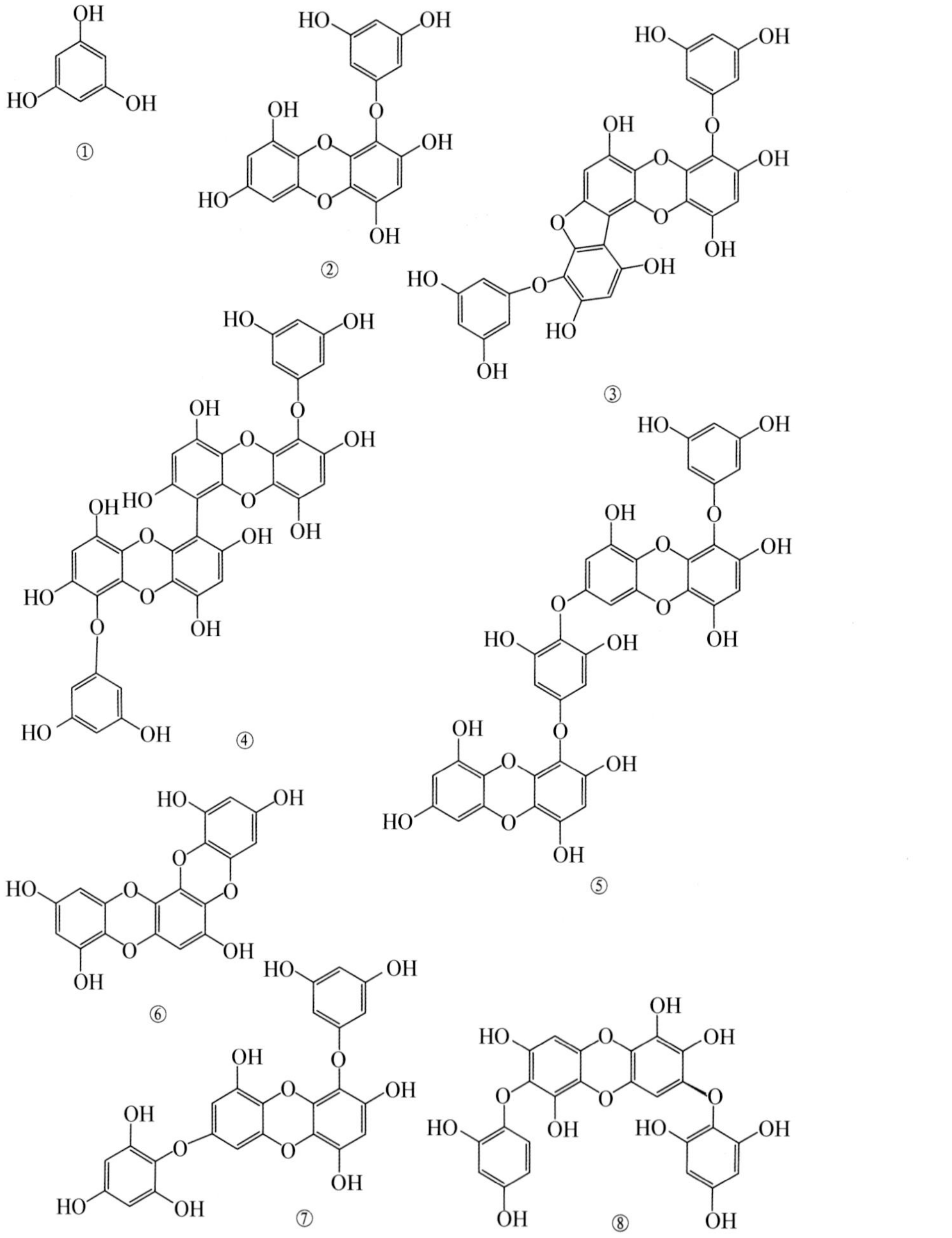

图20-2 褐藻中的间苯二甲酸的结构：①间苯三酚；②鹅掌菜酚；③间岩藻糖醛酸-A；④二噁英脱氢曲醇；⑤8,8′-二昆布酚；⑥7-间氯雷醇；⑦间苯二酚-A；⑧二鹅掌菜酚

表 20-1　褐藻多酚类化合物具有酪氨酸酶抑制作用

来源	褐藻多酚	抑制方式	IC50[a]	参考文献
腔昆布	间苯三酚①	—[b]	N. D[c]	Kim et al. (2004)
	鹅掌菜酚②	—	20 ± 0.46μg/ml	
	间苯二酚-A③	—	N. D.	
	6,6-二昆布酚④	—	7.6 ± 0.90μg/ml	
	二鹅掌菜酚⑤	—	8.7 ± 0.23μg/ml	
	熊果苷	—	65 ± 0.61μg/ml	
	曲酸	—	1.1 ± 0.53μg/ml	
腔昆布	间苯三酚①	—	300μg/ml	Yoon et al. (2009)
	二噁英脱氢曲醇⑥	—	222.94μg/ml	
	7-间氯雷醇⑦	竞争性	0.85μg/ml	
	熊果苷	—	243.16μg/ml	
	曲酸	—	40.28μg/ml	
腔昆布	二鹅掌菜酚⑤	竞争性	≈20 μM	Kang et al. (2012)
	熊果苷	—	—	
黑藻	间苯三酚①	竞争性	92.8μg/ml	Kang et al. (2004)
	二噁英脱氢曲醇⑥	竞争性	126.0μg/ml	
	鹅掌菜酚②	非竞争性	33.2μg/ml	
	7-间氯雷醇⑦	非竞争性	177.0μg/ml	
	二鹅掌菜酚⑤	非竞争性	2.16μg/ml	
	熊果苷	—	112.0μg/ml	
	曲酸	—	6.32μg/ml	
铁钉菜	二氯对羟基卡马洛	—	142.20 μM	Heo et al. (2010)
	熊果苷		342.82 μM	

注：[a]IC50 抑制作用表达为 50%抑制浓度；[b]-没有得到；[c]N. D. 未检出

岩藻黄素和虾青素的抗氧化作用

岩藻黄素是在海洋细菌、硅藻、褐藻和甲壳类动物中发现的类胡萝卜素之一，显著特征是存在烯键和羟基、羰基、环氧和羧基等成氧官能团。根据 Nomura 等的研究，来自三角褐指藻的岩藻黄素显示出比其他测试的类胡萝卜素更强的自由基清除活性，如 β-胡萝卜素、β-隐黄质、玉米黄质、licopen 和叶黄素。此外，Nishida 等的研究表明，类胡萝卜素比 α-生育酚和 L-抗坏血酸等具有更高的单线态氧猝灭活性。Heo 等(2008)报道，岩藻黄素可有效抑制 H_2O_2 诱导的细胞内 ROS 的形成，以及 DNA 损伤和细胞凋亡，并显著降低人体成纤维细胞暴露于 UVB 辐射所产生的细胞内 ROS，是一种远景广阔的皮肤保护剂。

在未来的临床应用上，虾青素还具有比 β-胡萝卜素和 α-生育酚更高的抗氧化活性。虾青素由每个环结构上的两个额外的氧化基团组成。最近的研究表明，虾青素可以防止紫外线诱导的 DNA 改变，包括人皮肤成纤维细胞，人黑色素细胞和人肠道细胞中的改变。并且虾青素在抑制大鼠肝微粒体中自由基引发的脂质过氧化反应方面比 α-生育酚更有效。在保护大鼠线粒体抗脂质过氧化反应中，虾青素比 α-生育酚高 100 倍。

总的来说，从海洋中提取的类胡萝卜素，如岩藻黄质和虾青素，在药妆品等的工业应用中是有效和安全的。

类菌孢素样氨基酸的光保护作用

类菌孢素氨基酸 MAAs 对紫外线辐射的防护作用已在多种细胞系和人体皮肤上得到证实。来自虾夷盘扇贝的三种吸收紫外线的化合物,类菌胞素氨基酸、紫素菜-334 和菌胞素甘氨酸,可以作为人成纤维细胞的紫外线保护剂。类菌孢素氨基酸 MAAs 的处理导致小鼠成纤维细胞 3T3 在 UVA 辐射时产生浓度依赖性的保护作用。与此相同的是,从脐形紫菜(Porphyra umbilicalis)分离的 Helioguard-365 对分别暴露于 UVA 辐射的人成纤维细胞(IMR-90)和人角质形成细胞(HaCaT)具有 DNA 保护作用。含有来自脐形紫菜的 MAAs 的乳膏有效地保护皮肤免受 UVA 诱导的光老化。类菌孢素氨基酸 MAAs 的日常使用似乎有效地维持皮肤光滑和紧致,并防止皮肤过早老化。以从冠状丝裂菌中分离得到的冠状丝裂菌素 A 为例,人们研究了其在人角质形成细胞系(HaCaT)和皮肤中的光保护作用。研究发现,冠状丝裂菌素 A 能有效地阻止 UVB 诱导的细胞破坏,并能部分阻止嘧啶二聚体的形成。部分 MAAs 通过清除活性氧(如单线态氧、超氧化物阴离子、过氧化氢自由基和羟基自由基)来保护细胞免受紫外线辐射。人们通过测定 Palythoa tuberculosis 海葵茎的过氧自由基捕获能力,来评价菌胞素甘氨酸的抗氧化活性。Suh 等的研究表明,在生物系统中,菌胞素甘氨酸可以抑制Ⅱ型光敏化的各种有害作用,如线粒体电子传递的失活、微粒体的脂质过氧化和红细胞的溶血。因此,MAAs 可能通过消除活性氧在保护海洋生物免受阳光伤害方面发挥了关键作用。此外,海洋生物中 MAAs 的光保护效应对太阳光谱的 UVB 和 UVA 区域具有较高的抗性。这些化合物对于自由基的产生和人体皮肤遭受紫外线辐射具有预防和治疗的效果。

小结

在本章中,由于海洋衍生化合物提供了前景广阔的资源,具有美白皮肤、抗氧化、光保护作用和低细胞毒性的特质,因此可用于未来开发药妆品和药物制剂。近年来,越来越多的消费者认识到安全与健康是密不可分的,并由此推动了对新型健康型和功能型化妆品的需求。作为替代物质的海洋生物引起了广泛关注。因此,海洋衍生化合物是药妆品的有效替代候选物之一。

延伸阅读

Heo SJ, Ko SC, Kang SM, et al. Cytoprotective effect of fucoxanthin isolated from brown algae *Sargassum siliquastrum* against H_2O_2-induced cell damage. *European Food Research and Technology* 2008; **228**: 145-151.

Heo SJ, Ko SC, Kang SM, et al. Inhibitory effect of diphlorethohydroxycarmalol on melanogenesis and its protective effect against UVB radiation-induced cell damage. *Food and Chemical Toxicology* 2010; **48**: 1355-1361.

Kang HS, Kim HR, Byun DS, et al. Tyrosinase inhibitors isolated from the edible brown alga *Ecklonia stolonifera*. *Archives of Pharmacol Research* 2004; **27**: 1226-1232.

Kang SM, Heo SJ, Kim KN, et al. Molecular docking studies of a phlorotannin, dieckol isolated from *Ecklonia cava* with tyrosinase inhibitory activity. *Bioorganic and Medicinal Chemistry* 2012; **20**: 311-316.

Kim JA, Lee JM, Shin DB, et al. The antioxidant activity and tyrosinase inhibitory activity of phloro-tannins in *Ecklonia cava*. *Food Science and Biotechnology* 2004; **13**: 476-480.

Ko RK, Kim GO, Hyun CG, et al. Compounds with tyrosinase inhibition, elastase inhibition and DPPH radical scavenging activities from the branches of *Distylium racemosum* Sieb. et Zucc. *Phytotherapy Research* 2011; **25**: 1451-1456.

Nishida Y, Yamashita E, Miki W. Quenching activities of common hydrophilic and lipophilic antioxidants against singlet oxygen using chemiluminescence detection system. *Carotenoid Science* 2007; **11**: 16-20.

Nomura T, Kikuchi M, Kubodera A, et al. Protondonative antioxidant activity of fucoxanthin with 1,1-diphenyl-2-picrylhydrazyl (DPPH). *Biochemistry and Molecular Biology International* 1997; **42**: 361-370.

Suh HW, Lee HW, Jung J. Mycosporine glycine protects biological systems against photodynamic damage by quenching singlet oxygen with a high efficiency. *Photochemistry and Photobiology* 2003; **78**: 109-113.

Yoon NY, Eom TK, Kim MM, et al. Inhibitory effect of phlorotannins isolated from *Ecklonia cava* on mushroom tyrosinase activity and melanin formation in mouse B16F10 melanoma cells. *Journal of Agricultural and Food Chemistry* 2009; **57**: 4124-4129.

（译者:陈 阳 审阅:冯 峥）

第三篇

Part III 药妆品的实际应用

Practical Applications for Cosmeceuticals

第 21 章　用于治疗寻常型痤疮的药妆品

Joshua A. Zeichner
美国纽约西奈山医疗中心

引言

在美国，大约 85%的人（即 4000 万～5000 万）在一生中的某个时候患寻常痤疮。使用处方药的联合治疗是治疗痤疮的基础。处方药包括外用和口服类维生素 A 类视黄醇、外用和口服抗生素、外用过氧化苯甲酰（BPO）和外用氨苯砜。痤疮患者往往单独使用非处方药（OTC）或把 OTC 与处方药联合使用。许多这样的 OTC 被归类为药妆品，它们虽然具有预期的治疗效果，但不被当作药物。研究人员对几种治疗寻常痤疮的药妆品进行了评估，包括矿物质、植物性成分、抗氧化剂和羟基酸。

临床描述：寻常型痤疮

寻常型痤疮是一种毛囊皮脂腺的疾病，通常发生在青少年时期，但一些患者可以持续到成年后。临床上，患者的面部和躯干会出现不同严重程度的粉刺、丘疹、脓疱和结节。痤疮的发病机制有多种因素，包括毛囊表皮过度增殖，短棒杆菌（痤疮丙酸杆菌）生长，皮脂产生和炎症等。早期有效的治疗对于减少永久性瘢痕的风险是非常重要的。不同作用机制的药物联合治疗可同时解决多种致病因素。外用的类视黄素可使异常的毛囊脱皮正常化，并抑制微粉刺的发育。此外，外用类视黄素通过其对 toll 样受体、细胞因子和一氧化氮的作用而具有抗炎作用。口服类维生素 A 用于严重的病例，并具有减少皮脂分泌的特别疗效。外用抗生素主要通过减少皮肤上的痤疮丙酸杆菌及其促炎作用来抗炎。BPO 具有抗炎、抗细菌和溶解角质的特性。它经常与外用抗生素联合使用，以抑制细菌耐药性的发展。

药妆品在治疗痤疮中的作用

天然成分可以定义为非人造的、在自然界中发现的或从植物或动物中提取的产品。几个世纪以来，天然药物一直用于治疗各种皮肤疾病，许多天然成分现在正被纳入主流药妆产品。其中许多成分的疗效已在临床试验中得到评估，作用机制正在研究中。患者们转向这类替代品的治疗有几个原因，包括兴趣，渴望更“自然”的治疗，对传统治疗的不满，或希望将自然型药物与传统治疗相结合。此外，由于这些产品是非处方药，患者获得这些产品的途径比医师的处方药要容易得多。下面总结了治疗寻常型痤疮的药妆剂清单(表 21-1)。

表 21-1 用于治疗痤疮的药妆成分

维生素 C
茶树油
烟酰胺
绿茶提取物
白藜芦醇
水杨酸
α-羟基酸

抗坏血酸

抗坏血酸(维生素 C)是从柑橘类水果、西红柿和西蓝花中提取的水溶性维生素,是生产健康胶原蛋白所必需的重要辅助因子。此外,维生素 C 具有抗氧化的特性,可以抑制自由基对 DNA 的损伤。通过解决痤疮发展中涉及的致病因素,维生素 C 已被证明是治疗痤疮的潜在方法。作为一种抗氧化剂,维生素 C 可以防止皮脂氧化导致的炎症和毛囊角化。维生素 C 已经被证明可以防止高达 40%的紫外线诱导的皮脂氧化。此外,试管试验显示其对痤疮丙酸杆菌具有较强的抗菌作用。

一些临床试验证明了维生素 C 在治疗痤疮中的功效。然而,维生素 C 本身不稳定并且在许多化妆品配方中容易降解。抗坏血酸磷酸钠(SAP)是一种稳定的维生素 C 前体,已被掺入几种外用制剂中。在一项研究中,使用 5% SAP 乳液进行为期 12 周的单药治疗后,面部痤疮得到了显著改善。

另一项随机、双盲临床试验显示了外用 5% SAP 治疗痤疮的疗效。一种是将其作为单一给药治疗,一种是与外用视黄醇 0.2%乳膏联合治疗,时间均为 4 周和 8 周。第三项对 60 名痤疮患者的研究显示,其与另一种含 SAP 的乳液具有相似的改善。维生素 C 是一种非抗生素的选择,它可以是一种有效的单一疗法,也可以是痤疮综合疗法的组成部分。

锌

锌是一种微量元素,在细胞发育和稳态过程中起辅助作用。它还具有抗氧化和抗炎的特性,因为超氧化物歧化酶(superoxide dismutase)等酶的正常功能依赖于铜和锌。锌治疗寻常型痤疮的积极作用主要有两个原因:首先,锌已被证明能减少皮脂分泌;其次,它对痤疮丙酸杆菌具有抑菌作用。研究显示,锌对炎症和严重痤疮的治疗效果比轻度至中度病症的更好。尽管有理论作用机制,但有关其疗效的临床资料并不多见,对锌的最佳配方、给药途径和给药剂量的评价尚需进一步研究。

口服补锌和外用锌对于痤疮的治疗均已进行过评估。单质锌或葡萄糖酸锌是口服补锌的首选形式,因为患者对硫酸锌有较好的耐受性。目前还没有明确的一线剂量。研究表明,服用葡萄糖酸锌每日 200mg 和硫酸锌每日 400~600mg,可能引起恶心、呕吐和腹泻,这可以通过饭后直接服用锌来减轻。此外,据报道,长期高剂量补充锌(如长期摄入超过 100ml/d)可降低铜水平，这是可以通过补充铜来纠正的。

针对口服四环素抗生素的直接研究表明，口服补锌确实有助于治疗寻常型痤疮。然而，口服抗生素优于锌。在一项研究中，332 名痤疮患者被随机分配每天服用 30mg 的锌元素或 100mg 的米诺环素。12 周时，锌组 31.2%的患者和米诺环素组 63.4%的患者达到了研究的成功率目标。

几种不同的外用锌制剂已经在痤疮的临床试验中进行了评估。4%/红霉素联合 1.2%醋酸锌凝胶使用 12 周后，优于对照品。因为缺少单一给药治疗进行比较，锌与红霉素联合疗效的确切结论尚不明确。第二项研究对 5%的硫酸锌溶液和 2%的茶洗剂进行比较，每天 2 次，连续 8 周。统计数据显示，茶组改善显著，而锌组改善趋势不明显。

烟酰胺

烟酰胺（也称为尼克酰胺）是从烟酸（维生素 B_3）中提取的水溶性维生素。烟酰胺在细胞功能中起着重要的作用，它是能量产生所需的辅酶烟酰胺腺嘌呤二核苷酸（NAD）的前体。

由于其舒缓和抗炎特性，外用烟酰胺已被掺入许多 OTC 化妆品中。烟酰胺因其对炎性趋化因子的抑制作用而用于治疗痤疮。皮肤上的痤疮丙酸杆菌通过 Toll 样受体 2 刺激激活白细胞介素-8（IL-8）。在试管内，烟酰胺以剂量依赖性方式明显降低 IL-8 的产生。烟酰胺被认为通过调节 NF-κB 和 MAPK 途径发挥这种抗炎作用。

4%烟酰胺凝胶与 1%克林霉素凝胶进行了直接的研究。每天 2 次，连续 8 周后，两组治疗组均可减轻痤疮的严重程度，两组间无统计学意义（$P=0.19$）。虽然还需要进行更多的临床试验来评估烟酰胺的疗效，但它可能是抗感染药的替代品，因为它没有抗生素所带来的细菌耐药性风险。

茶树油

茶树油（也被称为千层树油）是由互叶千层树的叶子提炼的。在澳大利亚，它长期被用来治疗感染，因为它具有防腐的特性。临床试验也证明了其治疗痤疮的有效性。在一项随机、双盲、对照的临床试验中，60 名患者被随机分为 1∶1，接受茶树油凝胶或载体治疗。经过 45 天的试用期，茶树油组与对照组相比，有统计学意义的明显改善。

在一项单盲临床试验中，124 名参与者被随机分配接受 5%茶树油或 5%过氧化苯甲酰洗剂。茶树油和过氧化苯甲酰均显著降低炎性和非炎性痤疮病变。茶树油的起效较慢，但与过氧化苯甲酰相比，患者皮肤的不良反应较少。

绿茶

绿茶来自茶叶（Cammelia sinensis）植物，含有强效的多酚化合物，称为儿茶素，具有抗氧化和抗炎特性。因此，绿茶提取物通常用于许多 OTC 外用抗衰老产品中。

很少有临床试验来评估绿茶治疗痤疮。20 名患有轻度至中度痤疮的患者参加了这项开放性研究，他们每天 2 次涂抹 2%绿茶乳液，持续 6 周。研究人员发现，平均总病变数（58.33%，$P<0.0001$）和平均严重程度指数（$P<0.0001$）有统计学意义上的显著下降。如前所述，将痤疮患者使用的 2%茶液与 5%硫酸锌溶液进行比较，茶液显示出统计学上显著的改善，而锌溶液没有。

白藜芦醇

白藜芦醇是一种天然存在的化合物，产生于葡萄类的植物中。它在红葡萄酒中含量很高，而在白葡萄酒中则较少。白藜芦醇具有抗氧化和抗炎特性，被认为可预防心血管疾病。研究表明，它还可以减少角质形成细胞过度增殖和抑制炎症，这是痤疮发展的两个主要致病因素。此外，试管白藜芦醇验证其可抑制痤疮丙酸杆菌的生长。

一项使用含有白藜芦醇的水凝胶的临床试验改善了痤疮的严重程度。在单盲面部分区研究中，20 名痤疮患者在一侧面部施用活性凝胶而在另一侧面部施用载体，每天 1 次，施用 60 天。在研究结束时，用白藜芦醇治疗的一侧面部显示全部痤疮分级评分平均降低 53.75%，而载体治疗侧面部评分为 6.10%。此外，在治疗前和治疗后进行氰基丙烯酸酯滤泡“活检”。这是一种简单、无创的技术，可以去除皮肤表面的死细胞，并对角质层进行评估。从氰基丙烯酸酯的活检中，研究者发现白藜芦醇和载体处理的面部粉刺平均面积的减少有统计学上的显著差异。

水杨酸

水杨酸是一种 β 羟基酸，与氨基水杨酸（阿司匹林中的活性成分）在化学上相似。它在自然界中被发现并且最初是从白柳树的树皮中提取的。水杨酸被用来治疗痤疮已有几十年的历史，常见于 OTC 产品中，包括洗剂和免洗型。它是一种化学去角质剂，可溶解角质层角质形成细胞之间的连接，导致死细胞脱落。此外，水杨酸可能对皮肤有抗炎作用。作为亲脂性分子，它可以很容易地渗透到毛囊皮脂腺单位的油性环境中，这使其成为治疗痤疮的理想选择。它虽然能分解粉刺，但人们通常认为它不如外用类视黄醇有效。所以往往当患者不能耐受外用类维生素 A 时，才使用水杨酸。

水杨酸经常作为辅助治疗与外用处方药。在美国，OTC 产品所含的水杨酸的允许最高浓度为 2%，但在处方药中或在诊所使用的化学剥脱产品的水杨酸浓度可能高于这一浓度。过氧化苯甲酰联合水杨酸治疗痤疮已被证明在早期时间点（第 2—4 周），与单一给药过氧化苯甲酰、外用抗生素或过氧化苯甲酰联合外用抗生素相比，具有更好的效果。

α-羟基酸

α-羟基酸是存在于水果、乳糖和植物中的弱酸。乙醇酸是 α-羟基酸的一个实例，它是从甘蔗中提取的，通常被纳入 OTC 产品中的痤疮药品和抗衰老药品。α 羟基酸削弱角质细胞中细胞间键的强度，因此通过增加角质细胞脱屑来减少皮肤过度角化。研究表明，除了使角质层变薄外，α-羟基酸分散基底层黑色素并增加真皮胶原合成。通过产生受控伤口并允许再上皮化，已显示乙醇酸可减少过度色素沉着。

在售卖柜台，α-羟基酸的浓度可达 10%，并已配制成各种免洗型、洗剂和剥脱剂。在医师办公室，它们可以以更高的浓度脱皮。虽然水杨酸因其亲脂性在传统上更常用于治疗痤疮，但比较乙醇酸和水杨酸皮的临床试验显示二者治疗痤疮的结果相当。在双盲、分面、随机研究中，20 名患者一侧接受 30% 乙醇酸，另一侧接受 30% 水杨酸。患者每两周接受一次脱皮治疗，一共 6 次。通过第二次剥离，两种化学物质都显著有效（$P<0.05$），但它们之间没有显著差异。此外，乙醇酸单一疗法，乙醇酸与外用视黄醛的组合已被证明可增强过氧化苯甲酰和外

用抗生素的作用。

小结

痤疮患者经常使用 OTC 药妆产品来治疗痤疮。为了取得良好的疗效，消费者选择正确的 OTC 产品是非常重要的。患者经常向皮肤科医师寻求产品和成分建议。在某些情况下，患者甚至可能更喜欢 OTC 产品而不是处方药，并寻求替代疗法而舍弃处方药的指导。许多 OTC 制剂中都含有维生素 C、锌、茶树油、烟酰胺、绿茶、白藜芦醇、水杨酸和乙醇酸，所有这些成分都有数据支持它们用于治疗痤疮，无论是作为单一疗法还是作为处方药的辅助药物。

延伸阅读

Bassett IB，Pannowitz DL，Barnetson RS. A comparative study of teatree oil versus benzoyl peroxide in the treatment of acne. *Med J Aust* 1990；**153**：455-458.

Bowe WP，Patel N，Logan AC. Acne vulgaris：The role of oxidative stress and the potential therapeutic value of local and systemic antioxidants. *J Drugs Dermatol* 2012；**11**(6)：742-746.

Bowe WP，Shalita AR. Effective over-the-counter acne treatments. *Semin Cutan Med Surg* 2008；**27**：170-176.

Dreno B，Moyse D，Alirezai M，et al. Multicenter randomized comparative double-blind controlled clinical trials of the safety and efficacy of zinc gluconate versus minocycline hydrochloride in the treatment of inflammatory acne vulgaris. *Dermatology* 2001；**203**(2)：135-140.

Elsaie ML，Abdelhamid MF，Elsaaiee LT，Enam HM. The efficacy of topical 2% green tea lotion in mild-to-moderate acne vulgaris. *J Drugs Dermatol* 2009；**8**(4)：358-364.

Fabbrocini G，Staibano S，De Rosa G，et al. Resveratrol-containing gel for the treatment of acne vulgaris：A single-blind，vehicle-controlled，pilot study. *Am J Clin Dermatol* 2011；**12**(2)：133-141.

Fowler JF，Woolery-Lloyd H，Waldorf H，Saini R. Innovations in natural ingredients and their use in skin care. *J Drugs Dermatol* 2010；**9**(6 Suppl.)：S72-81.

Kessler E，Flanagan K，Chia C，et al. Comparison of alpha- and beta-hydroxy acid chemical peels in the treatment of mild to moderately severe facial acne vulgaris. *Dermatol Surg* 2008；**34**(1)：45-50.

Shalita AR，Smith JG，Parish LC，et al. Topical nicotinamide compared with clindamycin gel in the treatment of acne vulgaris. *Int J Dermatol* 1995；**34**(6)：434-437.

Woolery-Lloyd H，Baumann L，Ikeno H. Sodium L-ascorbyl-2-phosphate 5% lotion for the treatment of acne vulgaris：A randomized，double-blind，controlled trial. *J Cosmet Dermatol* 2010；**9**(1)：22-27.

（译者：陈　阳　审阅：冯　峥）

第22章　药妆品中的皮肤美白剂

Marta I. Rendon[1], Yvette Vazquez[2], and
Suzanne Micciantuono[2]

[1]美国伦登皮肤美容医学中心;迈阿密大学

[2]美国惠灵顿地区医疗中心

引言

对于色素沉着过多和色素沉着过多引起的病变有许多种的治疗选择。药妆品是选择之一,并已被证明是安全和有效的。迄今为止,氢醌似乎是最有用的外用剂。不过联合治疗应该更有效,因为同时使用多种药剂可以解决黑色素生成途径中的各个步骤,以防止色素沉着。

色素沉着过多和色素沉着过多引起的病变,如黄褐斑、炎症后色素沉着过多和晒斑等,会给患者带来沉重的压力,并可能对他们的生活质量产生深远的负面影响。在许多文化中,人们都希望拥有均匀的肤色和质地,色素沉着过多可能会导致患者的社会心理问题,如自卑和社交恐惧症。

各种病因(表22-1),包括遗传易感性,慢性紫外线照射,激素影响和炎症,都可能导致色素沉着过多发育或恶化。色素沉着过多也可能是使用某些药物的结果,包括光敏化妆品及激素替代疗法。另外,色素沉着过多可能是各种皮肤损伤的炎症后反应,包括物理创伤或医源性治疗,如化学磨皮或其他换肤治疗。某些病症,如黄褐斑和炎症后色素沉着过多,一直以有色人种的患者为主,最常见的是非洲裔美国人、西班牙裔和亚洲人,而浅色皮肤类型更常受到其他形式的色素沉着过多的影响,如斑痣。因此,在治疗这些皮肤病患者时,必须认真考虑他们的种族差异。

表22-1　色素沉着的原因

外源性原因	皮肤病	其他疾病及情况
紫外光(黄褐斑,日晒斑)	黄褐斑	艾迪生病
光敏药剂(香柠檬油,香豆素)	炎症后色素过度沉着	肝疾病
药物(雌激素,四环素,胺碘酮,苯妥英钠,磺胺类)	囊性红斑黑变病,	血色素沉着病
	线性糙皮病	垂体瘤
	西瓦特皮肤异色病	
	瑞尔黑变病	妊娠

市场上有多种处方和非处方美白剂。许多研究支持单独或联合使用外用药剂来治疗色素沉着过多。这些试剂包括氢醌、维 A 酸、甲氧苯酚和壬二酸。

黑色素生成途径

为了理解皮肤增白剂的作用方式,必须首先了解黑色素产生途径(表 22-2)。这个途径始于酪氨酸酶,它将氨基酸酪氨酸转化为二羟基苯丙氨酸(DOPA),然后将 DOPA 转化为多巴醌,再将多巴醌转化为多巴色素,再转化为二羟吲哚或二羟吲哚-2-羧酸(DHICA)。在多巴色素互变酶和 DHICA 氧化酶的作用下,多巴醌成为黑褐色的真黑色素。在半胱氨酸或谷胱甘肽的存在下,多巴胺被转化为黄红色色素(即苯丙氨酸)。当一种皮肤美白剂作用于这一色素沉着途径的关键步骤时,脱色就可能发生了。

表 22-2 黑色素生成途径

黑色素合成前	黑色素合成中	黑色素合成后
维 A 酸(酪氨酸酶转录)	氢醌(酪氨酸酶抑制)	亚油酸(酪氨酸酶降解)
	4-羟基茴香脑(酪氨酸酶抑制)	α-亚油酸(酪氨酸酶降解)
	熊果苷(酪氨酸酶抑制)	卵磷脂和新糖蛋白类(黑色素体转移抑制)
	芦荟苦素(酪氨酸酶抑制)	豆浆提取物(黑色素体转移抑制)
	壬二酸(酪氨酸酶抑制)	烟酰胺(黑色素体转移抑制)
	曲酸(酪氨酸酶抑制)	乙醇酸(皮肤运转加速)
	抗坏血酸(产物还原和活性氧清除剂)	维 A 酸(皮肤运转加速)
	抗坏血酸棕榈酸酯(产物还原和活性氧清除剂)	

皮肤美白剂

酚类化合物对苯二酚、氢醌(HQ)是应用最广泛、最成功的治疗色素沉着的成分。在美国,它可以在市面上买到,最高浓度可达 2%,而处方药的最高浓度可达 4%。HQ 增加的总浓度是从复合产品中获得的。研究表明,一般需要 6~12 周的持续治疗,才能看到某些色素沉着障碍(如黄褐斑和炎症后色素沉着)的临床改善。与 HQ 相关的最常见不良反应是接触性皮炎和皮肤干燥,这可以通过外用类固醇治疗。深色皮肤型患者因使用 HQ 而患外源性褐黄病的风险最高。真皮组织中的尿黑酸积聚表现为色素沉着过多。褐黄病在美国并不常见,但在非洲和亚洲,虽然使用的 HQ 浓度较低,病例却屡见不鲜。

将 HQ 与其他天然脱色剂(如乙醇酸、维生素 C 或芦荟胶)结合使用,有助于减少不良反应和提高疗效。最广泛使用的组合是 HQ 与类视黄醇和类固醇等处方化合物的结合。

本章将列举用于治疗色素沉着过度的各种药妆成分及其作用机制(表 22-3)

表 22-3 脱色剂

芦荟苦素
熊果苷
壬二酸
甘草黄酮（甘草提取物）
乙醇酸
氢醌
曲酸
木质素过氧化物酶
褪黑素
对甲氧酚
烟酰胺
寡肽的复合物
苯乙间苯二酚
纸桑椹
维 A 酸
大豆提取物
维生素 C

皮肤美白的药妆成分

芦荟素是芦荟的天然衍生物。其脱色特性归因于酪氨酸酶活性的抑制。作为多巴氧化的竞争性抑制剂和酪氨酸羟化酶活性的非竞争性抑制剂，芦荟素被证明具有强大的抗氧化和抗炎特性。

熊果苷（对苯二酚-β-D-吡喃葡萄糖苷）是一种在熊果、梨和其他天然草药中发现的亮肤葡萄糖苷。它也是黑色素体酪氨酸酶活性的温和抑制剂。

壬二酸源自卵圆糠疹酵母（*Pityrosporum ovale*），是天然的二羧酸，抑制 DNA 合成及酪氨酸酶活性。壬二酸对重度色素沉着的黑色素细胞影响最大，并且已被证明可有效治疗黄褐斑、红斑痤疮和日光性角化病。光甘草定是甘草根提取物的主要成分，能抑制酪氨酸酶活性和紫外线引起的色素沉着，并通过抑制自由基的形成发挥抗炎作用。一项研究表明，甘草提取物比 HQ 具有更强更快的皮肤美白效果，使用浓度为 10%～40%，如果与倍他米松和维 A 酸联合使用，其浓度低至 0.4%依然有效。乙醇酸是衍生自甘蔗的 α-羟基酸，可以以较低浓度作用于色素角质细胞的快速脱屑。然而，在较高浓度下，它会引起表皮松解。当用于炎症后色素沉着时，应以较低浓度乙醇酸开始剥离。一项研究比较了 70%的乙醇酸和 1%的维 A 酸皮肤，显示出类似的脱色效果，但乙醇酸脱皮对患者皮肤的刺激更大。虽然这种增加的刺激在本项研究中没有引起炎症后色素过多，但它确实有可能在深色皮肤患者中诱发这种情况。乙醇酸剥脱剂也可以与黄褐斑、炎症后色素沉着、痤疮和光老化等的外用药联合使用。

曲酸是从一种真菌中提取的脱色剂，通过抑制酪氨酸酶的活性发挥作用。曲酸可与氢醌、乙醇酸共同应用于色素沉着的治疗。同时使用这些制剂可以减少刺激性接触性皮炎——曲酸的常见不良反应之一。日本因为曲酸可能会引起过敏已经禁用曲酸。

木质素过氧化物酶是一种新型产品,取自木耳木真菌黄孢原毛平革菌。木质素分解黑色素,但它不会阻止色素形成。因此,它应与其他亮肤产品,如氢醌结合使用。而一项随机、双盲研究表明,木质素过氧化物酶在治疗色素过度沉着方面比安慰剂和 2%氢醌更有效,使用 8 天皮肤就变白。含有多种成分的新型复合美白系统最近已经面市。其中一个系统含有 0.01%的寡肽霜、20%的乙醇酸和保湿防晒霜。它通过降低酪氨酸酶活性,有效抑制黑色素生成,且不会对人体黑色素细胞产生细胞毒性。该系统已用于治疗黄褐斑、炎症后色素沉着过度等色素沉着紊乱,患者满意度较高。一项研究表明,每天使用 0.01%的浓度可以在使用 16 周内改善 50%的色素沉着。最近引入的另一种亮肤系统由苯乙基间苯二酚(酪氨酸酶抑制剂)、亮氨酸(黑色素生成的前体)、十一碳烯酰基苯丙氨酸(一种使太阳诱导的黑色素形成最小化的化合物)和甘油磷酸钠组成。当患者每天 2 次使用这种皮肤美白系统,连续 12 周与防晒霜一起使用时,面部斑痣减少了 43%。关于这些新型产品,我们必须注意到,迄今公布的研究数量少、取样小。我们有必要对更大样本量进行进一步的深入研究,才能对这些新产品的功效及其在治疗设备中的潜在作用得出明确的结论。

褪黑激素是松果体在阳光照射下分泌的一种激素,已被证明能抑制黑色素细胞中的环 AMP 驱动过程。有效的皮肤美白药妆品在人体皮肤中所需的褪黑素浓度尚未确定。不过它已经作为一种抗氧化剂在膏体配方中面市。

浓度为 2%～20%的甲喹啉(4-羟基茴香脑)是允许用于治疗晒斑的。尽管其确切的作用机制尚不清楚,但甲喹啉似乎能竞争性地抑制酪氨酸酶底物。甲喹啉最常与维 A 酸结合使用,因为这种结合比单独使用两者之一的药剂具有更好的脱色活性。结果表明,让 216 例晒斑患者每日 2 次接受 2%甲喹啉和 0.01%维 A 酸溶液的治疗,使用 16 周后,其疗效优于 3% HQ。这种组合产品还可能增强色素特异性激光的作用,可能减少所需的治疗次数并防止复发。

烟酰胺是维生素 B_3 的一种形式,常见于药妆品中。它能减少表皮水分流失,改善屏障功能,可用于治疗光损伤。烟酰胺还可以抑制黑色素体向表皮角质形成细胞的转移,使其成为适用所有皮肤类型的一种有价值的脱色剂。市面上有多种含有烟酰胺的产品,而医师可以调配浓度高达 5%的制剂。尽管烟酰胺的刺激性比 HQ 低,但一项比较 4%烟酰胺和 4%HQ 治疗黄褐斑的研究结果表明,它需要更长的治疗时间才能产生明显的效果,而且改善色素沉着的效果并不明显优于 HQ。

纸桑树提取物是一种在欧洲和南美洲流行的亮肤剂,来源于构树(Broussonetia papyrifera)的根。在一项比较研究中,其酪氨酸酶抑制活性比 HQ 和曲酸更有效。纸桑树几乎不产生皮肤刺激,因此适用于肤色较深的人和不耐受 HQ 的人。然而,迄今为止没有临床试验使用这种成分。维生素 A(视黄醇)和维 A 酸可用于治疗黄褐斑,炎症后色素沉着过多和斑痣。在动物实验中,视黄醇已被证明可抑制酪氨酸酶的诱导。类视黄醇还可以干扰色素向角质形成细胞的转移并加速色素脱失,从而使表皮更快地脱落。类维生素 A 已经证实作为单一疗法或者与其他产品组合治疗都有效。含有 0.15%视黄醇加 4%氢醌和防晒剂的处方产品已被证明可有效治疗色素沉着过度紊乱和色素沉着过多引起的病变。当一起使用时,皮质类固醇、氢醌和视黄酸具有协同作用。研究表明,联合使用不同浓度的类维生素 A 和类固醇可使黄褐斑清除率高达 79%(图 22-1)。

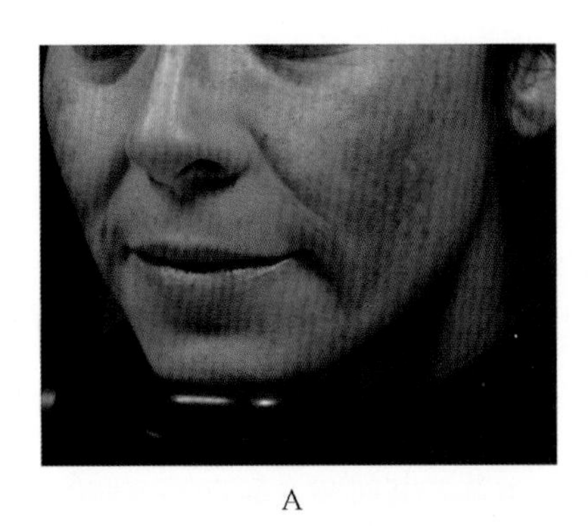

A

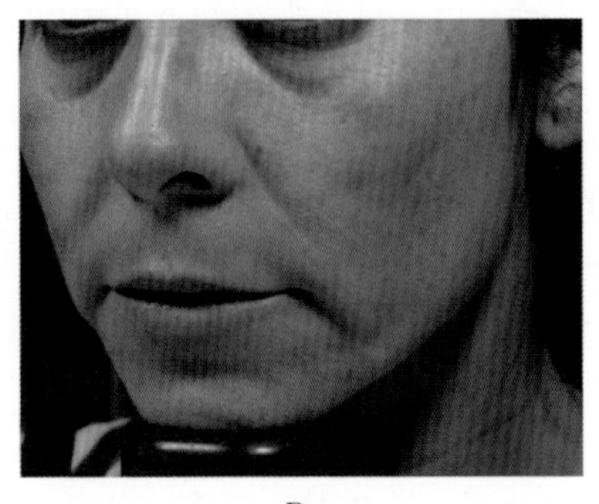

B

图 22-1 黄褐斑(A)基线(B)用 0.1%维 A 酸和 4%HQ 的组合治疗 6 个月后

成分的浓度取决于皮肤敏感性、种族、患者耐受性和各种其他因素。自从 Kligman 和 Willis 于 1975 年推出这种有效的联合疗法后,此疗法一直是一种重要且常用的治疗方法。

大豆提取物已被用于治疗色素沉着过多和日光性痣。未经巴氏灭菌的豆浆含有 Bowman-Birk 和大豆胰蛋白酶抑制剂,这两种丝氨酸蛋白酶抑制剂可干扰蛋白酶激活受体-2 途径 PAR-2。这些抑制剂有效地减少黑色素转移并诱导色素脱失。大豆还具有通过其强效抗氧化活性防止光损伤的附加优势。

维生素 C 在黑色素生成途径的各个氧化阶段干扰色素的生成。它与酪氨酸酶活性位点的铜离子相互作用,降低多巴醌的产量。稳定的衍生物镁 1-抗坏血酸 2-磷酸(MAP)被证明具有皮肤美白活性。局部应用维生素 C 制剂可阻止 UVB 辐射引起的光毒性,改善色素沉着障碍,如黄褐斑和炎症后色素沉着。外用维生素 C 通常没有刺激性,因此对那些担心炎症后色素沉着的深色皮肤族群很适用。

小结

色素沉着是常见的皮肤病。虽然目前有许多治疗方案,但解决色素沉着仍然是一个难关。氢醌历来是治疗色素沉着最广泛、最有效的药物。近年来,对天然成分的关注促使研究人员研究其他药剂。尽管这些产品的刺激性较小,但并没有如氢醌一样明确的效果。根据我们的经验及文献,联合治疗(特别是含有 HQ 成分)比使用我们现有的任何单一药物的单一疗法更有效。使用这些产品,加上适当的皮肤护理,如温和的清洁和适当的保湿,可以为许多患者提供安全有效的治疗方案。防晒一直是治疗方案的首位,它不仅是保护皮肤的整体健康的关键,也对治疗和预防色素沉着至关重要。

延伸阅读

Draelos ZD. Skin lightening preparations and the hydroquinone controversy. *Dermatol Ther* 2007;**20**(5):308-313.

Faghihi G, Shahingohar A, Siadat AH. Comparison between 1% tretinoin peeling versus

70% glycolic acid peeling in the treatment of female patients with melasma. *J Drugs Dermatol* 2011; **10**: 1439-1442.

Gold MH, Biron J. Efficacy of a novel hydroquinone-free skin-brightening cream in patients with melasma. *J Cosmet Dermatol* 2011; **10**: 189-196.

Hantash BM, Jimenez F. A split-face, double-blind, randomized and placebo-controlled pilot evaluation of a novel oligopeptide for the treatment of recalcitrant melasma. *J Drugs-Dermatol*. 2009; **8**: 732-735.

Mauricio T, Karmon Y, Khaiat A. A randomized and placebo-controlled study to compare the skin-lightening efficacy and safety of lignin peroxidase cream *vs*. 2% hydroquinone cream. *J Cosmet Dermatol* 2011; **10**: 253-259.

Navarrete-Solís J, Castanedo-Cázares JP, Torres-Álvarez B, et al. A double-blind, randomized clinical trial of niacinamide 4% versus hydroquinone 4% in the treatment of melasma. *Dermatol Res Pract* 2011; **2011**: 379173.

Rendon MI. Skin lightening agents. In: Grimes PE (ed.) *Aesthetics and Cosmetic Surgery for Darker Skin Types*. Philadelphia, PA: Lippincott, Williams & Wilkins, 2008, 73-81.

（译者：陈　阳　审阅：冯　峥）

第 23 章　治疗脂肪团的药妆品

Doris Hexsel[1,2] and Camile L. Hexsel[2,3]
[1] 巴西阿雷格里港奥格兰德
天主教大学(PUC-RS)
[2]巴西皮肤病研究中心
[3]美国卫理公会医院

引言

脂肪团由皮肤和皮下组织的改变引起,导致不规则的凹陷和凸起区域。临床形态模式因患者而异,包括橘皮、松软干酪或皮肤表面的床垫外观。皮下脂肪团通常发生在臀部和大腿上,但也会影响其他部位,如腹部,手臂和背部。

疾病临床描述(发病机制与治疗挑战)

皮肤凹陷改变是由于存在纤维隔,将皮肤表面向下牵拉所致。最近一项研究表明,在脂肪团凹陷的区域存在明显增厚的皮下纤维间隔,凸起的区域是由于皮下脂肪向皮肤表面突出所致。

男性的皮下组织(纤维隔膜和脂肪叶)的解剖结构与女性不同,这就阐明了为什么这种情况主要发生在女性身上。在女性中,纤维隔膜纵向位于真皮和深筋膜之间,当这些隔膜和脂肪层之间堆积的脂肪发生膨胀,就会形成"囊袋",因此脂肪以非常类似于被子或床垫的方式凸出到真皮中,导致皮肤皱缩。此外,女性与男性相比,具有更大、更方形的脂肪"囊袋"。在男性中,结缔组织是纵横交错排列,限制着脂肪层,阻止脂肪组织向皮肤表面凸出。

其他因素,如激素、生化、炎症和循环因素,也与脂肪团的发病机制有关。此外,局部脂肪沉积、肥胖及随着年龄增长而出现的渐进性皮肤松弛或松垂会加重脂肪团。

鉴于其发病机制涉及深层解剖结构及多因素的特性,因此脂肪团是一种很难治疗的疾病。此外,不同个体之间,临床形态差异较大。应根据临床表现进行个体化治疗,通常需要联合不同的治疗方式,包括采用针对纤维隔膜、脂肪堆积、松弛、血液循环和淋巴引流的不同疗法和设备。即使结合使用,这些治疗选择通常不会令病情完全消失,但通常会得到改善。

本章描述的药妆品,基于其作用机制,当局部应用于脂肪团患处时,可能具有理论效果。无论是通过修复真皮和皮下组织,还是通过潜在地减少脂肪生成或促进脂肪分解的机制来影响脂肪组织,它可能起到抗氧化和改善血液循环的作用。

药妆品在治疗脂肪团中所发挥的作用

尽管治疗脂肪团有减肥、均衡饮食和运动多种方式，但其药物治疗手段有限。尽管许多治疗脂肪团的外用药妆品在全球都有销售，但目前几乎没有科学证据以证明其中大多数产品的疗效。此外，产品必须经过适当的质量控制措施，以适当的浓度配制，以取得临床效果，并能够到达真皮和皮下组织以发挥预期的作用。此外，某些形态的脂肪团不受到药妆品的影响，如由于皮下纤维隔膜向下牵拉皮肤而造成的病变。因此，药妆品主要通过与其他措施联合使用以发挥治疗脂肪团的作用，如减肥、皮下组织切除术和针对脂肪和结缔组织的治疗设备。

由于脂肪团是一种从形态上影响皮肤到脂肪和筋膜的病变，因此许多药妆品的临床功效受到限制，因为它们不能穿透皮肤屏障和深层平面，因此外用制剂必须包括适当的载体和可能存在的皮肤促进剂，以增加皮肤渗透。化学促进剂或表面活性剂引起脂质双层结构的改变和皮肤/载体分配系数的改变。物理促进剂如按摩、电穿孔和离子导入疗法可用于离子型分子、大分子量活性物质和活性极低的物质。透皮系统，如透皮贴剂，能够在作用部位控制有效药物的准确剂量。多泡乳状液系统包括两相乳状液系统的创建，该系统产生同心的多层水和油球体。通过这个经皮给药系统，活性成分可以被控制，当涂抹到皮肤上时从它们各自的层面释放出来。由于脂肪团影响皮肤的大面积区域，因此出于安全原因应该知道活性成分的浓度和渗透性。

适合治疗脂肪团的药妆成分与活性物

可能影响真皮结构的药物

- 脂肪团的外观可以通过增加真皮的厚度来改善，并可能减少脂肪向浅表组织的突出。
- 外用维 A 酸已用于治疗脂肪团，具有增加真皮胶原沉积、促进真皮糖胺聚糖合成、改善弹性纤维轮廓、增加皮肤弹性、改善血液循环和减少脂肪细胞大小的作用。Kligman 的安慰剂对照研究调查了 19 例患者大腿局部使用 0.3%视黄醇 6 个月，通过临床皮肤科评估和激光多普勒测速，63.1%的患者治疗侧脂肪团较未治疗侧有改善。
- 此外，维生素 C 能稳定胶原蛋白并刺激胶原蛋白沉积，由于这种潜在强化真皮的特性，它可以用在脂肪乳膏中，但尚未在治疗脂肪团的临床试验中进行测试。
- 积雪草提取物是从印度和东南亚生长的一种水生植物中提取的，能刺激细胞外基质的成纤维细胞活性和胶原合成，并减少脂肪细胞的大小，也可刺激淋巴引流，具有抗炎作用，它可以以 2%～5%的浓度使用。
- 角藻是一种褐藻，通过增加整合素的表达来引起皮肤结缔组织的收缩，它还能刺激血液流动。

可能影响局部脂肪的药物

减少脂肪生成和促进脂肪分解的药剂可以减少脂肪细胞的大小和体积，降低周围结缔组织的张力，从而可能会减少脂肪团的临床表现。

脂肪细胞内的脂肪来源于血浆循环脂蛋白，在脂肪分解过程中，脂肪被水解并以游离脂肪酸和甘油的形式排回到血浆中。不同的酶，如胰岛素、环磷酸腺苷(cAMP)，特别是三酰甘油脂肪酶，都参与了这个过程。

此外，脂肪细胞内的脂肪表达促进脂肪储存和脂肪生成的受体，如神经肽 Y 和肽 YY；其他表面受体，如 β1 和 β2，促进脂类分解和消除脂肪。

• 磷脂酰胆碱(大豆卵磷脂提取)通过激活 β 肾上腺素能受体引起脂肪分解，并诱导混合性隔膜和小叶脂膜炎，伴有大量的脂肪坏死和脂肪萎缩。在一项随机对照双盲研究中，9 名大腿脂肪团达到Ⅱ至Ⅲ级的健康女性志愿者接受了以磷脂酰胆碱为基础的药妆抗脂肪团凝胶治疗，每条大腿每周 2 次暴露于 660nm 和 950nm 的发光二极管(LED)阵列治疗 24 次。治疗的 9 条大腿中有 8 条经临床检查、数码摄影和夹点试验评估后降至低脂肪团水平。真皮-脂肪界面的数字超声显示，经 3 次活检证实，直接皮下深度和超声样侵及真皮层深度统计学上显著减少。在 9 个安慰剂和 LED 治疗的大腿及 1 个积极治疗的大腿中，观察到最小的临床变化。在第 18 个月评估期，8 条反应灵敏的大腿中有 5 条大腿恢复到原来的脂肪团分级，表明需要进行维持治疗。在 8 个反应性大腿的第 18 个月的评估期间，5 条大腿恢复到其原始的脂肪团分级，表明需要持续的治疗。

• 甲基黄嘌呤，如咖啡因、氨茶碱、茶碱和可可碱是 β 激动药，可减少脂肪生成并促进脂肪分解，它们是抗脂肪团产品中最常用的活性成分。

• 咖啡因是从阿拉伯咖啡树的咖啡豆中提取的，通常使用浓度为 1%～2%，具有良好的皮肤渗透和吸收作用。咖啡因作用于脂肪细胞，促进脂肪分解，并激活三酰甘油脂肪酶，将三酰甘油分解为游离脂肪酸和甘油，对皮肤微循环也有刺激作用。Lupi 等发表了一项对照临床研究($N=134$)，使用 7%的咖啡因溶液，显示超过 80%接受治疗患者大腿围减少了 2.1cm。没有对脂肪团外观影响的具体测量方法进行评估。有报道称，对含有咖啡因的外用产品发生过敏，也有加工咖啡颗粒的工人患上皮炎的病例报道。Lesser 等也在一项双盲、单中心、安慰剂对照的研究中证明了咖啡因具有促进脂肪组织厚度减少的作用($N=41$)。

• 氨茶碱也具有脂肪分解作用。Collis 等评估了局部氨茶碱凝胶联合 10%乙醇酸的有效性，并得出结论。在 52 名随机对照试验女性中，该凝胶未能改善脂肪团，任何治疗组在受影响区域之间的测量值没有统计学上的显著差异。

• 已经显示具有脂解活性的其他试剂，包括 β 肾上腺素能激动药(如异丙肾上腺素和肾上腺素)，α 肾上腺素能拮抗药(如酚妥拉明、双氢麦角碱、育亨宾和哌罗克生)。在一项双盲、安慰剂对照研究中，Greenway 和 Bray 证实了使用外用异丙肾上腺素、氨茶碱和育亨宾，大腿内侧张力测量有统计学上显著降低，在使用所有活性药物的治疗的患者中，这种张力减少幅度是最大的，在单独使用的制剂中，氨茶碱效果最好。

• 辅酶 A 和氨基酸 L-卡尼丁模拟游离脂肪酸的动员和破坏，防止脂肪分解的负反馈和刺激脂肪细胞脂肪酶活性，还增强甲基黄嘌呤的脂肪分解作用。

• 石油醚酸和共轭亚麻酸改善表皮分化，减少炎症，增加细胞外基质成分，引发皮肤紧致。此外，体外研究表明，共轭亚麻酸可以防止脂肪细胞脂质积累。一个随机对照临床试验显示，75%患者脂肪团出现临床改善，以及平均减少 2.2cm 的大腿围。口服剂量为 800mg，联合服用草药消脂丸，单独服用草药消脂丸对脂肪团的作用最小。

抗氧化剂

抗氧化剂可以保护皮肤和皮下脂肪细胞膜免受自由基毒性膜脂质过氧化，如包括维生素C、维生素 E、绿茶提取物、类黄酮和其他很多。

可刺激局部血液循环和淋巴引流的药剂

脂肪组织血管很丰富，这就导致了一种理论，即在血液循环和淋巴引流减少的易发部位，脂肪团可能会加重，这可能是由于损伤或炎症造成的。此外，微血管循环的障碍可导致皮下脂肪层微水肿的加重，因此基于这一理论，许多针对脂肪团的治疗以改善循环和淋巴引流为目标。

• 银杏叶含有黄酮类化合物、双黄酮类化合物和萜烯类化合物，可降低血液黏度，抑制血小板活化因子，改善血管张力，从而改善微循环。黄酮类化合物也有抗氧化剂的作用，推荐使用浓度为 1%～3%，在文献中已有对含银杏产品过敏的报道。

• 红葡萄(*Vitis vinifera*)具有抗氧化特性，促进淋巴引流，抑制弹性蛋白酶和胶原酶，使用浓度为 2%～7%。有报道称，工人们为了榨果汁而压榨水果，结果导致手部皮炎。

• 木瓜(*Carica papaya*)和菠萝(*Ananas sativus*)的果实和叶子具有抗炎特性，推荐浓度为 2%～5%，继发皮炎很少发生。

• 洋蓟或朝鲜蓟酸(*Cynara scolymyus*)刺激血液循环，有利尿和抗水肿作用。

• 戊氧茶碱通过抑制血小板聚集和影响纤维蛋白原的血浆浓度来改善微循环。

• 地面常春藤(*Glechoma hederacea*)的使用浓度为 2%～5%，含有香豆素，可减少淋巴水肿，减少毛细血管通透性。

• 常青藤(Hedera helix)改善毛细血管通透性、静脉和淋巴引流，具有抗炎、抗水肿和镇痛作用，有过敏反应的报道。

• 金雀花是一种静脉收缩剂，可降低血管通透性和水肿，改善淋巴引流。它也激活皮肤循环，允许更好的氧化和细胞代谢，它的使用浓度通常为 1%～3%。

• 水飞蓟可改变静脉和淋巴管的渗透性。

• 印度七叶树或七叶树具有温和的外周血管收缩特性，降低毛细血管通透性，使溶酶体酶活性降低 30%。

组合剂(复方剂)

许多产品是由多种活性成分组合而成，目的是通过结合不同的作用机制来提高功效。然而，在评估这类产品的文献中已发表的科学研究数量有限。

Bertin 等对一种抗脂肪团产品进行了安慰剂、对照、双盲研究评估，该产品结合了视黄醇、咖啡因、亚洲积雪草、左旋肉碱、esculoside(改善局部微循环)和 ruscogenine(抑制弹性酶活性)，在改善脂肪团外观方面比安慰剂更有效。

Rao 和 Goldman 进行了一项双盲、随机、安慰剂对照研究，评估了一种含有咖啡因、绿茶提取物、黑胡椒籽提取物、柑橘提取物、生姜根提取物、肉桂皮提取物的外用抗脂肪团乳膏及穿上带或不带生物陶瓷涂层氯丁橡胶辣椒树脂短裤的治疗效果($N=17$)。摄影评估显示，65%的闭塞治疗组和 59%的不闭塞治疗组的脂肪团有了整体的临床改善，65%接受治疗患者的腿部脂肪团有改善，59%未接受治疗的腿部脂肪团有改善。Rao 等进行的另一项多中心、随机、安慰剂对照的研究，在封闭条件下用生物陶瓷涂层氯丁橡胶短裤测试了同样的联合抗脂肪团霜，68%的受试者的照片显示出了临床改善。

另一项研究表明，含有银杏叶、甜三叶草、海藻、葡萄籽油、卵磷脂和樱草花油的复方产品 Cellasene 在安慰剂对照的临床试验中缺乏效果。脂肪团增加，这可归因于两组的体重增加。

不良反应

许多用于治疗脂肪团的药妆品可引起过敏反应和接触性皮炎。Sainio 等调查了 32 种抗脂肪团产品，主要是植物性和润肤剂，每一种平均含有 22 种成分，发现其中 25%的物质会引起过敏。

小结

市场上有许多药妆品，考虑到脂肪团与皮下结构直接相关，药妆品可用于轻度脂肪团的患者，以及作为其他治疗方式的辅助治疗。

延伸阅读

Birnbaum L. Addition of conjugated linoleic acid to a herbal anticellulite pill. *Adv Ther* 2001;**18**(5): 225-229.

Hexsel D, Orlandi C, Zechmeister do Prado D. Botanical extracts used in the treatment of cellulite. Dermatol Surg 2005; **31**(7 Pt 2): 866-872 (discussion 872).

Hexsel D, Soirefmann M. Cosmeceuticals for cellulite. *Semin Cutan Med Surg* 2011; **30**(3):167-170.

Hexsel D, Zechmeister do Prado D, Goldman MP. Topical management of cellulite. In: Goldman MP, Hexsel D, eds. *Cellulite Pathophysiology and Treatment*. NewYork: Taylor & Francis, 2010, 13-23.

Lesser T, Ritvo E, Moy LS. Modification of subcutaneous adipose tissue by a methylxanthine formulation: A double-blind controlled study. *Dermatol Surg* 1999; **25**(6): 455-462.

Lis-Balchin M. Parallel placebo-controlled clinical study of a mixture of herbs sold as a remedy for cellulite. *Phytother Res* 1999; **13**(7): 627-629.

Rao J GM, Goldman MP. A two-center double-blinded randomized trial testing the tolerability and efficacy of a novel therapeutic agent for cellulite reduction. *Am J Cosm Surg* 2005; **4**: 93-102.

Rao J, Paabo KE, Goldman MP. A double-blinded randomized trial testing the tolerability and efficacy of a novel topical agent with and without occlusion for the treatment of cellulite: A study and review of the literature. *J Drugs Dermatol* 2004; **3**(4): 417-425.

Sainio EL, Rantanen T, Kanerva L. Ingredients and safety of cellulite creams. *Eur J Dermatol* 2000; **10**(8): 596-603.

Sasaki GH, Oberg K, Tucker B, Gaston M. The effectiveness and safety of topical Photo-Actif phosphatidylcholine-based anti-cellulite gel and LED (red and infrared) light on Grade Ⅱ-Ⅲ thigh cellulite: A randomized. double-blinded study. *J Cosmet Laser Ther* 2007; **9**(2): 87-96.

（译者：陈　阳　审阅：冯　峥）

第 24 章　用于脱发和护发的药妆品

Nicole E. Rogers
美国杜兰大学医学院

引言

对于男性和女性来说，头发是健康和生育的有力标志，多达 40%的女性和 50%的男性在一生中都会受到脱发的影响。脱发的最常见原因是遗传性雄激素性脱发，也称为男性或女性型脱发(图 24-1 和图 24-2)。近年来，随着制造商将多种植物提取物加入到护发和脱发产品中，药妆行业确实出现了爆炸式增长。在本章中，我们将重点介绍活性成分和支持它们在头发生长或头发护理中发挥有益作用的科学数据。

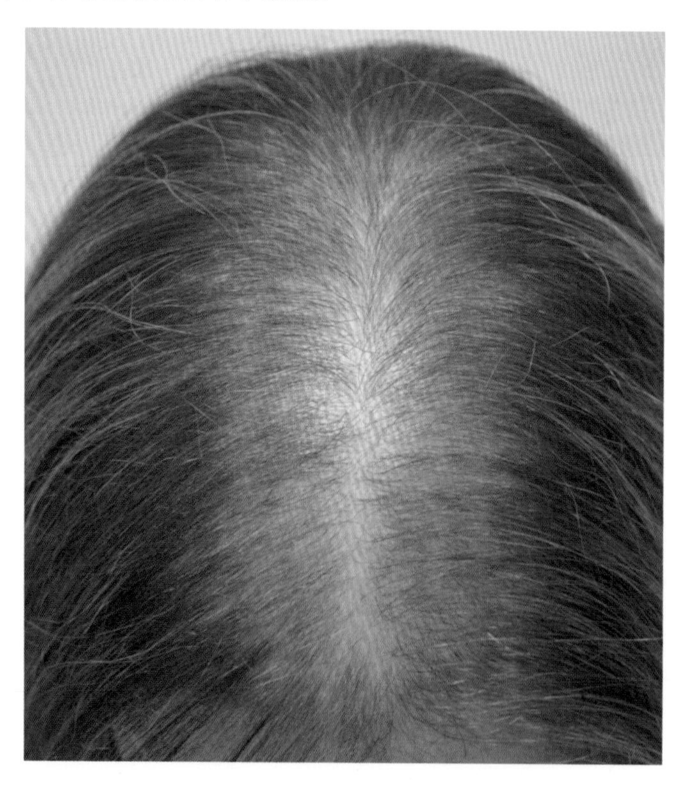

图 24-1　女性型脱发临床病例

图 24-2 女性型脱发皮肤镜下图像

目前，只有两种 FDA 批准的脱发药物和一种获得 FDA 510K 批准的医疗设备，这些产品包括外用米诺地尔（商品名落健，男女通用），口服非那雄胺（商品名保发止，仅适用于男性）和激光健发梳。这是一种手持设备，发射 655nm 低能量激光束（男女通用）。在本章中，我们将研究其他植物性成分的数据，看看它们如何有潜力进一步融入头发产品，表 24-1 总结了一些基于植物的毛发生长机制。

表 24-1 植物性毛发生长机制概要

抑制 5α-还原酶
抑制转化生产因子-β
上调胰岛素样生长因子-1
抑制蛋白激酶 C

多酚类：葡萄籽、苹果提取物、大麦、覆盆子

抗氧化剂，如多酚（包括黄酮类化合物），以其清除自由基的能力而闻名，从而减少紫外线辐射和环境污染造成的氧化应激反应。日本研究人员证实了葡萄籽（霞多丽品种）原花青素的促生长作用。体内体外试验研究结果表明，3%原花青素提取物与 1%米诺地尔均有促进小鼠毛囊自休眠期向生长期转化的相同作用。原花青素 B-2（表儿茶素二聚体）对毛发上皮细胞的体外促生长活性最强。

2001 年，首次开展 1%原花青素 B-2 局部应用对人类毛发生长影响的临床测试研究。在这项双盲、安慰剂对照的研究中，29 名男性受试者参与了雄激素遗传脱发（治疗组 19 例，安慰剂组 10 例），治疗组中 78.9%的人平均发径增加，而安慰剂组中只有 30%的人发径增加。在第二个双盲临床试验中，0.7%的苹果（苹果属）原花青素低聚物被应用于男性雄激素性脱发患

者的头皮。在6个月和12个月时，治疗组($N=21$)的毛发密度明显高于安慰剂组($N=22$)。有几种上市药妆品含有苹果提取物的原花青素(图24-3)。

图 24-3 苹果是原花青素提取物的重要来源

对原花青素的研究有助于更好地理解头发生长的调控机制。已知生长因子 TGF-β，FGF-5，TNF-α，IL-1α 和 IL-1β 负向调节毛发生长。基于该证据，发现从大麦种子壳(Hordeum vulgare L. var distichon Alefeld)中提取的原花青素 B-3 抵消了 TGF-β1 对毛发生长的抑制作用。原花青素 B-2 也被证明可以降低蛋白激酶 C 的表达，这是一种已知的毛发生长抑制剂。

覆盆子可能也有治疗脱发的作用。基于之前的研究表明，辣椒素可以促进头发生长，研究人员测试了树莓酮(RK)，这是一种结构类似的芳香化合物，包含在红树莓(覆盆子)中，具有类似的效果(图24-4)。当应用于头皮时，0.01% RK 可促进50%斑秃患者($N=10$) 5个月后的头发生长。这种效应似乎是感觉神经元激活的结果，导致真皮胰岛素样生长因子-1 (IGF-1)水平升高。

图 24-4 覆盆子提取物可能是脱发治疗的一个来源

异黄酮与大豆

异黄酮是一种具有与雌激素相似的生物活性的有机化合物，因此又被称为植物雌激素。在一项研究中，食用异黄酮增加了野生型 C57BL/6 小鼠毛囊中的毛囊数量和 IGF-I 表达，而在对照组小鼠中没有发现这种效果。在另一项研究中，31 名志愿者同时服用了异黄酮(75mg/d)和辣椒素(6mg/d)。治疗组(20/31，64.5%)的毛发生长明显多于安慰剂组(2/17，11.8%)。

一种名为大豆肽-4 的口服大豆肽衍生物被证明可以预防化疗引起的大鼠脱发。在另一项研究中，饮食大豆给 C3H/HeJ 大鼠移植斑秃大鼠的皮肤，发现对毛囊有剂量依赖的保护作用，5%和 20%组的脱发率低于 1%的大豆饮食组。然而，也存在一些争议，因为一项更早的研究表明，豆浆中提取的蛋白酶抑制剂实际上可以减少不必要的毛发生长。

人参、银杏等

人参因其潜在的治疗男性和女性脱发的作用而被广泛研究，活性成分为皂苷，已分离鉴定 26 种皂苷。红参在促进小鼠触须毛囊生长方面的作用优于白参。其部分作用机制可能是通过抑制 5α 还原酶。目前，仅有一项临床试验表明，口服红参提取物(3000mg/d) 24 周，能有效增加雄激素性脱发患者的毛发密度和厚度。有趣的是，当银杏叶提取物作为 70%的乙醇提取物应用于小鼠时，银杏叶也能再生毛发。

植物来源的 5α 还原酶抑制药

非那雄胺是目前最有效的 5α 还原酶(5-AR)抑制药，然而，它的不良反应促使许多研究人员研究以植物为基础的非那雄胺替代品，表 24-2 列出了其中的一些。

锯棕榈(锯叶棕)被认为是非那雄胺治疗男性良性前列腺肥大尿路症状的替代药物，活性成分脂质甾醇提取物和 β-谷甾醇具有 5-AR 抑制特性。然而，我们所掌握的关于其治疗脱发作用的唯一数据是 1999 年的一项小型试验，其中 6/10 的男性在口服含有锯棕榈提取物的软胶囊 5 个月后主观上得到改善。虽然这是一项随机、双盲、安慰剂对照的试验，但没有使用客观指标来评估毛囊直径或密度。

绿茶在 1995 年被鉴定为 5-AR 抑制剂，并在 2002 年被建议用于治疗雄激素性脱发。研究人员发现，当 EGCG 中的没食子酸酯被长链脂肪酸取代，如月桂酸(10 碳链)、肉豆蔻酸(12 碳链)和硬脂酸(16 碳链)，其抑制 5-AR 的能力增强，其中加入棕榈酸(14 碳链)对 5-AR 的抑制作用最强。

另一种被研究具有阻断 5-AR 作用的植物是苦参，这种植物已广泛应用于中医治疗癌症和炎症。当它被应用于 C57BL/6 小鼠的背部时，再生周期比对照组启动更早，但在培养过程中不影响真皮乳头细胞。它特异性地诱导胰岛素样生长因子和角质形成细胞生长因子等生长因子 mRNA 水平上升，与对照组相比，发现其对 5-AR 水平有显著抑制作用。

表 24-2 植物源性 5α 还原酶抑制剂综述

植物	拉丁名	活性成分
锯棕榈	Serenoa repens	十八烯酸
美国矮棕榈	Sabal serrutala	十二烷酸
		十四烷酸
		γ-亚麻酸
黑胡椒	Piper nigrum leaf	活性木质素 1
		活性木质素 2
		胡椒碱(高亚麻油酸,亚麻油酸,棕榈酸)
绿茶提取物	Epicatechin-	棕榈酸
日本假荨麻	Boehmeria nipononivea	α-亚麻油酸
		反油酸
		硬脂酸
红花	Carthamus tinctorius L.	红花苷
		红花素
		异红花素
灵芝蘑菇	Ganoderma lucidum	三萜酸
杨梅树皮	Murica rubra	杨梅醇
		杨梅酮
白色雪松种子	Thuja occidentalis	未知
日本登山蕨类植物	Lygodium japonicum	亚麻油酸,高亚麻油酸,棕榈酸
葛根花	Puerariae flos	大豆皂苷-Ⅰ
		槐花皂苷-Ⅱ
迷迭香	Rosmarinus officialis	未知
红参	Ginseng rhizome and	三萜皂苷类
	Ginsenoside Ro	人参皂苷 Rg 1
植物干根	Sophora flavescens	未知

精油

韩国科学家证实了大枣精油对头发生长具有促进作用,它源自一种多刺的含鼠李的植物,已经被用作镇痛剂,并被用来预防妊娠和糖尿病。研究人员将 0.1%、1%和 10%浓度的精油分别涂抹在剃光毛发的 BALB/c 小鼠背部,观察它们在 21 天内的生长情况。他们发现,用 1%和 10%溶液处理的小鼠毛发(9.96 mm 和 10.02mm)明显长于对照组(8.94 mm)。

在印度,柚木(Tectona grandis)的种子被古代部落的人用来防止脱发,最近证明它们的毛发生长促进活性与 2%米诺地尔溶液相当,并且略微更有效。印度的研究人员在剃光的白化小鼠皮肤上分别测试了 5%和 10%的石油醚提取物对毛发生长的作用。他们发现,治疗组进入生长期的毛囊数量(64%和 51%)高于米诺地尔治疗组(49%)。

维生素 C

维生素 C 长期以来以抗氧化作用而闻名,但由于缺乏稳定性,在化妆品中的应用变得更加困难,因此研究人员研究了使用更稳定的维生素 C 衍生物(L-抗坏血酸 2-磷酸盐)来刺激头发生长。他们发现,与对照组相比,它在 C57BL/6 小鼠中诱导毛囊更早地从休止期向生长期转化,并在处理过的培养液中促进了毛干的更大伸长。这项研究和随后的一项研究都发现,在处理过的细胞系中,胰岛素样生长因子(IGF-1)的 mRNA 表达显著增加,尤其是在磷脂酰肌醇 3 激酶(PI3K)介导。它也可能通过降低 DHT 诱导的真皮毛囊乳突细胞 DKK1 表达而起作用。到目前为止,还没有在人体上进行过使用这种化合物的临床试验。

氨基酸及其衍生物

牛磺酸是由蛋氨酸和半胱氨酸代谢产生的天然存在的 β-氨基酸,哺乳动物的产量有限,因此饮食摄入至关重要。在体外用牛磺酸处理人毛囊时,与对照组相比,处理组有明显的头发伸长。当毛囊暴露于 TGF-β1 时,它们的生长受到损害,但发现牛磺酸具有保护作用。

左旋卡尼丁是将脂肪酸转运到线粒体并为随后的 β-氧化和能量产生所必需的氨基酸。研究表明,它通过上调细胞增殖和下调细胞凋亡途径,增加毛干在体外的轴向伸长和延长组织培养的人头皮毛囊的生长期。在对志愿者的前瞻性、随机、安慰剂对照观察研究中,左旋卡尼丁-L-酒石酸盐的局部应用也被证明可促进人头发生长($N=26$,安慰剂$=25$)。

染发产品

从埃及艳后克利奥帕特拉时代开始,女性就开始使用各种植物提取物和植物染料来染发。其中最常见的一种是指甲花,一种带叶子、能产生一种紫红色名曰羟萘醌化合物的植物。羟萘醌主要集中在叶子上,对蛋白质有亲和力,当羟萘醌溶解于酸性液体中(如柠檬汁),它可以涂在头发上,免洗几个小时后将与蛋白质结合。指甲花的广泛使用在一定程度上受到其实用性和继发接触性皮炎风险的限制。大多数现代染发剂含有人造成分,如对苯二胺。

最近,研究人员研究了其他植物化合物作为染发剂的可能来源。一般来说,染发过程包括使用染发剂(通常是对二胺和对氨基酚)和氧化剂(通常是过氧化氢),这是在碱性 pH 值下进行的,因为头发膨胀,角质层提升,染料更容易穿透毛干。然而,这种碱性 pH 值会对毛囊产生破坏性的不良反应。

因此,不同的研究者研究了漆酶的使用,漆酶是由各种真菌、植物、细菌和昆虫产生的一种酶,作为一种替代氧化剂。第一组使用来自变色栓菌的漆酶(也称为土耳其尾巴,因为它与野生火鸡的尾巴相似)来氧化天然植物来源的酚类化合物,第二组使用的漆酶来自日本蘑菇中孢子,两组都取得了优异的结果,达到了最佳的染色效果,并经受住了随后的洗发。

头发护理与保护产品

多肽类

非洲黑色的头发非常难打理,因为它卷曲得很紧,因此许多人借助化学拉直剂或反复使用熨斗或烫发钳来平滑头发,使其更易打理。然而,这会导致头发强度的进一步下降,使其更脆弱,更容易断裂。头发表面往往带负电荷,受损后负电荷会变得更大。因此,带正电荷的多肽被用来覆盖和修复角质层,有证据表明,正电荷的位置(在 c 端,它比 n 端小)允许肽组分更好地渗透。

其中一组开发了一种基于角蛋白的肽,包含 13 种氨基酸,模仿由 KRT85 基因编码的人类角蛋白Ⅱ型角质层蛋白片段。当应用于松散的黑色头发,它被发现可以改善机械性能和热性能。这证实了之前的研究结果,即同样的角蛋白肽也可以恢复头发过度漂白和受损的特性。

肉桂属植物

最近的研究表明,从植物决明子和决明子中提取的物质可以替代传统上用于调节过程的化学阳离子聚合物。决明子植物的胚乳含有一种季铵盐半乳糖甘露聚糖,它带有正电荷,与阴离子表面活性剂结合形成一种不溶于水的复合物,称之为聚乳酸。这种复合物有助于减少湿发梳理时的摩擦,从而减少头发断裂。研究人员发现,使用这种植物提取物可以减少所需的化学聚合物的数量,这是一个优点,因为化学聚合物会对泡沫和稳定性产生负面影响。

蜜露

棉花蜜露还能对发干起到平滑和保护作用(图 24-5),含有大量的低聚糖,如果糖、葡萄糖、肌醇和海藻糖等。一项半头研究表明,与对照组相比,运用 1%蜜露提取物的患者的平滑度有所提高。此外,扫描电镜显示,处理过的头发的角质层鳞片似乎排列得更平稳,不太容易出现碎片。蜜露已经配制出好几种洗发水和护发素了。

桉属植物

在 2.5~5.0 个月的时间里,研究人员用不同浓度的桉树精油涂抹头皮,发现头发的弹性和光泽强度都有所增加。超过 70%的参与者主观地认为经处理的头发纤维物理性质得到改善。一种解释可能是观察到的头发皮质中 β-折叠的比例增加,人们认为 β-折叠可以增强头发纤维的强度。组织学检查显示,经处理的和未经处理的毛发纤维之间的毛发粗细(厚度)无明显变化。桉树是目前可用的商业"根觉醒"配方。

图 24-5　蜜露元素可以改善头发质量

小结

男性和女性型脱发对于患者和治疗他们的医师来说都是令人心碎的。目前我们只有两种 FDA 批准的治疗脱发的药物，随着更多以植物为基础的产品的推出，以及更多可行的替代品供患者选择，脱发产品的药妆市场将令人兴奋。

延伸阅读

Collin C, Gautier B, Gaillard O, et al. Protective effects of taurine on human hair follicle grown *in vitro*. *Int J Cosm Sci* 2006; **28**: 289-298.

Foitzik K, Hoting E, Pertile P, et al. L-Carnitine tartrate promotes human hair growth in vitro. *J Inves Dermatol* 2006; **126**: s27 (P146).

Hiipakka RA, Zhang HZ, Dai W, et al. Structure-activity relationships for inhibition of human 5α-reductases by polyphenols. *Biochem Pharmacol* 2002; **63**: 1165-1176.

Kamimura A, Takahashi T. Procyanidin B-3, isolated from barley and identified as a hair-growth stimulant, has the potential to counteract inhibitory regulation by TGF-β1. *Exp Dermatology* 2002; **11**: 532-541.

Kamimura A, Takahashi T. Procyanidin B-2, extracted from apples, promotes hair growth: A laboratory study. *Br J Dermatol* 2002; **146**: 41-51.

Kobayashi N, Suzuki R, Koide C, et al. Effect of leaves of Ginkgo biloba on hair regrowth in C3H strain mice. *Yakagaku Zasshi* 1993; **113**: 718-724.

Kwack MH, Shin SH, Kim SR, et al. L-Ascorbic acid 2-phosphate promotes elongation of hair shafts via the secretion of insulin-like growth factor-1 from dermal papilla cells through phosphatidylinositol 3-kinase. *Br J Dermatol* 2009; **160**: 1157-1162.

Matsuda H, Yamazaki M, Asanuma Y, et al. Promotion of hair growth by *Ginsenz Radix* on cultured mouse vibrissal hair follicles. *Phytother Res* 2003; **17**: 797-800.

Takahashi T,Kamiya T, Yokoo Y. Proanthocyanidins from grape seeds promote proliferation of mouse hair follicle cells *in vitro* and convert hair cycle *in vivo*. *Acta Derm Venereol* 1998; **78**: 428-432.

Zhao J, Harada N,Kurihara K, et al. Dietary isoflavone increases insulin-like growth factor-I production, thereby promoting hair growth in mice. *J Nutr Biochem* 2011; **22**:227-233.

（译者:陈　阳　审阅:冯　峥）

第 25 章　治疗和预防瘢痕的药妆品

Ellen Marmur and Katherine Nolan
美国西奈山伊坎医学院

引言

皮肤瘢痕是患者就诊皮肤科医师最常见的问题之一。在发达国家，每年有 1 亿多患者因创伤后 2500 万例手术和 5500 万例择期手术而产生瘢痕。此外，大约有 400 万个烧伤瘢痕，其中 70%发生在儿童身上，还有 1100 万个瘢痕疙瘩。皮肤有瘢痕的个体可能会面临严重的生理和心理社会后果。我们将介绍瘢痕治疗中最常用的活性物质，以及一些越来越受欢迎的自然疗法。

瘢痕发病机制

伤口的正常愈合由三个阶段组成。第一个阶段是炎症，随后是增殖或肉芽形成阶段，最后是成熟或重塑阶段。许多信号分子，包括生长因子、基质金属蛋白酶、丝裂原激活蛋白激酶和组织抑制金属蛋白酶，都调控着这一复杂的伤口愈合过程。在这个复杂的过程中若发生异常将导致增生性瘢痕和瘢痕疙瘩的发展。

正常情况下，在成熟阶段，胶原合成和降解同时发生，导致创面软化变平，结缔组织成分在第 3 周后正常减少。然而，在瘢痕疙瘩中，胶原合成比正常皮肤高 20 倍，比增生性瘢痕高 3 倍。此外，Ⅰ型胶原与Ⅲ型胶原的比值在增生性瘢痕和瘢痕疙瘩中也较高。

瘢痕发生的危险因素

已知有几个危险因素与增生性瘢痕和瘢痕疙瘩的发生有关，其中最重要的危险因素是遗传易感性。例如，瘢痕疙瘩在深色皮肤个体中发生的可能性是正常人的 15 倍。此外，伤口张力也与增生性瘢痕和瘢痕疙瘩的发生密切相关。正因为如此，横跨关节的伤口更容易形成增生性瘢痕，因为持续的张力会破坏正常的愈合。瘢痕疙瘩和增生性瘢痕在某些部位却少见，如肢端表面和黏膜。瘢痕疙瘩往往在青春期和青春期后更常见，而更年期似乎会导致这些瘢痕的衰退。也有类似报告称，女性在怀孕期间瘢痕疙瘩发作和扩大。

最常用于预防和治疗瘢痕的药妆活性物质

表25-1显示了药妆活性物质及其对瘢痕治疗的影响。

表25-1 药妆活性物质及对瘢痕治疗的影响

活性物质	证据
洋葱提取物	体外研究表明,洋葱提取物通过对炎症级联中的肥大细胞和成纤维细胞的作用,以及它们的抗炎作用,加速伤口愈合;此外,它们还会降低成纤维细胞在体外的表达,两项小型临床研究显示它对增生性瘢痕的整体外观有所改善
维生素A	每日局部应用维A酸也被证明可以减少与增生性瘢痕和瘢痕疙瘩相关的瘙痒,一项大型随机双盲研究表明,0.05%的维A酸能显著减少瘢痕的大小
维生素E	虽然大量的临床研究显示它未能改善瘢痕外观,但是最近一些小规模研究显示,维生素E在预防和治疗手术瘢痕方面的应用取得了更积极的效果
咪喹莫特	随机、双盲研究显示,5%咪喹莫特乳膏对预防增生性瘢痕有效,它可以显著改善瘢痕的外观,特别是颜色和厚度
硅酮	已有研究支持硅胶薄膜和凝胶在预防和治疗瘢痕方面的效果,但硅树脂薄膜被证明比硅树脂凝胶更有效
抗生素软膏	多黏菌素B硫酸盐-杆菌肽锌-新霉素硫酸盐有助于减少磨损型伤口的瘢痕,尤其是使用这种抗生素软膏对减少色素沉着有显著的效果
芒果油	一项有关由芒果黄油、三酰甘油和维生素E组成的乳膏在大鼠模型中的研究发现,这种乳膏能更好地愈合伤口,并显著减少瘢痕
蜂蜜	临床试验表明,蜂蜜对患者浅层皮肤烧伤有抗炎作用,研究也证明了蜂蜜在伤口中具有保持水分的能力
芦荟	提取物对压疮、辐射损伤和其他类型的伤口有明显的修复作用,芦荟还能促进人成纤维细胞的增殖,促进细胞内的物质交换

洋葱或葱属植物提取物是非处方瘢痕治疗的常用成分,也是其主要活性成分。该产品因其实用性、低成本和天然特性而具有良好声誉,深受患者欢迎。洋葱提取物曾被认为是一种很有前途的新治疗方式,因为它们的体外效应表明,洋葱提取物通过对肥大细胞和成纤维细胞的作用来加速伤口愈合。在这些研究中,洋葱提取物具有抗炎和下调胶原蛋白生成的作用。槲皮素和洋葱提取物也能上调基质金属蛋白酶-1的表达。令人遗憾的是,这一有前景的体外应用数据尚未在临床上得到很好的重现。几项临床研究也未能证明洋葱提取物与普通凡士坦丁相比,对术后患者的瘢痕有任何额外的益处。最近的两项研究表明,含有洋葱的凝胶与糖皮质激素联合使用或单独使用,改善了增生性瘢痕的整体外观。然而,这些研究规模较小,没有采用随机或双盲法。综上所述,洋葱提取物治疗瘢痕的疗效还有待进一步的临床研究。

局部使用维生素A

维生素A和合成类维生素A是药妆品中广泛使用的常见成分。研究表明,局部使用维生素 A 有助于改善瘢痕的外观，特别是那些增生性瘢痕或瘢痕疙瘩。局部使用维 A 酸使瘢痕变平、变软，并减少色素沉着。Daly 等于 1986 年进行的一项大型随机双盲研究，表明 0.05％的维 A 酸乳膏显著减少了瘢痕的大小。Mizutani 等最近进行的一项规模较小的研究，表明 0.25％的维 A 酸维 E 酯软膏（一种维生素 A 衍生物），能显著减少成年人增生性瘢痕相关的大小、红斑、硬度和瘙痒。作者发现，0.1％维 A 酸对头皮手术后瘢痕疼痛或带状疱疹后神经性疼痛有一定的缓解作用。虽然研究似乎支持维生素 A 治疗瘢痕的疗效，但其存在的缺点包括孕妇可能的全身吸收和致畸性，以及皮肤刺激和光敏性。

局部外用维生素 E

维生素 E，也被称为生育酚，是非处方抗瘢痕产品中的另一种常见成分。维生素 E 是一种脂溶性抗氧化剂，理论上可以穿透网状真皮，减少氧自由基的形成，而氧自由基则会破坏细胞膜、脂质和 DNA。此外，维生素 E 可以改变糖胺聚糖和胶原蛋白的生成，抑制脂质过氧化，因此维生素 E 可以稳定细胞膜。

虽然有报道称，维生素 E 可以加速伤口愈合，改善瘢痕的外观，但临床研究并不支持这些说法。在一项对术后重建烧伤患者的研究中，维生素 E 并没有显示出在外观、侵犯范围和瘢痕厚度方面的改善。在一项对接受手术重建的烧伤患者的研究中，维生素 E 在外观、活动范围和瘢痕厚度方面都没有显示出改善。其实，维生素 E 的使用局部反应率较高，反而导致瘢痕外观的恶化。然而，最近的研究表明，维生素 E 在预防和治疗手术瘢痕及系统性硬化症相关的手指溃疡方面的应用，取得了更积极的疗效。在维生素 E 被推荐为治疗瘢痕的有效方法之前，似乎还需要更多的研究。

咪喹莫特

外用咪喹莫特是一种免疫反应调节药，在皮肤科有多种用途。这种流行的皮肤疗法用于治疗光化性角化病、浅表基底细胞癌和鳞状细胞癌、生殖器疣和传染性软疣。一项研究显示，5％咪喹莫特乳膏可预防瘢痕疙瘩手术切除后的复发。最近，Prado 等对使用 5％的咪喹莫特乳膏预防乳房手术后的增生性瘢痕进行了随机、双盲研究。在术后 24 周进行评估时，发现 5％的咪喹莫特乳膏能显著改善瘢痕外观，尤其是颜色和厚度。值得注意的是，治疗组没有瘢痕疙瘩和增生性瘢痕患者。咪喹莫特治疗的不良反应包括点状出血、局部疼痛和红斑。总体而言，5％的咪喹莫特乳膏似乎是预防增生性瘢痕和瘢痕疙瘩的有效治疗方法。

硅酮软膏、凝胶和薄膜

自 30 年前问世以来，局部使用硅酮凝胶贴剂和薄膜是预防和减少增生性瘢痕最常用的治疗方法之一。虽然硅胶薄膜的作用机制还不完全清楚，但人们认为硅胶有助于创造一个封闭的、水合的环境，降低毛细血管活性，从而有助于减少成纤维细胞增殖引起的增生性瘢痕。硅酮薄膜在减少红斑、瘙痒、硬度和瘢痕大小方面的疗效已得到充分证明。还有许多研究支持硅凝胶治疗瘢痕的疗效。然而，有研究表明，硅凝胶疗效可能不如硅胶薄膜。Sawada 等的研究结果表明，单独使用硅酮软膏可使 22％瘢痕得到改善，而采用硅酮封包疗法可使 82％瘢痕得到改善。总之，上述研究都支持硅酮薄膜和凝胶具有预防和治疗瘢痕的效果，但有趣的观察表明，这种令瘢痕缩小的抑制效应只是暂时的。

抗生素软膏和凡士林

对于清洁无菌的伤口，凡士林的作用相当于促使伤口愈合的抗生素软膏。如果出现感染，如撕裂伤口或皮肤表面的擦伤受污染，伤口愈合受损，瘢痕形成的风险将增加。事实上，Berger 等的一项随机研究表明，多黏菌素 B 硫酸盐-杆菌肽锌-硫酸新霉素有助于减少擦伤型伤口的瘢痕。本研究发现，三联抗生素软膏在减少瘢痕方面优于单纯纱布敷料。特别是，使用这种抗生素软膏对减少色素沉着有最显著的效果。其作用机制可能是凡士林只作为一种载体，可优化伤口愈合，避免瘢痕形成，而纱布是一种干剂，可能无法给予伤口最佳愈合的条件。另一项研究表明，使用三联抗生素软膏治疗水疱，愈合速度明显快于用任何消毒剂处理的伤口和未接受任何治疗的伤口。这些研究似乎支持这样的观点，即使用三联抗生素软膏有助于减少瘢痕，同时可以消除伤口中的微生物污染。这些软膏通常用于非处方制剂，但有时可能对敏感个体产生刺激和继发接触性皮炎。

自然疗法

杧果黄油

来自乳木果、杧果、可可树和其他植物的外来脂质作为润肤剂越来越受欢迎。因此，一种含有杧果黄油及其富含维生素 E 的油脂成分的足部霜在患有各种足部疾病的志愿者身上进行了测试，其中包括皮肤皲裂。杧果黄油霜治愈了所有参与者的皮肤皲裂，无刺激性或接触敏感性。此外，同样的试验霜在动物的切割伤口和切除伤口模型中显示出明显的愈合反应。因此，有必要进一步研究植物润肤剂的伤口愈合特性。

蜂蜜

蜂蜜被认为是最古老的伤口治疗方法之一。众所周知，蜂蜜具有抗感染作用。研究还表明，蜂蜜能够保持伤口的水分。最后，蜂蜜具有血管生成活性，有助于肉芽组织的形成和再生。

芦荟

芦荟（巴巴多斯芦荟）自古以来就被用于治疗各种皮肤病，特别是用于治疗创伤和烧伤。一些研究支持芦荟在伤口愈合中的有益作用。其提取物对压疮、辐射损伤和其他类型的伤口有明显的修复作用。此外，芦荟增加人成纤维细胞的增殖并增加细胞内生化信息传递。芦荟在烧伤治疗中的作用被认为是通过减少能导致血管收缩和血小板聚集的血栓素 A2、前列腺素 2α 和血栓素 B2 以减轻缺血引起的组织损伤有关。

小结

总的来说，有很多治疗瘢痕的方法。除了前述的局部治疗外，局部皮质类固醇激素、激光治疗和冷冻手术也用于预防和治疗瘢痕。在所述的治疗方法中，硅凝胶薄膜和咪喹莫特具有最多的临床证据支持其疗效，特别是对增生性瘢痕和瘢痕疙瘩。维生素 A 和抗生素软膏也都已被证实有效，但它们的作用更微弱，可能不适合作为增生性瘢痕和瘢痕疙瘩的单一疗法。虽然洋葱提取物和维生素E是常见的瘢痕治疗成分，但还需要更多的临床证据来支持它们的疗效。维生素E与接触性皮炎和瘢痕外观恶化有关，因此应谨慎使用。芦荟、蜂蜜和杧果黄油等常见的天然药物显示出良好的疗效，而且几乎没有不良反应，但需要更大规模的对照研究来确定它们的疗效。

延伸阅读

Ahn ST, Monafo WW, Mustoe TA. Topical silicone gel for the prevention and treatment of hypertrophic scar. *Arch Surg* 1991; **126**: 499-504.

Bayat A, McGrouther DA, Ferguson MW. Skin scarring. *BMJ* 2003; **326**: 88-92.

Bedi MK, Shenefelt PD. Herbal therapy in dermatology. *Archives of Dermatology* 2002; **138**: 232-242.

Berger RS, Pappert AS, Van Zile PS, Cetnarowski WE. A newly formulated topical tripleantibiotic ointment minimizes scarring. *Cutis: Cutaneous Medicine for the Practitioner* 2000; **65**: 401-404.

Daly TJ, Golitz LE, Weston WL. A double-blind placebo-controlled efficacy study of tretinoin cream 0.05% in the treatment of keloids and hypertrophic scars. *J Invest Dermatol* 1986; **86**: 470.

Jackson BA, Shelton AJ. Pilot study evaluating topical onion extract as treatment for postsurgical scars. *Dermatologic Surgery: Official Publication for American Society for Dermatologic Surgery*[et al] 1999; **25**: 267-269.

Martin A. The use of antioxidants in healing. *Dermatologic Surgery: Official Publication for American Society for Dermatologic Surgery*[et al.] 1996; **22**: 156-160.

Mizutani H, Yoshida T, Nouchi N, Hamanaka H, Shimizu M. Topical tocoretinate improved hypertrophic scar, skin sclerosis in systemic sclerosis and morphea. *J Dermatol* 1999; **26**(1): 11-17.

Prado A, Andrades P, Benitez S, Umana M. Scar management after breast surgery: Preliminary results of a prospective, randomized, and double-blind clinical study with aldara cream 5% (imiquimod). *Plastic and Reconstructive Surgery* 2005; **115**: 966-972.

Sawada Y, Sone K. Treatment of scars and keloids with a cream containing silicone oil. *Br J Plast Surg* 1990; **43**(6): 683-688.

Sund B. *New Developments in Wound Care*. London: PJB Publications, 2000.

Zurada JM, Kriegel D, Davis IC. Topical treatments for hypertrophic scars. *Journal of the American Academy of Dermatology* 2006; **55**: 1024-1031.

（译者：陈 阳 审阅：冯 峥）

第 26 章　防晒和防晒产品

Darrell S. Rigel
美国纽约大学医学院

引言

有效防止紫外线辐射(UVR)的重要性再怎么强调也不为过。紫外线辐射在增加患皮肤癌的风险和加速皮肤老化方面起着关键作用。按照目前的发病速度,1/5 的美国人在一生中会患上某种皮肤癌,2012 年美国超过 200 万新病例。在美国,恶性黑色素瘤的发病率增长速度快于其他任何癌症。1935 年,美国人患有侵袭性黑色素瘤的终身风险为 1/1500。2012 年,侵袭性黑色素瘤的风险为 1/52,若包含原位黑色素瘤,风险则为 1/27。在美国,仅与皮肤癌治疗相关的费用每年就超过 5 亿美元,反映了这个公共卫生问题的经济规模。因此,开发和实施有效机制,以保护皮肤免受致癌紫外线辐射是至关重要的。

UVR 最近被国际癌症研究机构(IARC)升级为最高癌症风险类别。UVR 在世界范围内与癌症的联系比任何其他致癌物都要多。虽然皮肤癌是可以预防的,但无防护的日晒暴露率仍然很高。鉴于皮肤癌发病率的迅速上升,对那些坚持使用紫外线照射以使皮肤呈现"古铜色"外观的人来说,保护皮肤不受紫外线照射和使用更安全替代措施的必要性日益重要。

与紫外光致癌有关的光谱差异

辐射造成的皮肤损伤大多发生在紫外线波段。紫外线中最短的紫外线 C (UVC,100～280 nm)无法穿透地球的臭氧层,因此对地球的损害很小。紫外线 B (UVB,290～320 nm)是引起皮肤改变的主要原因。已知的 UVB 引起的生物化学变化包括 DNA、RNA 和蛋白质合成的改变、环丁基嘧啶二聚体的诱导及各种细胞因子的产生。

已往,UVA 被认为在皮肤癌和光损伤的发病机制中发挥的作用较小。波长较长的 UVA (320～400 nm)可以穿透入更深皮肤。UVA 可诱导色素即刻变深反应和新的黑色素形成。早期的防晒措施主要是避免皮肤接触 UVB。目前已知,UVA 通过直接诱导 DNA 突变及增加由 UVB 引起的损伤而导致皮肤癌。人体皮肤受到 UVA 辐射后改变了 p53 肿瘤抑制蛋白的表达,这些突变可以通过使用 UVA 防晒霜来减少,这表明有更好的 UVA 防护,p53 累积将更少。

局部光保护作用

局部光保护主要通过两种机制起作用:散射和反射紫外线能量,吸收紫外线能量。目前许多防晒霜含有的成分在紫外线保护方面都能通过这两种机制发挥作用。

决定防晒效果最重要的方法是防晒系数(SPF),SPF 是衡量防晒霜在紫外线照射下(主要是 UVB)防止红斑形成的能力。SPF 值被定义为在受保护皮肤上产生最小红斑所需的紫外线能量与在同一个体中未受保护皮肤上产生相同红斑所需的紫外线能量之比。例如,一个使用防晒系数为 4 防晒霜的人,当暴露在 UVB 辐射下时,皮肤红斑的形成时间是没有防晒措施的人的 4 倍。美国食品和药品管理局(FDA)负责监督防晒产品在美国的销售和分销,规定防晒剂的 SPF 值必须至少为 2。大多数市面上的防晒产品的 SPF 值都超过了最低防护值。

尽管 FDA 试图教育消费者,并推广制造商的适当品牌,但防晒霜标签也有其局限性。对于普通消费者来说,复杂的名称及随意变更代理商名称可能令其应接不暇。防晒霜的光稳定性并没有被量化或标记,而是随着化学药剂的不同而变化。SPF 值主要衡量的是防晒霜抵御 UVB 辐射的能力,并没有充分说明 UVA 对皮肤的影响。此外,SPF 值也可能因光源不同而异。

在撰写本章的时候,FDA 正在准备通过新的防晒霜标签法规,旨在加强消费者对防晒霜的理解。"广谱"一词只有在 SPF 值达到 15 或更高,且达到 UVA 保护阈值时才能使用。禁止使用"防水"术语,只允许使用"防水"40 或 80 分钟。禁止使用混淆的术语,如"防晒霜"和"全天候保护"。提议 SPF 值为 50+的上限计划已经被推迟,直到几项正在进行的研究结果发布止。

防晒剂及其作用机制

防晒霜的使用始于 20 世纪初。水杨酸盐是最早用于防晒产品的制剂,首次报道的防晒产品中含有水杨酸苄酯和肉桂酸苄酯。20 世纪 40 年代,对氨基苯甲酸(PABA)获得专利,并被纳入防晒霜配方中。自 PABA 问世以来,各种配方及其衍生物已被引入防晒霜市场。

FDA 批准使用 19 种化学物质作为防晒剂。由于没有一种单一的防晒剂能有效地保护皮肤免受 UVA 和 UVB 的双重辐射,几乎所有市面上出售的防晒产品都含有这两种防晒剂成分。两种或两种以上的防晒活性成分在使用时可以与一种或两种以上的防晒产品组合使用,而每种成分在使用时都要经过 FDA 的批准。每一种单独的活性成分必须对成品防晒系数至少为 2,而成品防晒系数至少不低于组合中使用的防晒活性成分的数量乘以 2。

防晒霜是根据其防护方法来分类的,有机防晒产品("化学防晒产品")吸收紫外线辐射,而无机防晒产品("物理防晒产品")则作为微粒物质反射和散射入射光和紫外线。

有机防晒剂

有机防晒剂通过吸收紫外线并将其转化为热能来保护皮肤,这些化合物吸收紫外线辐射并将能量转换为波长更长的光辐射。防晒化学品从基态被激发到高能态,当激发的分子返回基态时,能量的释放量低于最初吸收的能量。该能量以较长波长方式发射,通常为非常微弱的红光或微弱的红外辐射。

防晒剂通常是与羰基共轭的芳香族化合物，这些合成的化合物可大致分为两类：UVB (290～320nm)和 UVA (320～400nm)吸收剂。根据防晒剂的化学性质可以对其进行分类，每一类防晒剂都有其独特的吸收光谱(表 26-1)。

表 26-1 防晒剂及其紫外线防护波长

防晒剂效果(nm)	保护范围(nm)	最大保护效果(nm)
对氨基苯甲酸酯类		
对氨基苯甲酸	260～313	283
二甲氨苯酸戊酯 O	290～315	311
二甲氨苯酸戊酯 A	290～315	309
氨基苯甲酸甘油	260～313	297
肉桂酸盐类		
甲氧基肉桂酸辛酯	280～310	311
西诺沙酯	270～328	290
水杨酸盐类		
水杨酸	290～315	306
水杨酸辛酯	260～310	307
水杨酸三乙醇胺	269～320	298
奥克立林	287～323	303
依托立林	296～383	303
苯甲酮类		
氧苯酮	270～350	290～325
二羟苯宗	206～380	284～327
异苯甲酮	250～380	286～324
氨基甲酸薄荷酯	200～380	336
二苯甲酰甲烷类		
叔丁基甲氧基二苯甲酰甲烷	310～400	358
4-异丙基苯甲酰甲烷	310～400	345
三硅氧烷，对苯二甲酸三唑双酚磺酸(美索酰基 XL)	300～400	328

对氨基苯甲酸(PABA)是 20 世纪 50 年代和 60 年代广泛使用的防晒剂。与 PABA 的局限性有关的一些性质可以归因于它的化学结构：苯核上对位的氨基和羧基。PABA 的高极性使得该试剂极易溶于水，但分子间氢键的增加也促进它形成结晶的物理状态，这导致了在制造促使 PABA 不断溶解的溶剂时产生困难。氨基和羧基也使 PABA 分子对 pH 值变化敏感，因此其作为紫外化学吸收剂的有效性有些不稳定。分子的不稳定性也会导致产品暴露在空气中时发生颜色的改变。

随后开发了甘油 PABA 来保护羧酸基团不受 pH 值变化的影响，因此比原来的 PABA 配方稍微稳定一些，其他制剂则试图同时保护羧基和氨基。帕地马酯 O（N，N-二甲基 PABA 辛酯）克服了许多原有结构的局限性，成为一种广泛使用的防晒剂。氨基和羧基都受到保护，使得帕地马酯 O 对 pH 值变化不那么敏感。这种新的化学结构也导致了分子间氢键的减少，从而形成了一种液态而不是结晶固态的防晒剂。

最初的 PABA 失宠主要是因为染色和过敏性接触反应，与其他防晒剂相比，PABA 接触性和光接触性过敏的比例要高得多。有报道称，PABA 衍生物也诱导接触致敏。对 PABA 的敏感反应显示出对苯佐卡因的强烈反应，这表明有关甘油 PABA 过敏的报道实际上可能是由于甘油 PABA 制剂中的杂质所致。其他 PABA 衍生物，如帕地马酯 A 和帕地马酯 O 也有报道引起过敏或光接触过敏，帕地马酯 A 也被发现可引起光毒性，在美国已不再使用。

水杨酸盐是第一个用于商用防晒制剂的紫外线化学吸收剂。与羧基和氨基对位分布相反，水杨酸盐是正态分布的（羧基和氨基在苯环上相邻的碳原子上），这种空间排列使得分子内部可以形成氢键，从而产生约 300nm 的紫外线吸收度。这种分子内氢键可以提高分子稳定性，减少与其他化合物的相互作用，并具有良好的整体安全记录。水杨酸酯类防晒剂包括水杨酸辛酯和水杨酸同甲基酯。

肉桂酸盐是一种有效的防晒剂，峰值吸收波长约为 305nm。它们在化学结构上与秘鲁香脂、古柯叶、肉桂醛和肉桂油同源。整体来讲，肉桂酸盐特殊的化学结构使分子不溶于水，需要更频繁更换防晒剂，已有报道称肉桂酸盐会引起的接触性皮炎和对结构相关产品的交叉过敏反应。

苯甲酮衍生物和蒽醌类化合物对 UVA 辐射有较好的吸收作用，虽然苯并酮的主要保护范围在 UVA 范围内，但在 UVB 范围内也有次要保护带。最常用的苯并酮类药物是氧苯酮和二氧苯酮，尽管这些成分的过敏性比 PABA 低得多，但它们仍然具有光接触和接触过敏的风险。氨基甲酸盐（如薄荷醇），对皮肤提供低程度但广谱的防护，通常被添加到防晒霜中以加强保护。樟脑是一种在欧洲广泛使用的药剂，但在美国没有得到批准，它们是有效的 UVB 吸收剂。

二苯甲酰薄荷烷是一类防护 UVA 辐射特别有效防晒剂，叔丁基甲氧基二苯甲酰甲烷（阿伏苯宗，又称 Parsol 1789）获准在美国使用。同时，异丙基代苯（又称 Eusolex，8020）则获准在欧洲广泛使用。后者与接触性皮炎的高发病率有关，在美国尚未得到批准。在一项对 19 名患者测试防晒霜的光过敏阳性反应研究中，发现其中 8 人对丁基甲氧基二苯甲酰甲烷呈阳性反应。

用于叔丁基甲氧基二苯甲酰甲烷经少量 UVA 照射后存在光稳定性问题，为了提高该制剂的稳定性，开发了几种配方，包括使用八烯和二乙基己基 2，6-萘酯（DEHN）。

无机防晒霜

无机防晒霜是一种粒子，能散射并将紫外线能量反射回环境中。如果有足够的数量，它们将成为阻挡紫外线和可见光的物理屏障。近年来，由于其低毒特性，它们越来越受欢迎。这些制剂具有相当的光稳定性，并没有被证明会引起光毒性或光过敏反应。它们在抵御 UVA 和 UVB 方面也非常有效。最常见的微粒防晒剂是二氧化钛和氧化锌。

物理防晒剂的早期配方没有被广泛接受，因为微粒物质必须在高浓度中混合，从而在皮肤上形成一层不透明的薄膜，以获得足够的保护。这在化妆上通常是不可接受的。更新的配方提供微粉配方，使外观更透明，并允许充分的保护与改善的美容效果。氧化锌与二氧化钛的对比表明，氧化锌在 340 ～ 380nm 范围对 UVA 的保护效果较好，且对皮肤的糊状感较轻。

光防护的有效性

皮肤癌的主要预防措施在于侧重降低紫外线照射，这似乎对降低皮肤癌的发病率有积极作用。先前有基底细胞癌病史的个体，如果他们保护自己不受紫外线照射，日后罹患基底细胞癌的风险就会降低，每天使用防晒霜减少阳光照射可以降低患鳞状细胞癌的风险。

对 11 项关于黑色素瘤风险和使用防晒霜的研究进行的多元分析显示，防晒霜的保护作用很小，然而，当只评估最近的研究后发现，用高 SPF 防晒霜防护部位，显示有保护作用，而因回顾性研究相关方法的内在缺陷可能导致得出其他部位防护效果不明显的结果（表 26-2）。

表 26-2 研究评估防晒霜对黑色素瘤的保护作用

防晒霜使用时间段	调查结果
1974－1975	使用者黑色素瘤发生率增加
1974－1980	不显著
1977－1979	不显著
1978－1983	小部分使用者黑色素瘤发生率增加
1979－1980	对黑色素瘤发病有保护作用
1980－1982	不显著
1981－1985	不显著
1981－1986	对黑色素瘤发病有保护作用
1988－1990	使用者黑色素瘤发生率增加
1989－1993	对黑色素瘤发病有保护作用
1991－1992	使用者黑色素瘤发生率增加
1994－1997	对黑色素瘤发病有保护作用
1994－1998	不显著
1995－1997	小部分使用者黑色素瘤发生率增加
1996－2008	预防黑色素瘤的前瞻性研究

Green 等在 2011 年进行的一项前瞻性研究显示，与那些偶尔或更少使用防晒霜的人相比，每天定期使用防晒霜的人患黑色素瘤的风险显著降低。

免晒型“美黑”

对于那些想要晒黑皮肤的人来说，另一种选择是推广无阳光晒黑产品，这种产品不依赖于实际的紫外线照射来提供晒黑的肤色。这些产品使用一种叫作二羟基丙酮（DHA）的物质，一种无色的植物性糖，与表皮上的死亡细胞相互作用，使皮肤染色。DHA 是一种三碳糖基化合物，是无阳光晒黑制剂的活性成分，1973 年被美国食品和药物管理局（FDA）批准为化妆品的颜色添加剂。DHA 优先与角质层中丰富的碱性氨基酸反应，形成褐黑色的化合物，称为黑色素。这种相互作用，也被称为美拉德反应或褐变反应，是糖类和胺之间的一种常见现象，也是储存在仓库中的含糖食品褐变的原因。当局部应用时，DHA 在角质层起作用，从而证明它无法在缺乏角质层的区域（如黏膜）诱导晒黑，而在角质层增厚的区域（如手掌、脚底、肘部、膝盖、脚踝和过度角化病变）的诱导深度晒黑。无阳光晒黑制剂通常含有 3%～5% DHA。使用没有添加紫外线过滤器的无阳光晒黑制剂的人应该注意，DHA 及其黑色素副产品只能提供最低限度的紫外线保护：DHA 单独提供的防晒系数为 3 或 4。颜色变化在 1 小时内明显，最大变暗时间为 8～24 小时。大多数人报告颜色在 5～7 天消失。

2010 年，美国青少年自我报告使用无阳光晒黑产品的比例为 10.8%。使用这些产品的人群更有可能是年龄较大的女性，他们认为晒黑的外表是可取的，他们的父母或护理员使用的是没有晒黑的产品，他们对这些产品持有积极的信念或态度。使用无阳光晒黑产品与室内晒黑与较高的晒伤频率有独立相关，但与使用防晒霜无关。

关于无阳光晒黑是有益的还是有害的阳光安全建议的数据很少。DHA 应用的安全性最近受到质疑，可能需要进行进一步的研究来验证其安全性。然而，几项研究表明，当使用无阳光的晒黑产品时，紫外线晒黑效果会下降。一项随机试验对大学生进行了为期一个月的干预，包括日光浴和紫外线成像，结果发现与对照组相比，大学生的自我效能和使用防晒霜的意愿显著增加，较少的日光浴和更强的防晒作用组与对照组相比，两组之间并没有存在显著差异，这表明在促进无阳光晒黑方面没有任何伤害证据。近 3/4（73%）接受无阳光喷雾晒黑者报告，自从他们开始进行无阳光晒黑后，他们减少了室内晒黑量，而只有 7%的人报告称他们增加了室内晒黑量。这些数据表明，使用无阳光晒黑可能是加强皮肤癌预防工作的有效方法。

展望

根据现有的最佳信息，一套全面的光保护方案，包括穿防护衣、避免正午阳光照射、经常使用广谱高 SPF 防晒霜，应该能提供显著的保护，并似乎能降低黑色素瘤的发病率。这是美国皮肤病学会、皮肤癌基金会及其他主要国际组织的最新建议，也是现有数据最支持的建议。没有阳光的晒黑措施是一个合理的选择，但需要进行更多的研究以确保安全。我们希望能对有关优化防晒产品及其他形式的光防护的效能，以及如何减低暴露在紫外线辐射下的风险等问题，能有更明确的答案，并在未来改进光防护剂和完善光防护策略及方法。

延伸阅读

Cokkinides VE, Bandi P, Weinstock MA, Ward E. Use of sunless tanning products among US adolescents aged 11 to 18 years. *Arch Dermatol* 2010; **146**(9): 987-992.

Draelos ZD, et al. (*eds.*) *Cosmetic Formulation of Skin Care Products* (Cosmetic Science and Technology Series Vol. 30). New York: Taylor and Francis, 2006.

Draelos ZD. Self-tanning lotions: Are they a healthy way to achieve a tan? *Am J Clin Psychol* 2002; **3**(5): 317-318.

Huncharek M, Kupelnick B. Use of topical sunscreens and the risk of malignant melanoma: A meta-analysis of 9067 patients from 11 case-control studies. *Am J Public Health* 2002;

92(7)：1173-1177.

Palm MD, O'Donoghue MN. Update on photoprotection. *Dermatologic Therapy* 2007；**20**(5)：360-376.

Pagoto SL, Schneider KL, Oleski J, Bodenlos JS, Ma Y. The sunless study: A beach randomized trial of a skin cancer prevention intervention promoting sunless tanning. *ArchDermatol* 2010；**146**(9)：979-984.

Shaath, NA. Evolution of modern sunscreen chemicals. In: Lowe NJ, Shaath NA, Pathak MA (eds.) *Sunscreens: Development, Evaluation, and Regulatory Aspects*. New York: Marcel Dekker, 1997.

Sheehan DJ, Lesher JL., Jr The effect of sunless tanning on behavior in the sun: A pilot study. *South Med J* 2005；**98**(12)：1192-1195.

Vainio H, Miller AB, Bianchini F. An international evaluation of the cancer-preventive potential of sunscreens. *Int J Cancer* 2000；**88**(5)：838-842.

Westerdahl J, Ingvar C, Masback A, Olsson H. Sunscreen use and malignant melanoma. *Int J Cancer* 2000；**87**(1)：145-150.

（译者：陈　阳　审阅：冯　峥）

第 27 章　治疗酒渣鼻和面部潮红的药妆品

Doris Day
美国纽约大学医学中心

引言

酒渣鼻是一种常见的慢性炎症性皮肤病，影响着 1400 多万美国人。酒渣鼻常见的早期症状为面部发红，表现为短暂的潮红或持续性红斑，与这种慢性皮肤病相关的其他特征包括丘疹、脓疱和毛细血管扩张，通常分布于面部中央。对于受影响的人来说，面部发红会导致尴尬，并对其自尊和生活质量产生负面影响。

周全的护肤方案作为酒渣鼻治疗的辅助疗法，有助于改善症状。传统上，化妆品皮肤护理是酒渣鼻亚型最常见最有效的疗法，即红斑性酒渣鼻。其特征是伴有皮肤弥漫性、间歇性红肿。多数情况下，皮肤下浅层可见明显的血管存在，以及屏障功能受损的常见症状，如干燥、脱屑和过敏。随着深入了解这类皮肤病的病理生理学研究新进展，引发人们开展重大研究以探寻可多途径发挥治疗作用的新有效药物。

生化途径

酒渣鼻的病理生理学涉及相关的血管通路和炎症通路，这一直是寻找合适治疗方法的研究热点。红斑是由于炎症信号引起的皮肤微血管内血液循环增加引起的。前列腺素 E_2（PGE_2）在皮肤的血液循环中起着重要的作用，它在皮肤受到化学暴露、物理损伤和紫外线照射之外部刺激后引起血管舒张反应。血管内皮生长因子（VEGF）在酒渣鼻患者皮肤中表达升高，可能导致毛细血管扩张。紫外线照射增加 VEGF 的表达，活性氧（ROS，自由基）加剧炎症，两者都可能导致酒渣鼻红斑的增加。毛囊蠕形螨和幽门螺杆菌等微生物被认为可以激发免疫反应。上述许多触发因素都与 toll 样受体 2（TLR2）表达增加有关，TLR2 是先天免疫系统的主要组成部分。TLR2 表达在酒渣鼻皮肤中发生改变，增强皮肤对先天免疫刺激的敏感性。

酒渣鼻管理的基本皮肤护理需求

酒渣鼻患者由于皮肤炎症和屏障破坏的原因，通常导致皮肤敏感性增加，更易出现刺激、烧灼、刺痛和瘙痒症状。因此，对于酒渣鼻患者来说，最合适的洁面和护肤产品应该含有刺激性最小的配方，最好是针对敏感皮肤设计的。这些配方将基于无脂或高水平的非离子或两性表面活性剂，其酸性 pH 值更接近皮肤的自然 pH 值。定期使用面部保湿霜为皮肤提供保护环境，有助促进皮肤自身的愈合，包括恢复皮肤屏障功能、角质层脂质组成及结构，以及脱钙酶活性。已经刊发的几项研究表明，特别选择的润肤霜对酒渣鼻治疗有益。酒渣鼻病情被认为会因光暴露而加重，因此建议酒渣鼻患者持续使用有效的广谱防晒产品（SPF 15 或更高）。

药妆品在酒渣鼻治疗中的作用

近年来，随着所谓的皮肤护理药妆产品的发展，酒渣鼻辅助治疗类产品的影响也从减轻症状扩大到发病机制方面的研究。局部皮肤护理产品含有的成分，具有改善皮肤屏障功能及抗炎、抗氧化性能，特别是那些植物来源的被证明有益于酒渣鼻的治疗。

将调节毛细血管性能的活性物质与控制炎症的活性物质结合起来，是制造有效药妆品的第一步。第二步需要做的是减少病原体、消除潜在诱因的影响和进一步增强药妆品的功效。酒渣鼻典型的治疗方案包括使用含有一种或多种抗炎和抗氧化剂的治疗产品，一种改善屏障功能的保湿霜，一种提供防晒的防晒霜，以及一种用绿色来弥补面部泛红的颜色伪装。药妆品使用方案也可以与酒渣鼻的处方药物治疗相结合，以改善治疗效果。

美容活性物质的进展

根据已知的酒渣鼻的生物化学途径，多种化妆品活性物质可以影响治疗结果。已发表的严谨研究报道，烟酰胺及其衍生物、甘草提取物和选定的苯甲醛衍生物对酒渣鼻患者的临床疗效有支持作用。其他一些成分，如甘菊、甘草提取物、绿茶和芦荟等，已经发表了应用于其他皮肤状况的临床数据，或已向产品制造商备案。表 27-1 列出按拟议的作用机制分类的选定成分。

表 27-1 酒渣鼻局部治疗的药妆成分

成分	作用
烟酰胺	保护/改善皮肤屏障功能
燕麦胶	
羟丙基壳聚糖	
甘草酮 A	抗炎
野甘菊	
阿马拉苦木科植物提取物	
维生素 C	抗氧化
咖啡多酚	
银杏叶提取物	
茶多酚	

屏障修复和皮肤保护活性成分

局部使用烟酰胺治疗已被证明不仅可以改善角质层屏障功能，而且也可改善光老化（非酒渣鼻）患者的皮肤红斑。改善屏障功能，既可减少局部激发红斑的潜在影响，也可减少皮肤对随后可能引起刺激或感觉不良的外部损伤的易感性。在一项研究中，对Ⅰ型或Ⅱ型酒渣鼻、红斑性酒渣鼻和丘疹性酒渣鼻患者分别使用含有烟酰胺的润肤霜 4 周，根据研究者和受试者的评估，发现它改善了屏障功能（经表皮失水），也减轻了酒渣鼻的症状和体征。

羟丙基壳聚糖是一种成膜剂，提供了一种保护屏障，作为联合治疗的一部分，对酒渣鼻具有保护作用。凭借燕麦胶中存在的燕麦生物碱对皮肤的物理保护及抑制转录因子 κB（NF-κB）的活性和炎症因子的释放作用，燕麦胶在皮肤科有着悠久的有益应用历史。

抗炎活性物质

研究表明，酒渣鼻面部皮肤的先天免疫系统对炎症通路的信号传递具有高度反应性。皮肤炎症可以通过许多已建立的相互关联的途径来控制，包括酶，如环加氧酶（COX）、脂氧合酶（LOX）、金属蛋白酶（MMP）、弹性蛋白酶和透明质酸酶；核转录因子，如 AP1 和 NF-κb；神经调节物质，如 P 物质和 TLR-2。抗炎剂包括许多天然产品，形成了最大一类治疗酒渣鼻的药妆品活性物。例如，在一项为期 8 周的临床研究中发现，一种含有甘草提取物甘草酮 A 的润肤霜可以改善包括酒渣鼻患者在内的一群患者的红斑。从草药白菊中提取的一种纯化提取物已被证明对紫外线照射或剃须引起的面部红肿有益处。一种从苦木科植物提取的提取物，作为顺势疗法药物，显示出有益于酒渣鼻的局部治疗。

感觉神经与血管和免疫细胞密切相关，在红斑酒渣鼻中，感觉神经随着参与血管调节和神经源性炎症的基因上调而增加，棕榈酰三肽-8 已被证明可以减少 p 物质介导的毛细血管通透性增加。

抗氧化剂

酒渣鼻炎症导致皮肤活性氧（ROS）的产生和释放，屏障受损的皮肤受到紫外线照射，也会加剧这个过程，因此通过使用局部抗氧化剂以减少 ROS 有利于红斑痤疮治疗。例如，在一项针对酒渣鼻患者的小型研究中，已对一种外用 5％维生素 C 制剂进行了测试，结果显示，它能改善相关红斑。具有活性的天然物质包括各种茶提取物（绿色、红色、白色、黑色）、咖啡浆果提取物和咖啡因、芦荟、姜黄、甘菊（双酚）和蘑菇。

调控制血管舒张、渗透性和生长的活性物质

局部 α_1 肾上腺素能激动剂药物（如羟甲唑啉）通过产生血管收缩作用来顷刻控制面部发红。正在开发外用溴莫尼定制剂作为酒渣鼻的处方治疗药物，早期临床疗效看起来很有希望。作为药妆品，咖啡因局部外用可能会产生血管收缩，但也可能刺激酒渣鼻患者；咖啡酸和没食子酸的糖苷组合对减少酒渣鼻红斑有一定的益处。

大多数炎症途径导致 PGE_2 增加，PGE_2 是毛细血管舒张的关键介质。因此，局部应用专为减少 PGE_2 而设计的药物可能有助于使毛细血管正常舒张而不是血管收缩。4-乙氧基苯甲

醛可减轻酒渣鼻患者的面部红肿(图 27-1),这很可能是由于抑制了 PGE_2。

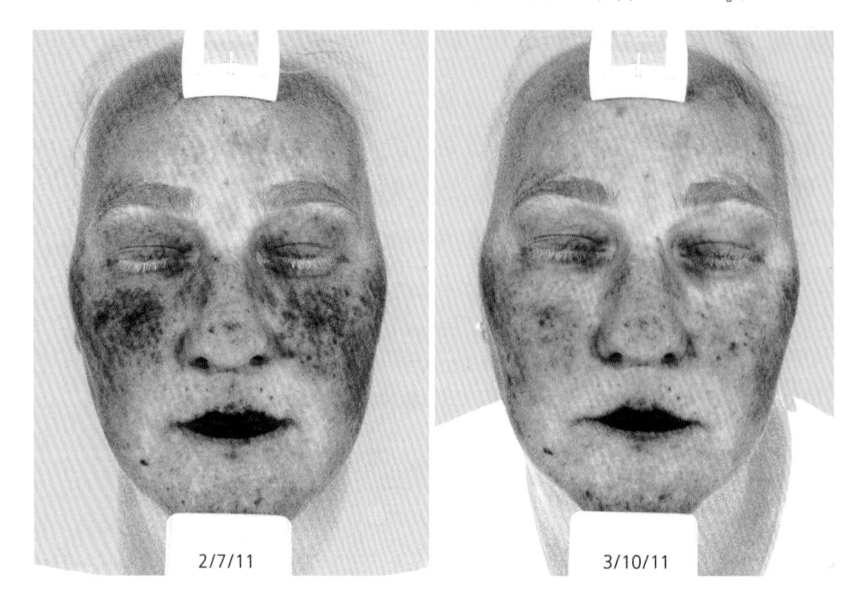

图 27-1 使用 Visia 图像分析在治疗起始和使用 4-乙氧基苯甲醛和含烟酰胺的乳膏治疗 4 周后,通过监测反射光的红色部分来评估红斑的变化(Redness Relief CalmPlex,SkinMedica Inc,Carlsbad,CA)
Source:Courtesy of Dr. Mona Foad, Cincinnati,OH,USA.

用氢醌磺酸盐抑制成纤维细胞生长因子(FGF)和血管内皮生长因子(VEGF)等血管生成因子活性,已被证明能改善红斑和毛细血管扩张症的临床表现。天然物质的活性萃取物,如蜂胶(一种树脂状物质),从蜂产品和枸杞子中含有的圆锥形树木中提取,已被证明具有抗血管生成作用。

抗菌肽与先天免疫系统

在皮肤先天免疫系统中,抗菌肽(AMPs)的产生是预防感染的主要机制。AMPs 目前已知有两种不同的功能:①具有直接的抗菌活性;②启动宿主细胞反应,导致细胞因子释放、炎症和血管生成。由于 TLR-2 形态的改变,酒渣鼻患者表达异常高水平的抗菌肽和其他 AMPs。从藜麦中提取的异丙基半胱氨酸衍生物和肽在临床前研究中显示 TLR-2 的表达降低。

小结

精心制订的皮肤护理方案,包括临床证明的药妆已经成功地用于酒渣鼻。对酒渣鼻病理生理学的进一步了解,现在允许我们设计新的药妆活性物质,有利于调控酒渣鼻发病的生化途径。抗炎剂和抗氧化剂是一种主要的药妆活性物质,旨在减少由多种刺激引起的炎症。有助于强化角质层屏障的药物构成了另一类重要的活性物质。减少血管通透性和流量的活性物质有助于减少炎症和红斑。随着对先天免疫系统在酒渣鼻病因学中的作用认识的加深,预计新的活性物质将针对皮肤对炎症刺激的反应方式,从而更好地控制酒渣鼻和相关红斑的症状。

延伸阅读

Ahn MR，Kunimasa K，Kumazawa S，et al. Correlation between antiangiogenic activity and antioxidant activity of various components from propolis. *Mol Nutr Food Res* 2009；**53**：643-651.

Berardesca E，Iorizzo M，Abril E，Guglielmini G，Caserini M，Palmieri R，Piérard GE. Clinical and instrumental assessment of the effects of a new product based on hydroxypropyl chitosan and potassium azeloyl diglycinate in the management of rosacea. *J Cosmet Dermatol* 2012；**11**：37-41.

Carlin RB，Carlin CA. Topical vitamin C preparation reduces erythema of rosacea. *Cosmet Dermatol* 2001；**14**：35-38.

Cerio R，Dohil M，Jeanine D，et al. Mechanism of action and clinical benefits of colloidal oatmeal for dermatologic practice. *J Drugs Dermatol* 2010；**9**：1116-1120.

Cuevas P，Arrazola JM. Therapeutic response of rosacea to dobesilate. *Eur J Med Res* 2005；**10**：454-456.

Draelos ZD，Ertel K，Berge C. Niacinamide-containing facial moisturizer improves skin barrier and benefits subjects with rosacea. *Cutis* 2005；**76**：135-141.

Draelos ZD，Fuller BB. Efficacy of 1% 4-ethoxylbenzaldehyde in reducing facial erythema. *Dermatol Surg* 2005；**31**：881-885.

Emer J，Waldorf H，Berson D. Botanicals and anti-inflammatories：Natural ingredients for rosacea. *Semin Cutan Med Surg* 2011；**30**：148-155.

Farris P：Idebenone，green tea，and coffeeberry extract：New and innovative antioxidants. *Dermatol Ther* 2007；**20**：322-329.

Ferrari A，Diehl C. Evaluation of the efficacy and tolerance of a topical gel with 4% quassia extract in the treatment of rosacea. *J Clin Pharmacol* 2011；**52**(1)：84-88.

Fowler J，Jarratt M，Moore A，et al. Once-daily topical brimonidine tartrate gel 0.5% is a novel treatment for moderate to severe facial erythema of rosacea：Results of two multicentre，randomized and vehicle-controlled studies. *Br J Dermatol* 2012；**166**：633-641.

Levin J，Miller R. A guide to the ingredients and potential benefits of over-the-counter cleansers and moisturizers for rosacea patients. *J Clin Aesthet Dermatol* 2011；**4**：31-49.

Martin K，Sur R，Liebel F，et al. Parthenolide-depleted Feverfew（Tanacetum parthenium）protects skin from UV irradiation and external aggression. *Arch Dermatol Res* 2008；**300**：69-80.

Shanler SD，Ondo AL. Successful treatment of the erythema and flushing of rosacea using a topically applied selective alpha1-adrenergic receptor agonist，oxymetazoline. *ArchDermatol* 2007；**143**：1369-1371.

Sonti S，Holtz R，Mehta R. Mechanistic studies on novel anti-inflammatory molecule used in the treatment of facial redness. *J Invest Dermat* 2012；**131**：S85-S96.

Weber TM, Ceilley RI, Buerger A, Kolbe L, Trookman NS, Rizer RL, Schoelermann A. Skin tolerance, efficacy, and quality of life of patients with red facial skin using a skin care regimen containing Licochalcone A. *J Cosmet Dermatol* 2006; **5**(3):227-232.

Wu WB, Hung DK, Chang FW, et al. Anti-inflammatory and anti-angiogenic effects of flavonoids isolated from Lycium barbarum Linnaeus on human umbilical vein endothelial cells. *Food Funct* 2012, Jul 3. [Epub ahead of print.]

(译者:陈　阳　审阅:冯　峥)

第 28 章 辅助美容手术的药妆品

Mary Lupo and Leah Jacob
美国杜兰大学医学院

引言

微创美容手术被用来治疗各种各样的皮肤问题，包括影响美观的色素沉着、肤色不均、皮肤松弛和光老化。将有效的药妆配方与围术期的皮肤护理方案相结合，可以改善整体的美容效果。除了具有共同增强整体皮肤再生的效果之外，在整容手术过程中使用药妆，还可以加快术后愈合，减少不必要的并发症，延长手术效果。本章介绍了常用的组合方案，特别是那些建立在强大科学依据基础上的应用组合方案。

总则

任何一个美容手术都应该配合每天早晚的皮肤护理，以获得整体的健康皮肤。晨间的治疗方案应以对抗环境为主，使用广谱防晒霜和抗氧化剂，预防光诱导衰老和癌症。添加抗氧化剂，特别是维生素 C，已经被证明可以进一步增强防晒霜的光保护作用。晚间护肤应注重表皮屏障修复和胶原蛋白再生；可使用类视黄醇、外用肽、局部生长因子和保湿剂。对于有色素紊乱的患者和肤色较深的患者，应每天补充亮肤剂，以纠正色素沉着异常和预防炎症后色素沉着过多。

初次会诊就是针对患者的特定需求，向他们介绍局部皮肤护理方案的最佳时机。一开始，由于巨大的开销和相对较长的修复期，患者往往不愿意接受更具侵入性的整容手术。通过外用药物开始皮肤修复的过程可能是一个不那么令人生畏、也更实惠的良好开端，有利于逐渐过渡到侵入性更强、但更有效的治疗。随着时间的推移，患者会感到更舒适，更愿意在局部治疗中添加以手术为基础的解决方案。为了促进整体皮肤健康，患者只有每天坚持良好的护肤习惯，才能为打算进行换肤手术的术后皮肤护理做好准备。那些不愿意坚持日常皮肤护理的患者可能不适合对术后伤口护理要求严格的手术，他们可能更适合非手术治疗。

协同增强手术结果

在较小的美容手术中选择适当的外用药妆剂可以协同增强单独治疗的效果，从而带来更快、更明显的临床改善。下面将讨论各种外用药物与化学换肤、剥脱性激光换肤、非剥脱技术和注射剂的联合治疗。

化学换肤

化学换肤仍然是最常见的诊所美容项目之一，虽然大部分较深程度的换肤已经被更新的基于激光的治疗所取代，但是浅表到中层的换肤仍然常用于治疗细纹、肤色不均、纹理及色素紊乱等。可以增强诊所化学换肤的有益辅助剂：包括 α 和 β 羟基酸、类维生素 A 和亮肤剂。

在化学换肤之前，α 和 β 羟基酸作为预处理剂是有帮助的，在浅表到中层的化学换肤之前，可使用含有 α-羟基酸和 β 羟基酸的保湿剂 2—3 周。用这些皮肤去角质剂预处理，可以使角质层变薄并产生更均匀的皮肤表面，增强换肤的均匀度。较薄的角质层还能让烧灼剂渗透更深，从而增强效果。含有水杨酸的保湿剂被认为是优质的预烧灼处理剂，因为它们能够在诸如鼻子等较油的区域中更好地去除角质；类视黄醇也是优质的预处理剂。一些研究已经评估了化学换肤前类维生素 A 预处理的效果，显示经过预处理的皮肤愈合时间更快。但是，应该谨慎使用类维生素 A，因为它有可能造成过度刺激；在换肤之后停用类维生素 A 一周有助于减少刺激。

几项精心设计的研究表明：在治疗色素沉着时，将化学换肤和局部皮肤美白剂结合使用，效果比单独使用这两种疗法的其中之一都要好。通过化学换肤造成的皮肤表层剥落增加了美白剂的穿透深度，使其进入更深的角质层形成细胞以增强美白效果。虽然对苯二酚是最常用的美白剂，但其他几种药妆成分也具有美白皮肤的特性，如曲酸、抗坏血酸、甘草提取物等。在对苯二酚和浅表换肤剂中添加这些物质可以增强皮肤的整体美白效果；这在一项半张脸模式研究中得到了证实：黄褐斑患者在治疗中把曲酸加入乙醇酸和对苯二酚后，色素得到了更多的改善。另一项研究表明，与单独用 TCA 换肤相比，在三氯乙酸换肤剂中添加维生素 C 可进一步改善黄褐斑，且持续时间更长。

剥脱性激光换肤和非剥脱技术

对严重光损伤皮肤来说，剥脱性激光换肤一直是最有效、最显著的治疗方法。肌肤再生是先通过热引发全层表皮和真皮剥落，然后通过细胞因子诱导形成真皮胶原和表皮再生的结果。由于表皮在治疗后受损，术后伤口护理和外用润肤剂必须持续到表皮完全愈合。受损的表皮屏障可能会增强外用药的经皮给药，因为药量的多少可能限制其渗透表皮的程度。各种非剥脱技术也可应用于光老化皮肤的年轻化，表 28-1 汇总了这些数据。由于表皮不受这些非烧灼性治疗的影响，因此排除了烦琐的伤口护理及剥脱性表皮重建所需的大量修复时间，不过其临床的改善效果不如剥脱式换肤的术后效果。将非烧灼性治疗与外用药妆品相结合，可以获得比单一治疗更好的整体再生效果(图 28-1 和图 28-2)。

表 28-1　常用的非侵入性技术

红外(IR)激光	光动力治疗
强脉冲光	KTP 激光/脉冲染料激光
射频	1320nm Nd:YAG 激光
超声	长脉冲 Er:YAG 激光
发光二极管	

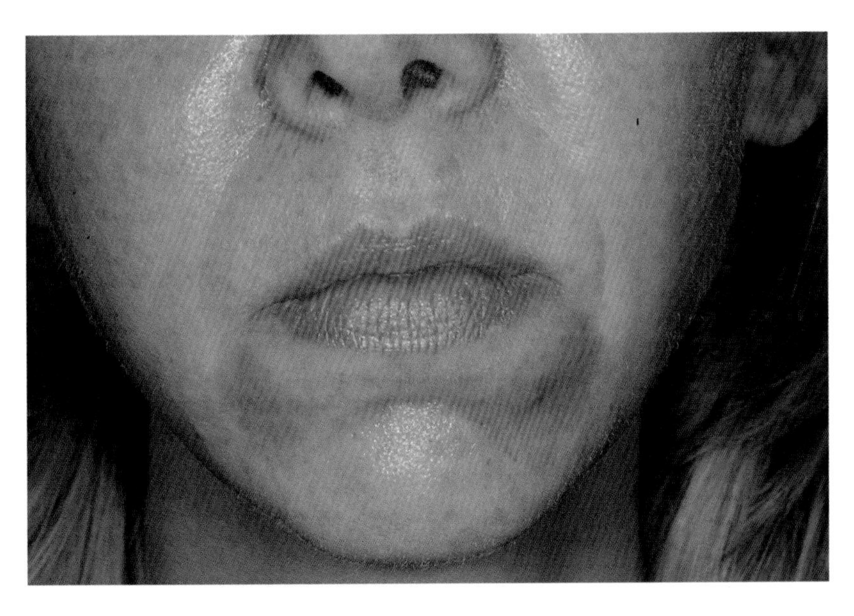

图 28-1　40 岁女性患有光致色素沉着和酒渣鼻

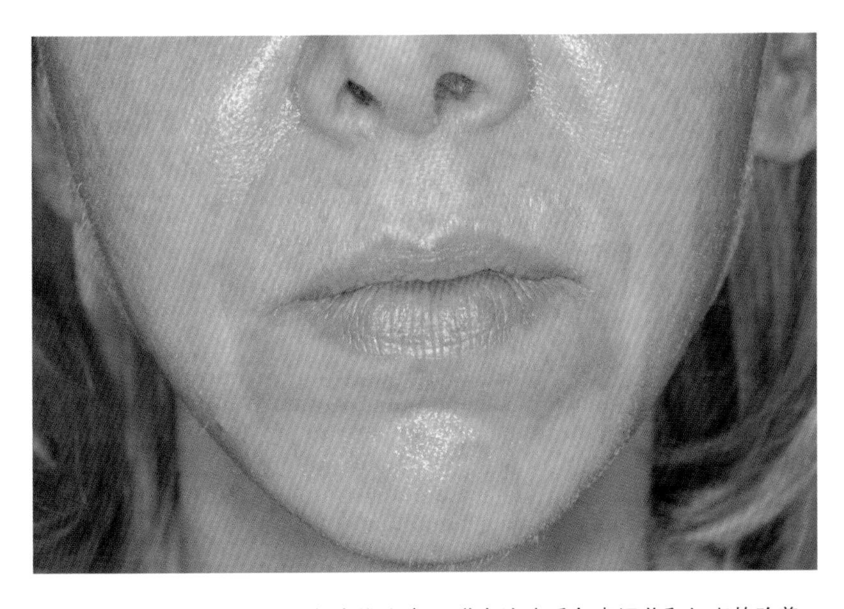

图 28-2　用强脉冲光和局部类维生素 A 联合治疗后色素沉着和红斑的改善

外用类维生素 A 可用于术前烧蚀性剥脱或非剥脱性激光治疗。几项研究已经证实：外用类视黄酮的预处理可显著加快愈合速度，并可在剥脱式激光换肤术后加快上皮再生。在剥脱激光换肤术后，维 A 酸类药物预处理可增加皮肤厚度，加快红斑的消退速度。术前使用类视黄醇的其他益处包括术后粟粒疹发展的风险降低，术后色素沉着率降低，以及由于角质层较薄导致的激光束穿透性更好。术前使用可在手术前数月至数周开始；大多数医师采用 2～4 周的预处理方案，在剥脱换肤后，应停用维 A 酸数周，以使上皮再生和皮肤成熟。

将局部抗氧化剂纳入围术期皮肤护理可以最大限度地减少术后炎症和红斑，使用含有维生素C的局部制剂预处理已证明可减少在剥脱式激光换肤术后常见的红斑。一项精心设计的半张脸模式研究对21名接受面部二氧化碳激光换肤的患者进行了比对，对比为期2周的外用维生素C预处理与安慰剂预处理，与安慰剂相比，外用10%维生素C治疗的皮肤红斑明显减少。研究人员推测，外用维生素C可减少红斑归功于它的消炎作用。激光治疗本身会进一步增强这些消炎作用，因为剥脱激光和微晶磨皮设备可以促进外用维生素C的吸收。另一项研究表明，在强脉冲光（IPL）治疗方案中添加多酚类抗氧化剂后，皮肤含水量、肤质和毛孔大小比单独使用IPL治疗方案有更大的改善。究竟如何及何时开始局部使用抗氧化剂药物尚未明确定义；许多皮肤外科医师会延迟术后使用，直到再上皮化完成，因为它可能会在使用时引起烧灼。一种建议是在换肤术14天后开始每隔一天涂抹一次维生素C制剂，在术后第3周或第4周逐渐开始每日涂抹，以助于减少红斑。

生长因子是在细胞间和细胞内起信号传导作用的调节蛋白。局部应用生长因子能够促进胶原蛋白和纤维连接蛋白的合成，促进成纤维细胞生成糖胺聚糖，从而加速伤口愈合，改善光老化皮肤。一些病例报道力推局部生长因子与激光换肤联合使用的优势，包括更快的上皮再生和更少的红斑。在激光剥脱式换肤后，由于缺乏有效的表皮屏障，活性成分的渗透可能会更大，因为大量的蛋白质和电荷会阻止它们穿透表皮。然而，由于角质形成细胞已经证明是表达生长因子的受体，因此在非剥脱换肤之后的外用剂也是有益的，这是由于表皮和真皮之间的生长因子介导的联接。我们需要进一步的研究来评估局部生长因子在激光换肤中的应用。然而，这些药妆剂代表了振奋人心的、前景广阔的附加治疗领域。

注射治疗

对于动力性皱纹和衰老引起的凹陷来说，有效的治疗包括肉毒杆菌毒素注射和用注射性皮肤填充物进行软组织填充。皱纹和凹陷往往伴随着环境的变化而产生肤质变化和变色，导致皮肤老化。将肉毒杆菌毒素和注射性皮肤填充物与皮肤换肤手术相结合可以最大限度地提高整体的美观（图28-3和图28-4）。此外，每天使用刺激胶原蛋白的外用制剂，如类维生素A、外用肽和外用生长因子，可以减少整体皱纹。添加抗氧化剂也是有益的，由于氧化应激会导致真皮结缔组织的削弱，导致皱纹的形成和凹陷，而添加含有抗氧化剂的外用制剂将防止进一步的损伤和皱纹的形成。市面上有无数的产品含有不同的抗氧化剂组合，要由整容外科医师来决定选择其中有数据支持其临床疗效的、稳定的配方。

减少手术并发症

每一种手术都有其潜在的并发症和常见的不良反应，我们要特别关注淤青和色素沉着，因为药妆成分可以用来减少这些不良反应，并加快其消退。

淤青

手术后的淤青往往与皮肤填充物注射、使用神经毒素，以及进行血管激光治疗有关。这类淤青不仅会让患者感到不适，而且消退缓慢。虽然我们还缺乏确切的数据，但研究表明含有山金车和维生素K的药妆品有助于降低严重的淤青，并加速其消退。

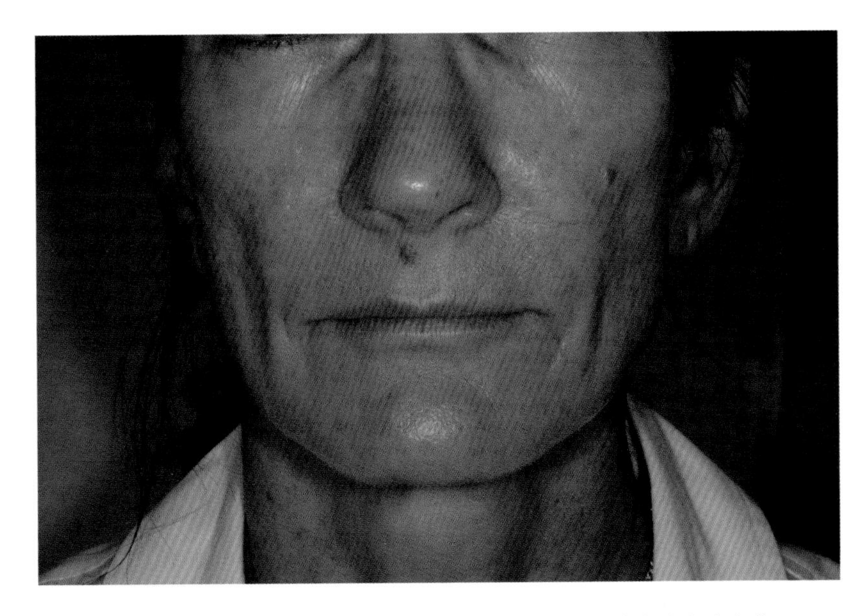

图 28-3　一位 55 岁女性因衰老引起的凹陷及环境造成的皮肤变化

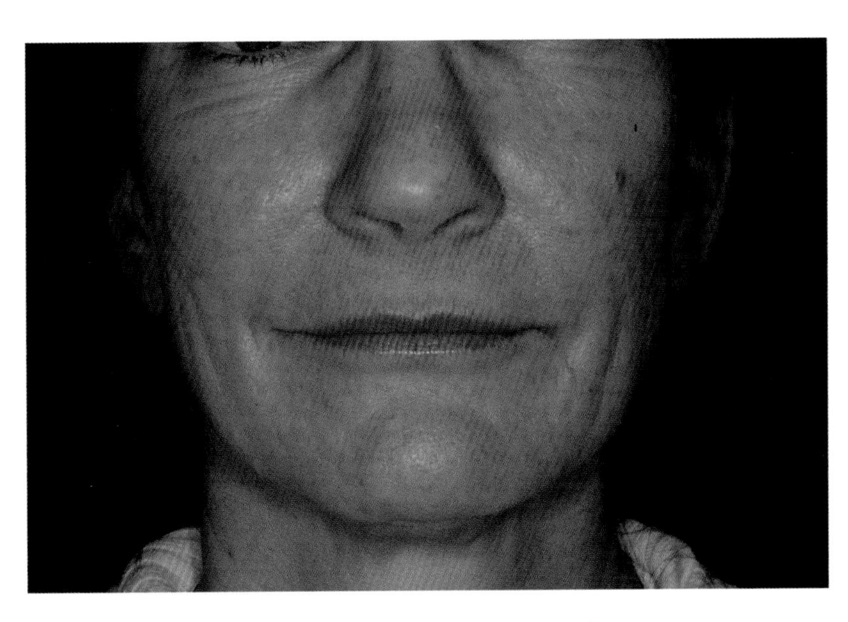

图 28-4　进行分次 CO_2 激光换肤和用 Sculptra® 填充后的结果

大多数关于外用山金车对淤青影响的研究都是模棱两可的。然而，这可能是由于测试产品中山金车的浓度较低的原因。一项随机双盲对照试验表明：在治疗由激光引起的淤青时，与安慰剂组相比，用外用 20%山金车药膏的消退速度要快得多。安慰剂对照试验显示：含有维生素 K 的外用制剂可以更快地消除医源性前臂淤青和光化性紫癜。几项研究表明：在激光治疗后连续几天局部使用维生素 K 制剂后，血管激光紫癜消退得更快，严重程度也降低。因此，血管激光治疗后局部使用维生素 K 是有益的。

炎症后色素沉着

换肤术后最常见的不良反应之一是炎症后色素沉着。术后炎症造成黑色素活性细胞因子和趋化因子、趋化激素等炎症递质的释放，从而导致黑色素细胞引起的黑色素的产生和扩散。肤色较深的患者（Fitzpatrick 第Ⅳ至Ⅴ级）更容易出现这种并发症，但肤色较浅的患者也有风险。例如，在使用中等深度的烧灼性和消融性激光换肤之后，常见损伤延伸到真皮乳头层，导致术后色素沉着的风险增加。术前使用皮肤美白剂进行预处理可以降低术后色素沉着的风险，对苯二酚是最常用的预处理剂；含有曲酸、抗坏血酸、甘草提取物或壬二酸的制剂也是有效果的，这些药物都通过抑制酪氨酸酶（参与黑色素合成的主要酶）发挥作用，对苯二酚还对黑色素细胞有细胞毒性。预处理方案的倡导者认为：这些美白剂会降低黑色素细胞的黑色素含量，抑制新黑色素的生成，从而降低术后色素沉着的风险。常用的治疗方案包括手术前 3～4 周每天 2 次使用皮肤美白剂，一些外科医师将预处理限制在皮肤类型Ⅲ或更高的患者，因为他们术后色素沉着的发病率更高。如果术后出现色素沉着过度，可以将局部漂白剂、温和去角质剂和防晒霜的联合使用来加速色素沉着的消退。

小结

除了能共同促进整体皮肤年轻化和改善美容效果外，将药妆品纳入围术期皮肤护理可将不良后果最小化，加快术后愈合，提高患者整体满意度。选择一个整体的治疗方案，把外用药物和美容手术联合治疗，能确保患者获得最佳疗效。最重要的是，通过建议患者坚持日常的皮肤护理，可以帮助他们进行预防和修复，使皮肤达到最理想的状态。

延伸阅读

Alster TS, West TB. Effect of topical vitamin C on postoperative carbon dioxide laser resurfacing erythema. *Dermatol Surg* 1998; **24**(3): 331-334.

Brightman LA, Brauer JA, Anolik R, et al. Ablative and fractional ablative lasers. *Dermatol Clin* 2009; **27**: 479-489.

Elson ML. Topical phytonadione(vitamin K1) in the treatment of actinic and traumatic purpura. *Cosmet Dermatol* 1995; **8**: 25-27.

Freedman BM. Topical antioxidant application augments the effects of intense pulsed light therapy. *J Cosmet Dermatol* 2009; **8**(4): 254-259.

Goldman MP. The use of hydroquinone with facial laser resurfacing. *J Cutan Laser Ther* 2000;**2**(2): 73-77.

Hevia O, Nemeth AJ, Taylor JR. Tretinoin accelerates healing after trichloroacetic acid chemical peel. *Arch Dermatol* 1991; **127**(5): 678-682.

Lee WR, Shen SC, Kuo-Hsien W, Hu CH, Fang JY. Lasers and microdermabrasion enhance and control topical delivery of vitamin C. *J Invest Dermatol* 2003; **121**(5): 1118-1125.

Leu S，Havey J，White LE，Martin N，Yoo SS，Rademaker AW，et al. Accelerated resolution of laser-induced bruising with topical 20% arnica：A rater-blinded randomized controlled trial. *Br J Dermatol* 2010；**163**(3)：557-563.

Lim JT. Treatment of melasma using kojic acid in a gel containing hydroquinone and glycolic acid. *Dermatol Surg* 1999；**25**(4)：282-284.

Soliman MM，Ramadan SA，Bassiouny DA，Abdelmalek M. Combined trichloroacetic acid peel and topical ascorbic acid versus trichloroacetic acid peel alone in the treatment of melasma：A comparative study. *J Cosmet Dermatol* 2007；**6**(2)：89-94.

（译者：陈 阳 审阅：冯 峥）

第29章　药妆品的未来

Patricia K. Farris
美国杜兰大学医学院

引言

今天，消费者都在寻求以科学为主导的护肤品，以期改善和防止皮肤老化，保护皮肤免受环境损害，并为各种皮肤问题提供治疗方案。他们想要的是天然、无刺激的、不含防腐剂的、绿色的、经过全面测试的产品。对于生产商来说，这是一个艰巨的任务，他们不仅要保证产品的安全、稳定、一致和有效，同时还要满足消费者的需求。药妆的未来取决于创新。明确的产品定位、新的活性成分、高效的输送体系无疑为种类繁多、临床应用范围广泛的药妆产品提供了新思路。

尽管业界尽了最大的努力，消费者仍然对药妆品持怀疑态度。他们对成分感到困惑，不信任产品宣传，因此怀疑这些产品是否真的物有所值。药妆产品的外包装标签比较模棱两可，缺乏主要活性成分的具体信息，这使得消费者在购买药妆产品时一头雾水。如果对药妆产品实施更严格的监管，那么这些担忧就可以迎刃而解。为了让医师认可药妆品的合法化，药妆品就要迎接更重大的挑战。许多皮肤科医师表示不相信药妆品的效用，因为药妆品的应用缺乏科学严谨性。针对这种观点，生产商只有通过客观的方法测试产品才能揭开谜团。令人鼓舞的是，一些新的药妆品运用双盲对照试验测试方法证实产品的有效性。为了帮助医师收集有关药妆品的可靠信息，美国皮肤病学会(AAD)成立了补充药物和替代药物团队，成员包括皮肤科医师和监管化妆品的政府部门。我们希望通过该团队为AAD成员提供有关药妆产品和其他替代品的安全性和有效性的数据。

未来的挑战

配方:活性成分和输送系统

鉴定和开发新的活性成分对于扩大药妆市场至关重要。对皮肤老化的病理研究，对于寻找新的活性成分起着关键作用。大部分这一类的研究由制造商进行的，目的在于识别新型药妆成分对于肌肤老化过程中的干预点。通过基因序列分析，化妆品研究人员可以筛选潜在的活性成分并快速确定其生物特征和潜在应用性。这些活性成分具有多种生物效应，如减轻色素沉着、促进胶原蛋白生成和降低炎症。他们被称为多功能成分，由于使用多种机制改善皮肤的外观而受到追捧。就这一点而言，天然成分和人工合成的成分不分伯仲，研究和开发致力于找到具有多种作用机制的新化合物。

由于消费者对天然活性成分更感兴趣，越来越多的护肤品从植物中提取成分。现在可以通过优化目标成分的形式来种植和栽培植物。植物干细胞可用于产生生物活性化合物，并支持“来自天然成分”的承诺。海洋生物药妆品是一种新兴的天然物质，对于药妆品制造商而言是令人振奋的新领域。藻类资源特别丰富，含有许多生物活性化合物。海洋衍生的抗氧化剂多糖、胶原蛋白、生物活性肽和甲壳素都是开发药妆品的功能性成分。新的人工合成成分也将在这个新兴市场中发挥作用。含有多种生物效应的生物活性肽成为增长最快的药妆品类别之一。这些合成成分模仿人体皮肤中的多肽，并提供独特的功效，自体护肤产品最终将为那些渴望天然护肤品的人提供顶级护肤品。这些药妆品使用个体自身的细胞来产生生长因子和帮助皮肤重生的成分，此类皮肤生物学领域的研究和开发前途无量。

皮肤能阻挡外敷产品的渗透，这一特性长期限制药妆品的有效性，也一直是该行业的核心关注点。输送系统对于稳定成分，精确局部靶向和减少不良反应（包括刺激）至关重要。配方设计师遇到的难题包括分子大小、负荷及活性成分是亲脂性还是亲水性。其中部分难题已经通过新型输送系统解决，这种输送方式能在角质层中制造水通道来输送亲水分子和亲脂分子。此外，由于目前大多数药妆品都含有活性成分的组合，如何让这些活性成分既能保持稳定，又能充分渗透到皮肤，这对化妆品研究人员来说也是一个挑战。毫无疑问，新的封装技术将用于稳定活性成分并长期向皮肤提供独特的成分组合，在提高产品功效的同时提高耐受性。由于输送系统的显著进步，药妆的效力依赖于活性成分和输送系统。输送系统存在的安全问题，如纳米颗粒的安全性，仍然亟待解决。只有通过长期的安全性研究，我们才能向消费者保证，这些输送系统对于个人护理产品的持续使用是安全的。

展望未来，化妆品公司计划通过家用设备来增强护肤品的输送，化妆品公司已经把药妆品和能发射电荷的家用装置捆绑销售。大药妆公司提供引起广泛关注的微针已经以促进产品渗透。目前，化妆品制造商正在评估激光、光源和其他基于设备的技术等渗透促进剂。这些设备将与药妆品捆绑销售，为消费者提供以前只能在诊所或水疗中心享受的尖端技术。

可持续实践

可持续发展的概念正在影响所有消费品，包括健康和美容产品，可持续生产的目标是确保加工过程的所有东西在回收的时候不会破坏环境，药妆品的可持续性主要指配方和包装。良好的农业规范（GAPs）是保证可持续性发展的关键，要培育为药妆品提供植物原料的可持续作物需要知识、技能和奉献精神。总的来说，西方农业比世界其他地区的农业更具优势，因为那里日益增多的立法保证了农业实践的可持续性。除了种植方法，植物原料的加工也必须遵循可持续的原则。萃取过程中使用的溶剂可能对环境造成影响，因此被一些生产商所摒弃。越来越多的人关注个人护理产品和其他包装材料所使用的塑料对环境的影响。护肤品包装的可持续性，将通过包装设计、材料选择、回收和再利用包装来实现。

药妆品之外:营养保健品

美容保健品是抗衰老药物的一个新兴领域,越来越引起皮肤科医师的兴趣。科学将营养、皮肤抗老化和皮肤健康联系起来,这使得人们对食品和补品的需求越来越大,希望能通过综合食补来改善外貌。"内在美"的概念已经在日本和中国等国家站稳脚跟,在美国和欧洲仍在发展。日本和其他亚洲国家的消费者已经接受了皮肤的健康和外观取决于营养是否良好的观念。据报道,2010 年日本包括食品和美容补品在内的美容保健品销售额为 13 亿美元,而美国为 6000 万美元。据全球行业分析公司称,全球市场 2017 年已达到 42.4 亿美元。美容食品和饮料是日本最受欢迎的营养品,这些产品含有抗氧化剂、海藻和胶原蛋白等成分,研究表明确实对皮肤有益。这类产品在日本能深入人心,其中的原因之一因为日本的特定用途保健品(FOSHU)必须获得政府的审批。为了使产品获得 FOSHU 的批准,制造商必须通过申请,提供科学的文件,证明保健品所主张的健康或治疗功效。这类说明包括剂量、安全性、成分内容及相关的科学论文等。在获得批准后,才可以进一步获得特别批准的健康许可。在美国、大多数美容保健品都被 FDA 归为膳食补充剂,在很大程度上不受监管。2011 年,FDA 提出要求,要求《食品安全现代化法案》(FSMA)规定:制造商在使用新的膳食成分(NDI)时必须告知 FDA,通知必须包括以下信息:含有新成分的膳食补充营养品,如果按照标签上推荐或建议的条件服用,制造商必须保证产品的安全性。这类规定提高了新产品进入市场的透明度,使消费者对营养保健类产品更有信心。美容保健品是美容、健康和保健领域的新生力量,在美国、欧洲和世界各地都具有巨大的增长潜力。

小结

药妆品在个人护理市场上的份额仍在不断增长,需求和竞争齐头并进。全球制造商面临的挑战包括寻找新的原料、更好的输送系统和更环保的产品。为了实现全面维护健康的目标,新领域的开发包括把功能食品、营养品、家用装置与药妆品相结合的综合方法。

延伸阅读

Anuciato TP, et al. Carotenoids and polyphenols in nutricosmetics, nutraceuticals and cosmeceuticals. *J Cosm Derm* 2012; **11**: 51-54.

Cosgrove MC, Franco OH, Granger SP, et al. Dietary nutrient intakes and skin-aging appearance among middle-aged women. *Am J Clin Nutr* 2007; **86**: 1225-1231.

Draelos ZD. Cosmeceuticals: Un-defined, unclassified and un-regulated. *Clin Dermatol* 2009;**27**: 431-434.

Dreno B. New assessment methods applied to a patented lacto-lycopene, soy isoflavones and vitamin C in the correction of skin aging. *Nouv Dermatol* 2003; **22**: 1-6.

Izumi T, Saito M, Obata A, et al. Oral intake of soy isoflavone aglycone improves the aged skin in adult women. *J Nutr Sci Vitaminol* 2007; **53**: 57-62.

Nino M, Calabro G, Santoianni P. Topical delivery of active principles: The field of dermatological research. *Dermatol Online J* 2010; **16**(1):6.

Piccardi N, Manissier P. Nutrition and nutritional supplementation: Impact on skin health and beauty. *Dermato-Endo* 2001; **5**: 271-274.

Thornfeld CR. Cosmeceuticals: Separating fact from voodoo science. *SkinMed* 2005; **4**(4): 214-220.

Yamakoshi J, Sano A, Taokutake S, et al. Oral intake of proanthrocyandin-rich extract from grape seeds improves chloasma. *Phytotherapy Research* 2004; **18**: 895-899.

（译者：陈 阳 审阅：冯 峥）